동물보건외과학

홍성균 · 곽호현 · 김우찬 · 김진현 · 양정윤 · 주병구

창지사

머리말

반려동물 양육 가구의 지속적인 증가와 함께 동물의료 환경은 빠르게 전문화·고도화되고 있습니다. 이에 따라 동물병원 내에서 동물보건사가 수행하는 역할 또한 단순 보조의 범주를 넘어, 진료와 수술 전·후 전반에 걸친 핵심적인 전문 직무로 확장되고 있습니다. 특히 외과 영역에서는 환자 안전과 수술의 질을 좌우하는 다양한 과정에서 동물보건사의 체계적인 지식과 숙련된 술기가 그 어느 때보다 중요해지고 있습니다.

동물보건사는 수술실 환경 관리, 수술 전 환자 준비, 환자의 마취 및 모니터링, 수술 후 회복 및 간호, 재활 치료 및 보호자 교육에 이르기까지 외과 진료의 전 과정을 유기적으로 연결하는 역할을 담당합니다. 이는 동물보건사를 단순한 지원 인력이 아닌, 임상 현장에서 수의사의 진료와 수술을 효율적으로 안전하게 지원할 수 있는 전문성과 책임을 갖춘 인력으로 재정립하게 하였으며, 이에 부합하는 교육과 표준화된 학습 자료의 필요성을 더욱 분명히 하고 있습니다.

「동물보건외과학」 교과목은 동물병원 수술실에서 요구되는 외과 보조 업무를 수행하기 위한 동물보건사가 반드시 이해해야 할 외과학의 기본 개념과 임상 적용 능력을 체계적으로 습득하도록 돕는 것을 목표로 합니다. 본 교과목은 외과적 원리와 해부학적 이해를 바탕으로, 실제 동물병원 현장에서 요구되는 수술 보조 및 환자 관리 역량을 단계적으로 학습할 수 있도록 설계되었다는 점에서 그 교육적 의의가 크다고 생각합니다.

본 교재는 이러한 교육 목표를 충실히 반영하여, 동물보건사 교육 과정에 적합한 외과학 이론과 실무 중심의 내용을 균형 있게 담고자 하였습니다. 과도한 의학적 세부 사항보다는 동물보건사의 직무 수행에 실질적으로 필요한 지식과 절차, 안전 관리, 역할 이해에 초점을 두어, 학생들이 임상 현장에 보다 원활하게 적응할 수 있도록 구성하였습니다.

이 책이 동물보건사를 꿈꾸는 학생들에게는 외과 진료에 대한 이해와 자신감을 키워주는 길잡이가 되고, 현장에서 근무하는 동물보건사들에게는 자신의 역할과 전문성을 재확인하는 참고서로 활용되기를 기대합니다. 나아가 본 교재가 동물보건사 교육의 질적 향상과 동물의료 현장의 발전에 작은 디딤돌이 되기를 바랍니다.

끝으로, 이 책이 출간되기까지 각자의 전문 분야에서 깊이 있는 지식과 경험을 나누어 주신 저자 교수님들과 출판사 관계자분들께 깊은 감사를 드립니다.

2026년 2월

저자 일동

차 례

동물보건외과학

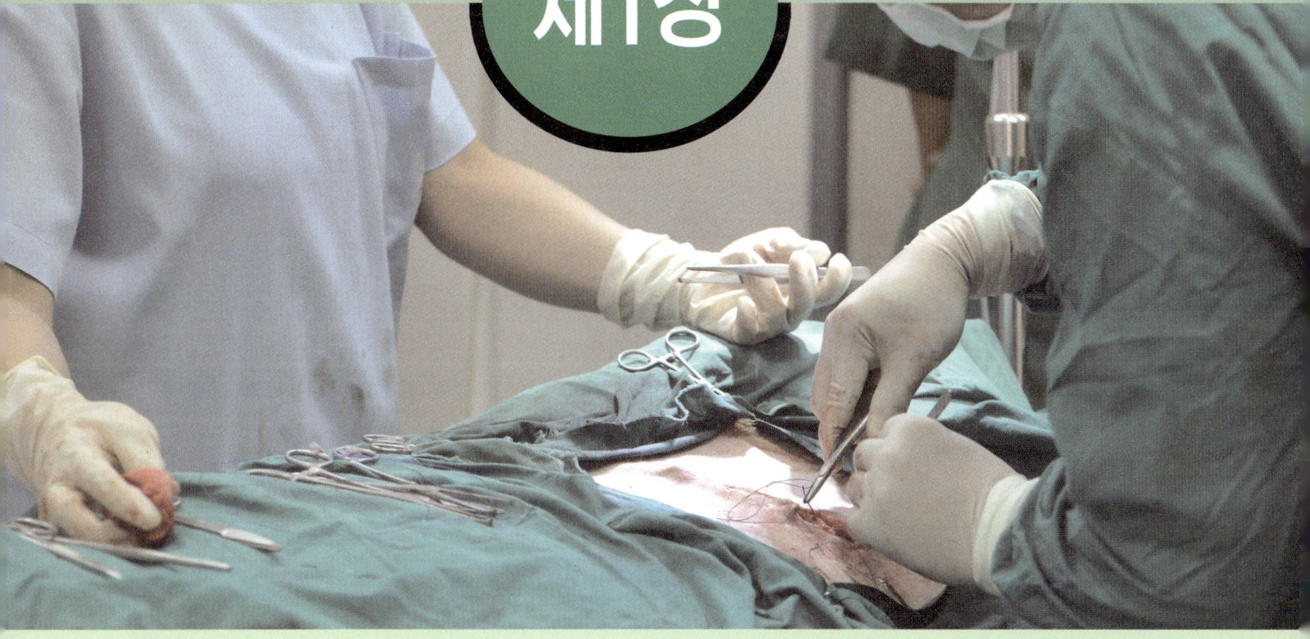

제1장

일반 수술 원칙

1. 무균적 수술 원칙
2. 멸균과 소독
3. 외과 동물보건사의 역할

1. 무균적 수술 원칙

무균(Asepsis)이란 병원성 미생물이 수술 부위에 침투하지 않도록 하는 일련의 과정과 상태를 의미한다. 외과 영역에서 무균 원칙은 수술 후 감염을 예방하고, 수술 성공률을 높이며, 환자의 회복을 촉진하는 데 있어 가장 중요한 기본 원칙이다.

무균적 수술의 목적은 단순히 병원체를 제거하는 것이 아니라, 수술 과정 전반에서 새로운 오염을 방지하는 데 있다. 수술 중 미생물은 환자의 피부, 수술자의 손, 기구, 공기, 수술실 환경 등 다양한 경로로 침투할 수 있다. 따라서 모든 수술 과정에서 무균성을 유지하는 것이 필수적이다.

무균적 수술에는 다음과 같은 4대 원칙이 있다.

1) 멸균된 기구와 장비 사용

모든 수술 기구는 멸균 처리 후 사용해야 하며, 멸균이 불확실한 기구는 사용할 수 없다.

2) 수술 부위 및 환경의 청결 유지

환부는 제모 및 소독을 거쳐 준비하며, 수술실은 항상 청결하게 유지되어야 한다.

3) 멸균 구역 준수

수술 가운, 장갑, 마스크, 모자 착용을 통해 멸균 구역을 형성하고, 멸균과 비멸균 영역을 철저히 구분한다.

4) 불필요한 오염 방지

수술 중 불필요한 접촉을 최소화하고, 대화를 줄이며, 장비의 이동을 제한하여 오염 가능성을 차단한다. 무균 원칙의 준수 여부는 수술의 예후에 직접적인 영향을 미치므로, 모든 수술팀은 이를 철저히 지켜야 한다.

2. 멸균과 소독

무균적 수술을 실현하기 위해서는 멸균과 소독 과정이 반드시 필요하다.

1) 멸균(Sterilization)

멸균은 모든 형태의 미생물, 즉 세균, 바이러스, 곰팡이, 그리고 그 포자까지 완전히 제거하는 과정이다. 멸균 방법에는 여러 가지가 있으며, 대표적인 것은 다음과 같다.

(1) 멸균 방법의 종류와 특징

무균 수술 원칙을 지키기 위해서는 다양한 멸균 방법을 적절히 활용해야 한다. 멸균은 기구 및 재료 표면의 모든 미생물을 사멸하여 무균 상태를 유지하는 과정으로, 물품의 특성에 따라 서로 다른 방식이 적용된다. 수술실에서 사용하는 멸균 방법은 기구의 재질, 내열성, 사용 목적에 따라 다르게 선택된다. 대표적인 멸균 방법은 고온 증기 멸균, 건열 멸균, 가스 멸균, 플라스마 멸균, 방사선 멸균이다.

① 고온 증기 멸균(Autoclave)

고온 증기 멸균은 가장 널리 사용되는 멸균 방법으로, 고압의 포화 수증기를 이용하여 단시간 내에 강력한 멸균 효과를 얻는다. 일반적으로 121℃, 약 15psi 압력에서 15~20분간 처리하는 것이 표준 조건이다.

장점으로는 멸균력이 매우 강력하고 신뢰성이 높으며, 대부분의 수술 기구와 봉합재, 드레이프 등에 적용할 수 있다는 점이 있다. 또한 경제적이고 멸균 시간이 짧다는 장점도 있다. 그러나 단점으로는 고온·고압 환경에 약한 물품(플라스틱, 고무, 전자 장비 등)이 손상될 수 있으며, 금속 기구의 경우 반복 멸균 시 부식될 위험이 존재한다.

주요 적용 예시는 수술 기구 세트, 금속 기구, 봉합 바늘, 멸균 드레이프 등이 있다.

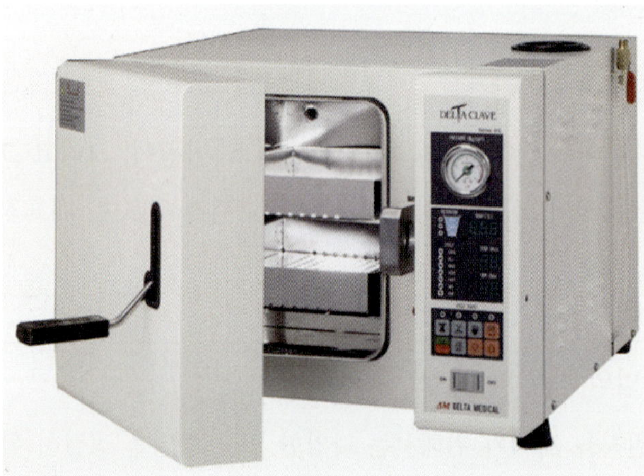

출처: HB한방샵.

[그림 1-1] 고온 증기 멸균기

② 건열 멸균(Dry Heat Sterilization)

건열 멸균은 건조한 열을 이용하여 단백질 변성과 산화 작용을 일으켜 미생물을 사멸시키는 방법이다. 일반적으로 160~170℃에서 약 2시간 처리하는 것이 일반적이다.

장점은 금속 기구나 유리 제품처럼 습기에 취약한 기구에 적합하고, 금속 기구의 경우 부식 위험이 적다는 점이다. 그러나 단점으로는 열전달 속도가 느려 멸균 시간이 길고, 플라스틱이나 고무 제품에는 사용할 수 없다는 제약이 있다.

대표적인 적용 예시는 유리 주사기, 시험관, 금속 수술 기구 등이다.

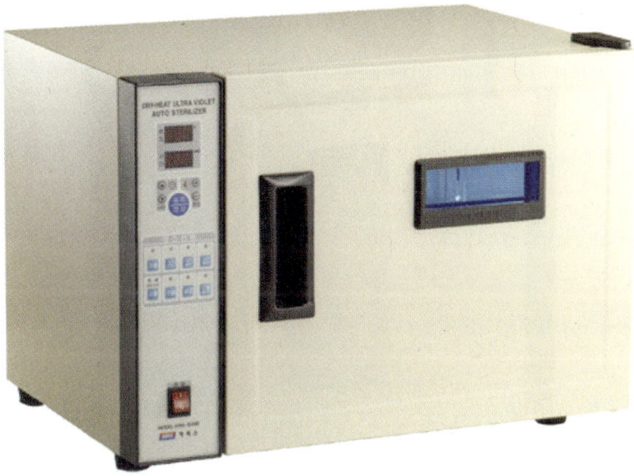

출처: 다산메디칼.

[그림 1-2] 건열 멸균기

③ 가스 멸균(Ethylene Oxide, ETO)

가스 멸균은 에틸렌옥사이드(ETO) 가스를 사용하여 세포 내 단백질과 DNA를 알킬화(alkylation)시켜 미생물을 사멸시키는 방법이다. 30~60℃의 저온에서 수 시간 동안 처리하며, 멸균이 끝난 후에는 반드시 가스 잔여물이 완전히 제거될 때까지 충분한 환기 과정이 필요하다.

장점은 저온 멸균이 가능하므로 열에 민감한 플라스틱, 고무, 전자 장비에도 안전하게 사용할 수 있으며, 기구 손상을 최소화할 수 있다는 점이다. 하지만 단점으로는 멸균 후 잔류 가스가 독성을 가질 수 있어 장시간 환기가 필요하고, 비용이 높으며 장비 유지 관리가 까다롭다는 점이 있다.

적용 예시는 내시경, 카테터, 플라스틱 튜브, 전자 장비 등이 대표적이다.

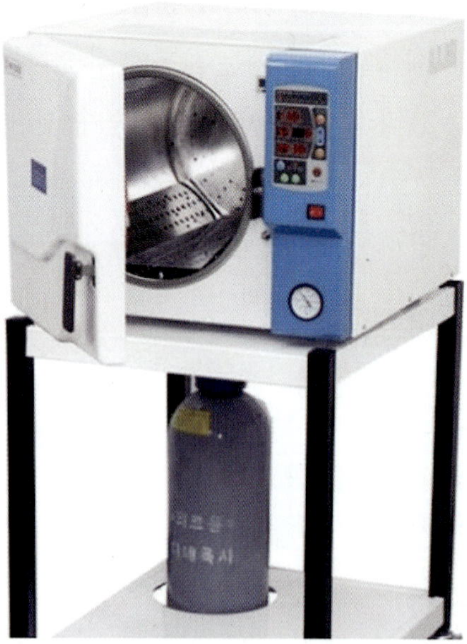

출처: 우리들동물메디컬센터.

[그림 1-3] 가스 멸균기

④ 플라스마 멸균(Plasma Sterilization)

플라스마 멸균은 저온 멸균 방법 중 하나로, 과산화수소(H_2O_2)를 주된 멸균제로 사용하여 플라스마 상태로 활성화시켜 멸균 효과를 얻는다. 이 방법은 고온 멸균이 불가능한 내시경, 카메라, 플라스틱, 정밀 기구 등 열과 습기에 민감한 의료 기구나 수술 기구 멸균에 적합하다.

멸균 과정은 크게 두 단계로 이루어진다. 첫째, 진공 상태에서 과산화수소 용액을 기화시켜 멸균 chamber 내부에 주입한다. 과산화수소 증기는 미생물의 단백질과 핵산을 산화시켜 1차 멸균 효과를 나타낸다. 둘째, 전자기장을 이용하여 과산화수소를 플라스마 상태로 변환시키면, 이온, 라디칼, 자외선 등 활성화된 에너지가 추가적인 살균 작용을 수행한다. 이 과정을 통해 내성 세균이나 세균 포자까지 효과적으로 제거할 수 있다.

플라스마 멸균의 장점은 저온에서 빠른 시간 내에 멸균이 가능하고, 멸균 후 잔류 독성 물질이 거의 남지 않는다는 점이다. 과산화수소는 멸균 과정 후 물(H_2O)과 산소(O_2)로 분해되어 환경 친화적이며, 기구 표면에 손상을 주지 않는다. 또한 에틸렌옥사이드(ETO) 가스 멸균에 비해 인체 안전성이 높고, 환기 및 잔류 가스 제거 과정이 필요하지 않아 동물병원 현장에서 활용도가 높다.

다만, 플라스마 멸균은 chamber 크기가 제한적이므로 대형 기구 멸균에는 적합하지 않으며, 멸균 대상 기구 표면에 수분이 남아있으면 플라스마 형성이 어렵다는 단점이 있다. 따라서 멸균 전 세척 및 건조 과정이 반드시 철저히 수행되어야 한다.

결론적으로, 플라스마 멸균기는 동물병원 수술 및 진단에 사용되는 다양한 정밀 기구를 안전하고 신속하게 멸균할 수 있는 최신 멸균 기술로, 향후 동물의료 현장에서 점점 더 널리 사용될 것으로 기대된다.

출처: 메디스터; Shinwon Dental 유튜브.

[그림 1-4] 저온 플라스마 멸균기

⑤ 방사선 멸균(Gamma-ray Sterilization)

방사선 멸균은 감마선(주로 코발트-60)이나 전자선을 이용하여 미생물의 DNA를 파괴함으로써 사멸시키는 방법이다. 주로 산업적 규모에서 대량의 의료 제품을 멸균하는 데 활용되며, 제품의 특성에 따라 방사선량을 조절한다.

장점으로는 포장된 상태 그대로 멸균할 수 있으므로 무균 상태로 공급이 가능하며, 특히 일회용 의료 기구의 대량 멸균에 적합하다. 하지만 단점으로는 고가의 장비와 특수 시설이 필요하고, 장기간 방사선에 노출될 경우 일부 플라스틱 제품의 물리적 성질이 변할 수 있다는 점이 있다.

출처: 진월우리치과.

[그림 1-5] 방사선 멸균기

(2) 멸균 방법 비교

[표 1-1] 멸균 방법

멸균 방법	조건	적용 대상 기구	장점	단점
고온 증기 멸균	121℃, 15~20분	금속 기구, 봉합재, 드레이프	신뢰성 높음, 빠름	고온에 민감한 물품 손상
건열 멸균	160~170℃	유리 제품, 금속 기구	부식 적음	멸균 시간 길고, 플라스틱 불가
가스 멸균	30~60℃, 수 시간	플라스틱, 전자 장비, 내시경	저온 멸균 가능	잔류 가스 독성, 비용 높음
플라스마 멸균	50℃ 이하, 수십 분	열·습도에 민감한 기구, 내시경, 플라스틱, 전자 장비	저온·단시간 멸균, 잔류 독성 거의 없음, 친환경적	금속·셀룰로오스 제품 제한적, 장비 가격 높음
방사선 멸균	γ-ray, 산업적 규모	일회용 주사기, 수액 세트	포장 상태 멸균 가능	특수 시설 필요, 고비용

2) 소독(Disinfection)

소독은 병원성 미생물을 제거하거나 불활성화시키는 과정이다. 멸균과 달리 모든 미생물을 완전히 제거하지는 않으며, 감염 예방 목적에 사용된다.

주요 소독제와 특징은 다음과 같다.

(1) 알코올(Alcohol: 70% Ethanol, Isopropyl alcohol)

알코올은 가장 널리 사용되는 소독제 중 하나이다. 그 작용 기전은 세균 세포막의 지질을 파괴하고 단백질을 변성시켜 살균 효과를 나타내는 것이다. 사용 후 수 초에서 1분 이내에 빠른 살균 작용을 나타내며, 대부분의 세균과 일부 바이러스에 효과적이다. 그러나 포자(spore)와 일부 무피막 바이러스에는 효과가 제한적이다.

장점으로는 빠르게 건조되면서 즉각적인 살균 효과를 나타내고 가격이 저렴하다는 점이 있다. 하지만 단점으로 휘발성이 높아 피부나 표면에 남아 있는 시간이 짧고, 따라서 잔류 효과가 거의 없다. 또한 반복 사용 시 피부 건조나 자극이 발생할 수 있다.

알코올은 주사 부위의 피부 소독에 가장 흔히 사용되며, 체온계, 가위 등 의료기구의 표면 소독에도 활용된다.

(2) 포비돈 요오드(Povidone-iodine)

포비돈 요오드는 요오드 성분이 서서히 방출되면서 세균, 바이러스, 곰팡이, 원충을 사멸하는 광범위한 항균제를 의미한다. 피부에 도포하면 갈색으로 착색되며, 이로 인해 소독 부위를 명확히 확인할 수 있다. 그러나 혈액이나 삼출물이 존재할 경우 살균력이 감소할 수 있다는 제한점이 있다.

장점은 피부와 점막에도 사용할 수 있고 자극이 비교적 적다는 것이다. 반면, 반복 사용 시 피부 착색이 발생하거나 일부 환자에서는 알레르기 반응이 나타날 수 있다. 드물지만 갑상선 기능에 영향을 미칠 수 있다는 보고도 있다.

주요 사용처는 수술 전 피부 소독, 상처 세척, 구강·질 점막 소독 등으로, 임상에서 매우 폭넓게 사용된다.

(3) 클로르헥시딘(Chlorhexidine)

클로르헥시딘은 세포막에 결합하여 세포 내용물이 유출되도록 하여 세균을 사멸한다. 이 소독제의 가장 큰 특징은 장시간 잔류 효과가 있다는 점으로, 피부에 도포 시 수 시간 이상 항균 효과가 유지된다. 또한 혈액이나 체액이 존재해도 효과가 크게 감소하지 않으며, 그람 양성균에 특히 강력한 효과를 보인다. 일부 그람 음성균과 바이러스에도 효과적이다.

장점으로는 피부 자극이 적고, 알코올보다 항균 효과가 더 오래 지속된다는 점이 있다. 따라서 수술 부위 소독이나 장기간 유지가 필요한 부위의 관리에 적합하다. 그러나 눈이나 중이에 닿을 경우 독성이 나타날 수 있으며, 드물게 피부 과민 반응이 보고되기도 한다.

임상적으로는 수술 부위 소독, 카테터 삽입 부위 소독, 손 위생 등에 광범위하게 활용된다.

(4) 염소계 소독제(차아염소산나트륨, Sodium hypochlorite)

차아염소산나트륨은 강력한 산화제로 작용하여 미생물의 단백질을 변성시키고 DNA를 파괴함으로써 세균, 바이러스, 곰팡이, 포자까지 사멸할 수 있다. 강력한 살균력 덕분에 환경 소독에 매우 효과적이며, 저농도에서도 대부분의 병원체를 제거할 수 있다.

장점으로는 세균, 바이러스, 포자 등 광범위한 항균 스펙트럼을 가지며, 가격이 저렴하고 대량 사용이 가능하다는 점이 있다. 그러나 단점으로는 금속을 부식시키고 직물을 손상시킬 수 있으며, 피부와 점막에 강한 자극을 주기 때문에 환자의 피부 소독에는 적합하지 않다. 또한 빛과 열에 불안정하여 사용 직전에 신선하게 희석해야 한다.

차아염소산나트륨은 주로 동물병원의 바닥, 벽, 우리, 장비 등의 환경 소독, 혈액이나 분비물 오염 표면 소독, 전염병 발생 시 대규모 소독에 활용된다.

3) 수술 부위 소독 방법(Surgical Site Preparation)

수술 부위의 적절한 소독은 수술 감염을 예방하고 무균적 수술 환경을 조성하기 위한 필수 과정이다. 일반적으로 수술 부위 준비는 털 제거, 피부 세척, 소독제 적용, 멸균 드레이핑, 최종 확인의 순서로 이루어진다.

(1) 먼저, 털 제거(clipping)는 절개선 및 그 주변 부위에서 최소 5~10cm 이상의 범위까지 시행한다. 이 과정에서는 전기 클리퍼를 사용하여 피부 손상을 최소화하는 것이 권장되며, 면도기는 미세한 피부 손상을 유발하여 세균 감염

의 위험을 증가시킬 수 있으므로 일반적으로 사용하지 않는다.

(2) 다음으로 1차 세척(initial cleaning)을 시행한다. 이 단계의 목적은 피부 표면에 존재하는 피지, 오염물 및 유기물을 제거하는 것이다. 멸균 거즈에 클로르헥시딘 스크럽(Chlorhexidine scrub) 등의 항균 비누를 묻혀 사용하며, 절개 예정 부위의 중심에서 바깥쪽으로 원형을 그리듯 닦는다. 동일한 거즈로 다시 안쪽을 닦는 것은 교차 오염의 가능성이 있으므로 피해야 하며, 필요시 멸균 식염수를 이용하여 잔여 세제를 제거한다.

(3) 이어지는 2차 소독(antiseptic application) 과정에서는 포비돈 요오드(povidone-iodine) 또는 클로르헥시딘(chlorhexidine)과 같은 소독제를 멸균 거즈에 묻혀 피부에 적용한다. 소독은 중심부에서 외측으로 반복적으로 시행하며, 최소 3회 이상 수행하는 것이 권장된다. 또한 소독제가 피부에 일정 시간(약 2~3분) 접촉되어야 충분한 살균 효과를 기대할 수 있다.

(4) 소독이 완료된 후에는 멸균 드레이핑(draping)을 통해 수술 부위 주변을 멸균포(drape)로 덮어 무균적 수술 영역을 확보한다. 드레이프는 수술 중 움직이지 않도록 안정적으로 고정되어야 한다. 필요할 경우 알코올을 사용하여 피부 표면의 소독제 잔여물을 제거할 수 있다. 이는 특히 포비돈 요오드의 착색을 제거하기 위한 목적이 크다.

이러한 일련의 과정을 거쳐 수술 부위가 무균 상태로 유지됨을 확인한 후, 외과적 수술 절차를 시작한다.

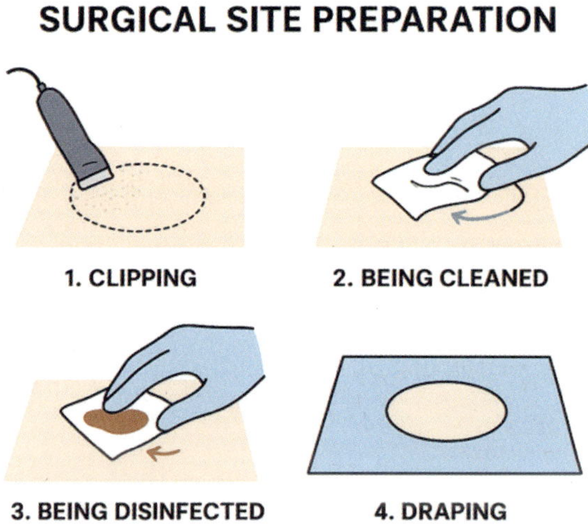

출처: ChatGPT.

[그림 1-6] 수술 부위 소독 방법

[표 1-2] 멸균 vs 소독 비교

구분	멸균	소독
정의	모든 미생물(세균, 바이러스, 포자 포함) 완전 제거	병원성 미생물만 선택적 제거
방법	고압 증기(Autoclave), 건열, 가스, 플라스마, 방사선	알코올, 포비돈 요오드, 클로르헥시딘, 염소계 소독제
적용 대상	수술 기구, 봉합재, 장비	환부 피부, 수술실 환경, 손 소독
장점	확실한 멸균 효과, 재사용 가능	사용 간편, 즉각적 효과
단점	고온·고압에 민감한 물품 사용 불가	모든 미생물 제거 불가, 효과 제한적

4) 멸균 수술 팩 준비(Preparation of sterile surgical packs)

(1) 수술 가운 및 수술포 팩 준비

수술실에서 사용하는 가운과 수술포는 무균 영역을 확보하기 위해 반드시 철저한 멸균 과정을 거쳐야 한다. 동물 외과 수술에서 사용하는 수술 가운과 포는 멸균 팩(packs)으로 준비되며, 이는 수술자의 멸균 상태 유지와 수술 부위의 감염 예방에 핵심적인 역할을 한다. 따라서 팩 준비 과정은 체계적이고 일관되게 이루어져야 하며, 올바른 준비와 멸균이 이루어지지 않을 경우 수술 부위 감염(SSI)의 주요 원인이 될 수 있다.

① 수술 가운 준비

수술 가운은 멸균 영역과 비멸균 영역을 구분하여 사용되며, 착용 시 무균성을 유지할 수 있도록 정확한 접기 및 포장 방법이 요구된다.

가. **가운 접기:** 가운은 착용 시 외부와 접촉하는 부위가 오염되지 않도록 '안쪽이 바깥으로 나오게' 접는다. 이는 수술자가 가운을 펼칠 때 손이나 팔이 비멸균 부분과 닿지 않게 하기 위함이다.

나. **포장:** 접은 가운은 멸균포(sterile wrap)로 이중 포장하며, 내부에 화학적 멸균 표시자를 함께 넣어 멸균이 팩 내부까지 도달했는지 확인한다.

다. **멸균 처리:** 준비된 가운 팩은 고압 증기 멸균기(autoclave)로 멸균한다. 멸균 후 외부 멸균 테이프의 색 변화를 확인하고, 보관 시에는 건조하고 통풍이 잘 되는 장소에 두어야 한다.

② 수술포 준비

수술포는 수술 부위와 주변을 멸균 상태로 유지하기 위한 덮개이다. 일반적으로 직사각형 또는 구멍이 뚫린 드레이프(drape) 형태로 준비된다.

가. **포 접기:** 수술포는 펼칠 때 멸균 표면이 수술 부위에 바로 닿을 수 있도록 접는 방법이 중요하다. 포는 접을 때 안쪽 멸균 면이 바깥으로 나오도록 접으며, 수술자가 포를 잡았을 때 멸균 부분만 손에 닿도록 배치한다.

나. **세트 구성:** 필요한 경우 수술포는 다른 기구와 함께 한 팩으로 묶어 '수술포 팩(drape pack)'으로 구성한다. 예를 들어, 기본 수술포 세트에는 대포(large drape), 소포(small drape), 그리고 기구를 덮는 보조포 등이 포함될 수 있다.

다. **멸균 포장:** 포 역시 멸균포로 이중 포장하고 내부에 멸균 표시자를 포함시켜 멸균 여부를 확인한다. 이후 고압 증기 멸균기(autoclave)로 멸균 처리한 후 보관한다.

③ 수술 팩의 보관과 사용

준비된 수술 가운 및 포 팩은 멸균 상태가 유지되도록 관리되어야 한다. 보관 시 직사광선이나 습기를 피하고, 멸균 포장이 손상되지 않도록 한다. 멸균 테이프의 변화를 확인하고, 사용 시에는 수술자가 무균적으로 팩을 열어야 한다. 또한 수술 전에 내부 멸균 표시자가 정상적으로 변색되었는지 반드시 확인하여 멸균이 보증되었는지를 검증한다.

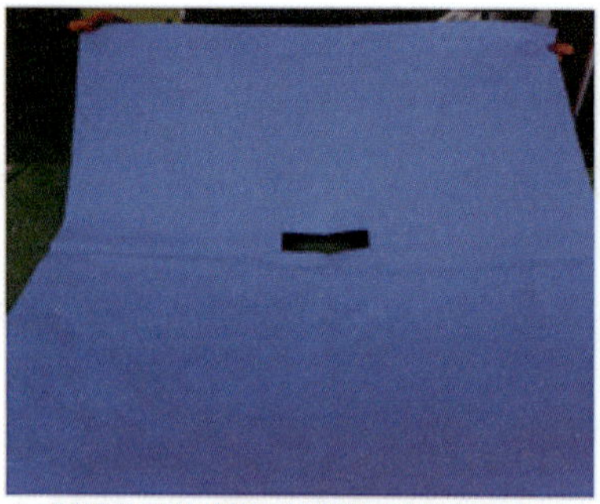

A. 유창포의 구멍 끝선이 수행자와 수직이 되게 놓는다.

B. 수행자의 가까운 모서리를 잡고 중심부 쪽으로 접는다. 수술포의 모서리는 위쪽으로 노출되도록 하여 개봉 시 용이하게 한다.

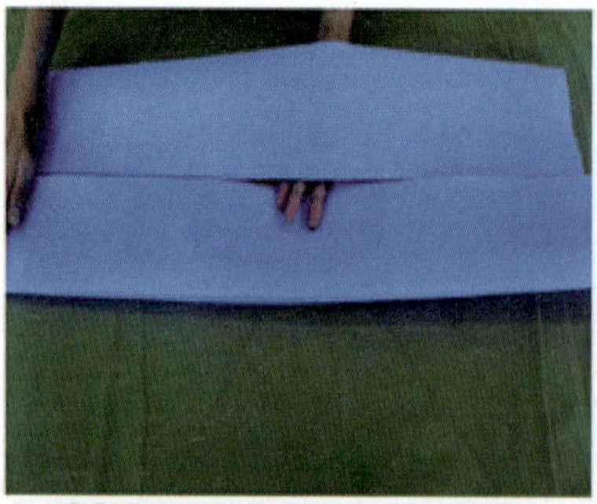

C. 방향을 돌려 반대편도 동일한 방법으로 접는다.

D. 긴 쪽 끝에서 중심을 향하여 접는다.

E. 반대편도 같은 방법으로 접는다.

F. 수술포가 적절히 접혔다면 창이 위를 향하게 놓는다.

출처: 수의외과실습 제2편.

[그림 1-7] 수술포를 접는 방법

A. 포장제의 중앙에 대각선으로 접어진 수술포를 가지런히 쌓아 놓는다.

B. 왼쪽 모서리를 접고 그 끝을 밖으로 젖혀 놓는다.

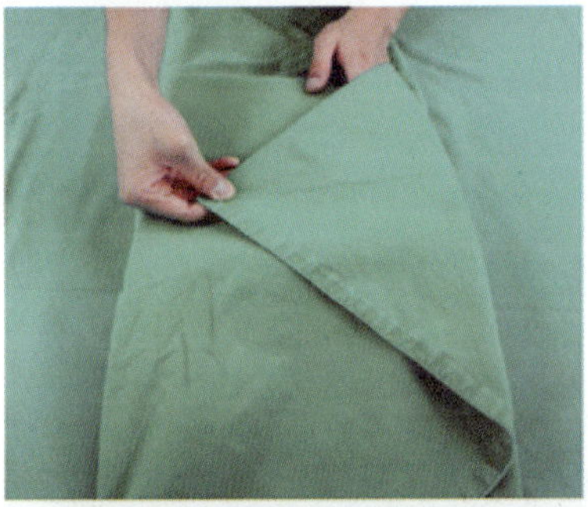

C. 오른쪽 모서리도 같은 방법으로 접는다.

D. 아래쪽 모서리도 동일한 방법으로 접는다.

E. 남은 모서리도 동일한 방법으로 접고 개봉 시 용이하게 모서리 끝을 노출한다.

F. 멸균 지시 tape를 붙여 봉한다.

출처: 수의외과실습 제2편.

[그림 1-8] 수술포를 포장하는 방법

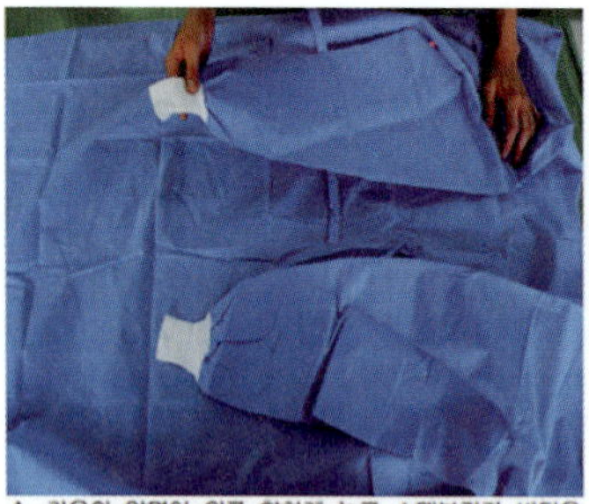

A. 가운의 앞면이 위를 향하게 놓고 소맷부리가 바닥을 향하게 한 채로 소매가 가운의 중앙에 가지런히 위치하도록 한다.

B. 가운의 양쪽끝을 안쪽으로 아코디언 방식으로 접어준다.

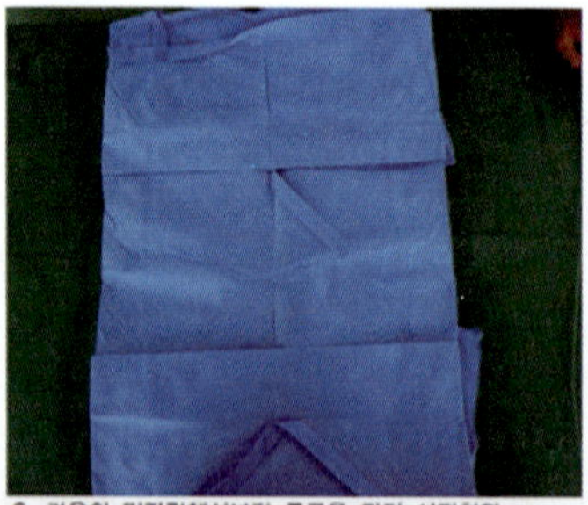

C. 가운의 밑자락에서부터 주름을 잡기 시작한다.

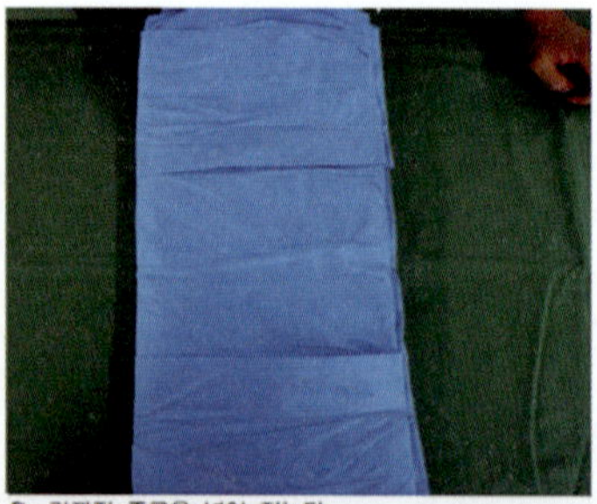

D. 깃까지 주름을 넣어 접는다.

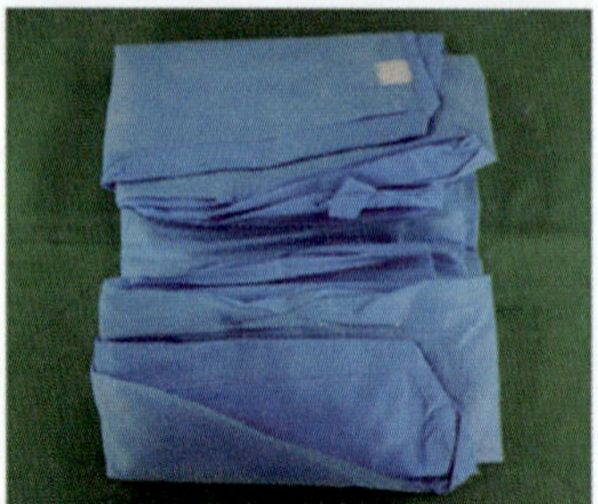

E. 긴 양쪽 끝을 접어 가운 안쪽이 바깥쪽을 향하게 접는다.

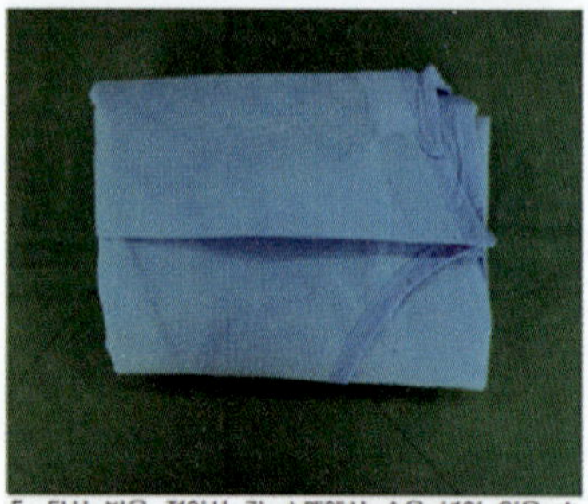

F. 다시 반을 접어서 각 소매에서 손을 넣어 입을 수 있도록 한다.

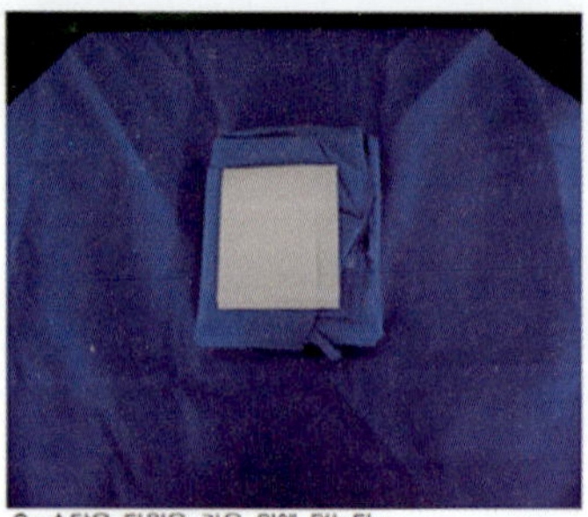

G. 손닦을 타월을 가운 위에 덮는다.

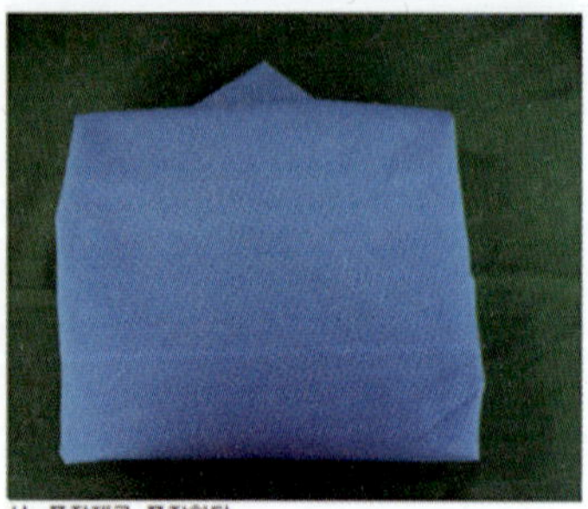

H. 포장재로 포장한다.

출처: 수의외과실습 제2편.

[그림 1-9] 수술 가운을 접고 포장하는 방법

(2) 수술 도구 및 기구 팩 준비

수술 기구는 외과 수술의 성공과 직결되는 요소로, 철저히 준비되고 멸균되어야 한다. 수술 전 기구 팩(surgical instrument pack)의 준비는 단순한 정리 과정이 아니라 기구의 세척, 점검, 배열, 포장, 멸균, 보관에 이르는 일련의 체계적인 과정이다. 이 과정이 적절히 이루어지지 않으면 수술 중 기구의 오염이나 손상, 멸균 실패로 인한 감염 위험이 증가할 수 있다.

① 기구의 세척 및 점검

수술이 끝난 직후 기구는 혈액, 조직, 체액 등이 굳기 전에 즉시 세척한다.

가. 예비 세척(Pre-cleaning): 혈액과 오염 물질을 흐르는 물에 제거한다.

나. 세제 세척(Detergent cleaning): 중성 세제를 사용하여 기구를 완전히 세척한다.

다. 세밀한 세척: 관절부, 홈(groove), 치아(tip) 부위는 브러시를 사용해 세밀히 청소한다.

초음파 세척기(ultrasonic cleaner) 사용 시 미세한 잔여 오염까지 제거할 수 있다. 세척 후에는 기구를 건조시키고, 녹이나 마모, 손상 여부를 확인한다. 특히 가위, 겸자, 바늘꽂이(needle holder) 등은 날과 잠금장치가 정상적으로 작동하는지 반드시 확인한다.

② 기구 배열

기구는 사용 목적에 따라 일정한 순서로 배열한다.

가. 절개용 기구: 메스 손잡이, 메스 날, 가위 등

나. 겸자류: 조직 겸자, 혈관 겸자, 핀셋

다. 봉합 기구: 바늘꽂이, 봉합 가위

라. 견인기(retractor) 및 보조 기구

기본적으로는 '기본 수술 세트(basic surgical set)'를 기준으로 배열하며, 필요한 경우 수술 종류(예: 정형외과, 연부 조직 수술)에 맞게 특수 기구를 추가한다. 기구는 크기와 용도에 따라 질서 있게 놓되, 수술자가 집기 편리하도록 배치하는 것이 원칙이다.

③ 기구 포장

정리된 기구는 멸균포(sterile drape) 위에 올려 팩 형태로 포장한다.

가. **기본 원칙:** 기구의 날카로운 부분은 멸균포가 손상되지 않도록 보호한다.

나. **보조 물품 포함:** 거즈, 드레싱 재료, 바늘, 봉합사 등은 별도 팩이나 보조 포장에 함께 넣을 수 있다.

다. **멸균 표시자 삽입:** 내부에 화학적 멸균 표시자를 반드시 포함시켜 멸균 확인이 가능하도록 한다.

라. **외부 포장:** 멸균포로 이중 포장 후 외부에는 멸균 테이프를 부착하여 멸균 과정을 거쳤음을 표시한다.

④ 멸균 과정

준비된 기구 팩은 주로 고압 증기 멸균기(autoclave)를 이용해 멸균한다. 기구가 완전히 건조되도록 하며, 멸균 과정 중 과열이나 포장 손상이 발생하지 않도록 주의해야 한다. 멸균 후 외부 표시자의 변화를 확인하고, 필요시 생물학적 표시자를 사용해 멸균의 확실성을 검증한다.

⑤ 보관 및 사용

멸균된 기구 팩은 건조하고 통풍이 잘 되는 장소에 보관하며, 사용 전까지 포장이 손상되지 않도록 관리한다. 포장이 찢어지거나 젖은 경우 멸균은 보증되지 않으므로 반드시 재멸균해야 한다. 수술 시에는 무균적으로 팩을 개봉하며, 내부 멸균 표시자의 변화를 확인하여 멸균이 완전하였는지를 확인한 후 사용한다.

A. Tray 안에 기구가 정돈된 상태

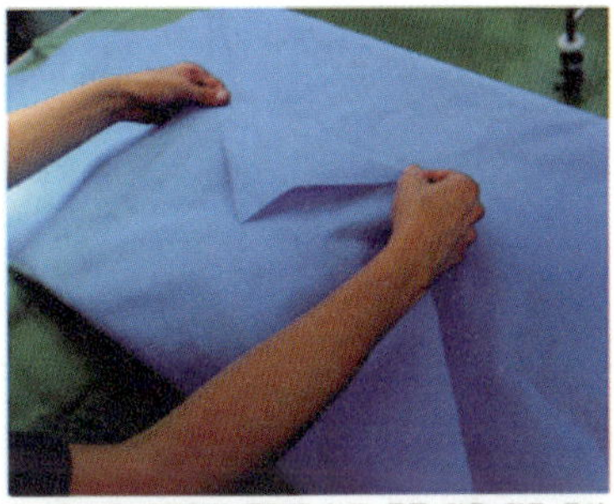

B. Tray를 포장천의 중앙에 놓고 몸쪽 면을 덮고 모서리는 바깥쪽으로 접는다.

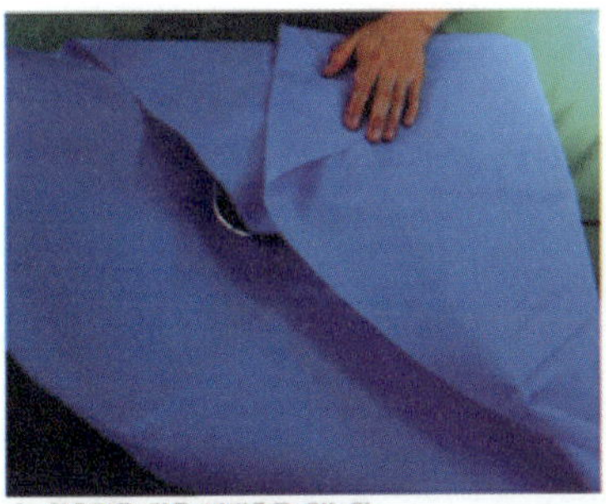

C. 양측면을 같은 방법으로 덮는다.

D. 마지막으로 바깥쪽 면을 덮고 모서리는 안쪽으로 접는다.

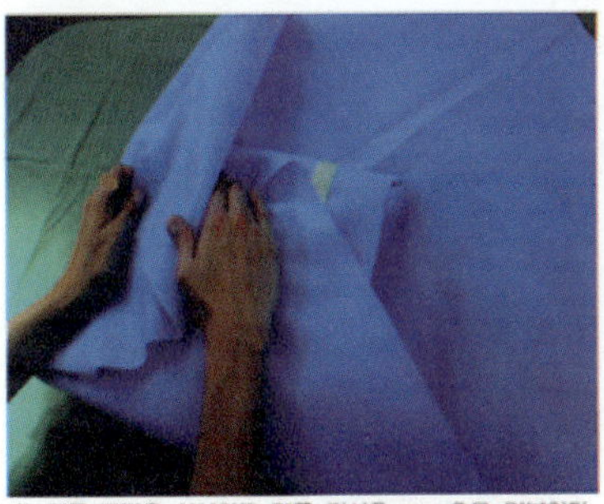

E. 이중 포장을 실시하고 멸균 지시용 tape으로 밀봉한다.

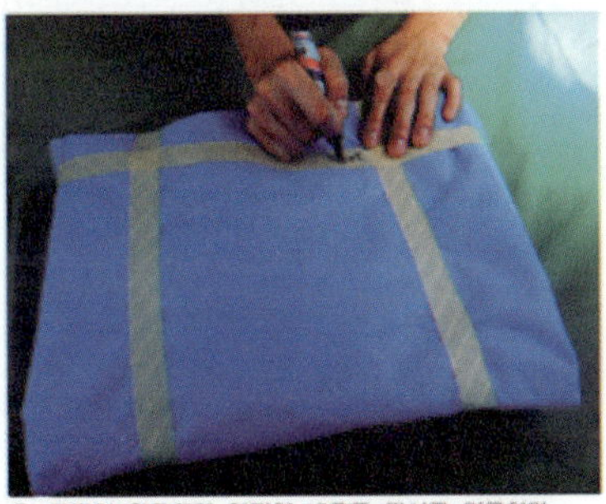

F. 포장이 완료되면 일자와 내용물 표시를 기록한다.

출처: 수의외과실습 제2편.

[그림 1-10] 수술 기구를 포장하는 방법

3. 외과 동물보건사의 역할

외과 수술에서 동물보건사는 수의사의 지도하에 수술이 원활하고 안전하게 이루어질 수 있도록 중요한 보조적 역할을 수행한다. 이들의 업무는 수술 전 준비, 수술 중 보조, 수술 후 관리에 이르기까지 전 과정에 걸쳐 이루어지며, 이는 환자의 안전 확보와 수술 성공률 향상에 기여한다.

1) 수술 전 준비

수술 전 단계에서 동물보건사는 환자와 수술 환경을 모두 철저히 준비한다.

① 환자 평가: 체온, 맥박, 호흡 등 기본 활력 징후를 점검하고, 혈액 검사 및 기타 진단 결과를 확인하여 수술 적합성을 검토한다.

② 수술실 준비: 멸균된 수술 기구, 소독제 및 수술 장비의 작동 상태를 확인하여 무결성을 확보한다.

③ 환부 준비: 수술 예정 부위를 제모(clipping) 및 소독하여 청결을 유지한다.

④ 수술 환경 세팅: 수술대, 수술 조명, 마취 장비 등을 세팅하고, 수의사가 필요로 하는 기구와 소모품을 미리 준비한다.

2) 수술 중 역할

수술 중 동물보건사는 무균적 수술 환경을 유지하고 환자의 상태를 지속적으로 모니터링하며 수의사의 처치를 지원한다.

① 무균 원칙 준수: 멸균 구역을 철저히 준수하고, 멸균 기구를 올바르게 전달한다.

② 환자 모니터링: 심박수, 호흡수, 체온, 혈압 등의 생리학적 지표를 지속적으로 관찰하며 이상 소견 발생 시 즉시 수의사에게 보고한다.

③ 수술 부위 관리: 절개 부위의 오염을 방지하고, 필요시 흡인(suction)이나 지혈을 보조한다.

④ 응급 대응: 출혈, 호흡 장애 등 응급 상황 발생 시 수의사의 지시에 따라 신속히 대처한다.

3) 수술 후 관리

수술 후 단계에서 동물보건사는 환자의 회복을 보조하고 합병증을 예방하는 관리 업무를 수행한다.

① 회복 모니터링: 환자의 체온, 호흡, 심박수, 의식 상태를 지속적으로 관찰하여 회복 과정을 평가한다.

② 상처 관리: 수술 부위의 소독 및 드레싱 교체를 수행하여 감염을 예방한다.

③ 기록 관리: 수술 과정 및 간호 내용을 체계적으로 기록하여 추후 관리 및 의료 기록의 정확성을 보장한다.

④ 보호자 교육: 수술 후 상처 관리 방법, 약물 투여법, 활동 제한 사항 등을 보호자에게 안내하여 환자의 가정 내 회복을 지원한다.

이와 같이 외과 동물보건사의 역할은 단순한 보조 업무에 국한되지 않으며, 환자의 안전 확보와 외과적 처치의 성공을 보장하는 핵심적인 요소라 할 수 있다.

동물보건외과학

제2장

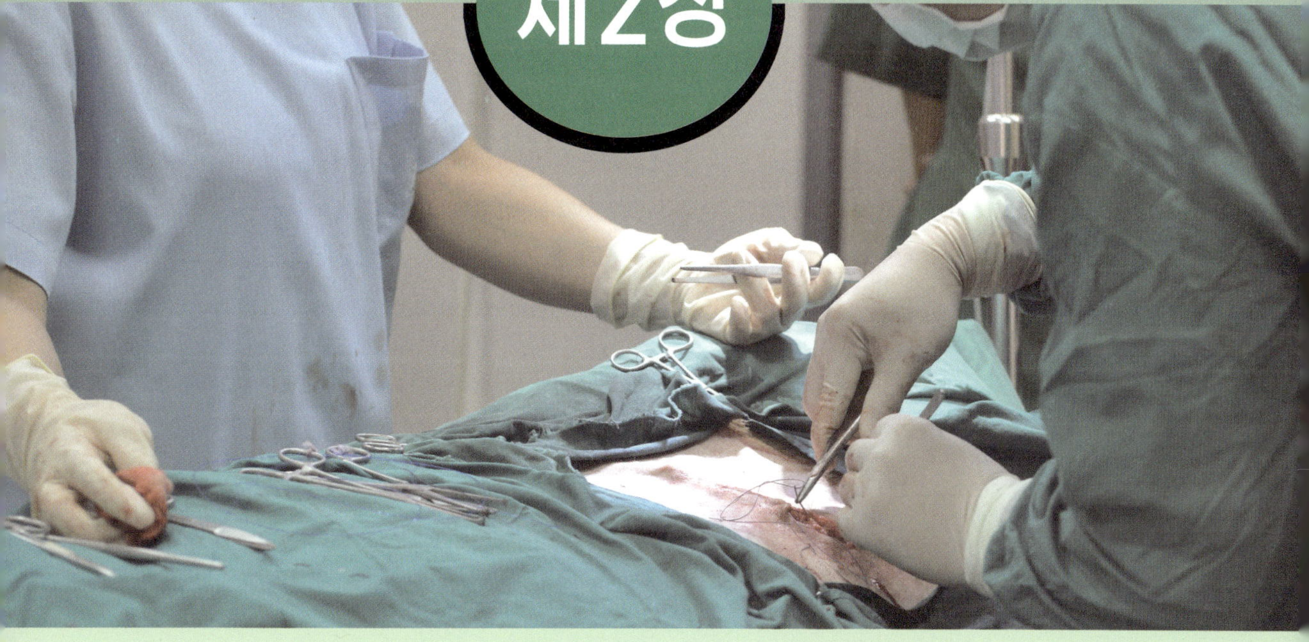

수술실 환경 관리

1. 수술실 관리
2. 수술실 기기 관리
3. 수술실 기구와 물품 관리

1. 수술실 관리

1) 수술실 관리의 기본 목표

동물보건사의 수술실 환경 관리에서 가장 중요한 목표는 감염 위험을 최소화하기 위해 청결하고 무균에 가까운 환경을 유지하는 것이다.

수술실의 청결 상태가 유지되면 수술 부위 감염 발생률이 줄어든다. 수술 부위 감염은 환자에게 신체적 고통을 주고, 보호자와 병원 모두에 경제적, 시간적 부담을 발생시킨다. 비록 최선의 관리에도 불구하고 수술 부위 감염을 완전히 예방할 수는 없지만, 기본 원칙을 정확히 이해하고 지침을 준수함으로써 위험을 크게 낮출 수 있다.

2) 수술실 관리의 특징

- 동선의 최소화

수술실은 사람과 동물이 오가는 과정에서 공기 중의 먼지, 피부 각질, 동물의 털 등이 증가하여 오염될 수 있다. 이러한 오염은 수술 부위 감염 위험을 높이므로, 불필요한 출입과 이동을 최소화하는 것이 이상적이다.

3) 수술 시설의 구성

수술실은 기능과 특성에 따라 3개의 구역으로 구분할 수 있다.

(1) 준비 영역(오염 구역)

동물이 수술실에 들어가기 전에 수술 부위의 삭모, 마취 준비 등 수술 준비를 시행하는 장소이며, 수술 준비에 필요한 물품이 구비되어 있는 보관소이다. 환자 준비실은 오염 구역에 해당한다.

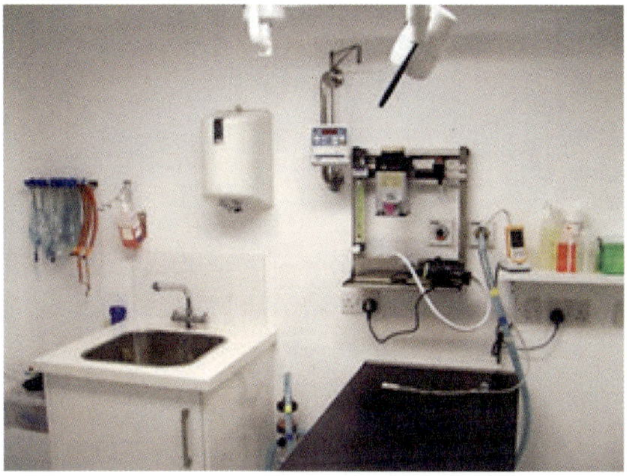

출처: BSAVA Manual.

[그림 2-1] 준비 영역

(2) 스크럽 영역(혼합 구역)

수술자와 보조자가 손세정(scrub)을 시행하는 공간으로 수술방과 연결된 구역이다. 이 혼합 구역에서 수술 가운과 멸균 장갑을 착용한 후 수술 구역으로 이동하게 된다. 수술 가운과 멸균 장갑은 청결한 표면 위에서 개봉해야 한다. 수술실과 인접하지만 별도로 구분하여, 손·팔 세척 과정에서 물방울이 수술실을 오염시키지 않도록 한다. 깊은 싱크는 물방울로 인한 오염의 가능성을 줄여준다.

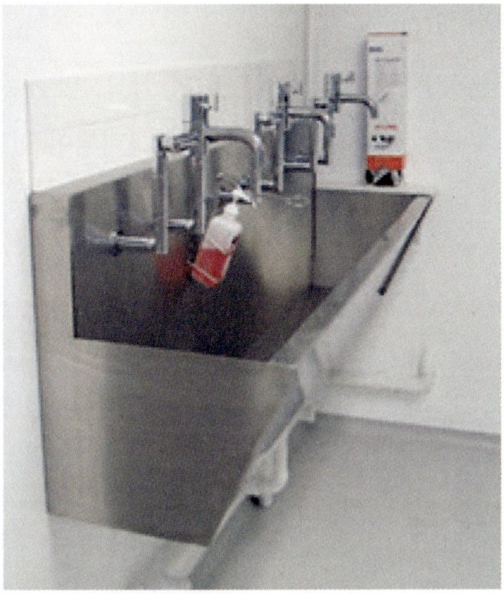

출처: BSAVA Manual.

[그림 2-2] 스크럽 영역

(3) 수술실 영역(청결 구역)

수술이 진행되는 수술실은 무균 상태를 유지해야 하는 멸균 지역으로 청결 구역에 해당한다. 혼합 구역과 청결 구역은 문으로 분리하여야 하며, 청결 구역에 들어가기 전에는 수술복으로 갈아입어야 한다. 수술방은 수술을 위한 공간으로만 사용해야 하고, 최소 인원만 출입하도록 한다. 양압 환기는 압력 차이를 이용해 청결 구역 공기가 오염 구역으로 흐르도록 하여 수술실의 오염 수준을 감소시킬 수 있다.

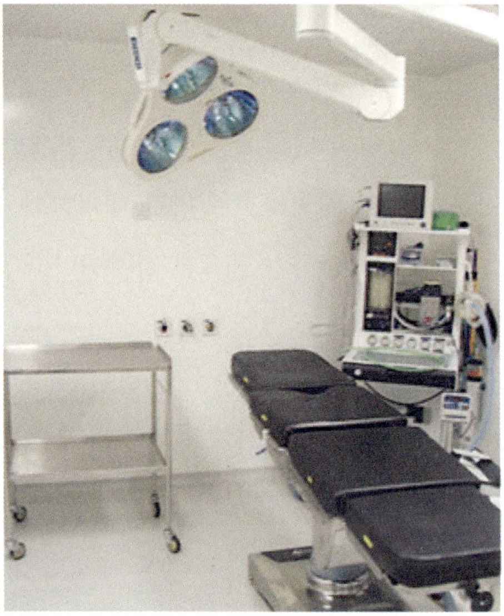

출처: BSAVA Manual.

[그림 2-3] 수술실 영역

4) 수술실 청결 관리

수술실의 청결은 무균 상태를 유지하는 데 필수적인 요소이다. 따라서 청소는 정해진 절차와 순서에 따라 체계적으로 이루어져야 한다. 이를 위해 청소 프로토콜은 문서화하여 모든 보건사는 동일한 기준에 따라 수행할 수 있도록 한다.

또한, 청소 과정의 실행 여부를 확인하고 감독할 지정된 담당자를 두어야 한다. 이를 통해 청소 절차가 일관되게 유지되며, 책임 소재가 명확해져 신뢰성과 안전성이 확보된다.

(1) 청소의 단계

① 제거

소독에 앞서 꼭 이루어져야 하는 과정이다. 수술 중 발생한 혈액이나 체액과 같은 유기물은 즉시 일회용 타월로 제거하고 곧바로 폐기한다. 이는 소독 효과를 방해할 수 있는 오염원을 사전에 차단하는 중요한 절차이다.

② 소독

표면은 광범위 소독제를 적절한 농도로 적용하여 청소한다. 특히 소독제는 일정 시간 동안 충분히 접촉해야 효과가 발휘되므로, 바로 닦아내지 않고 권장 접촉 시간을 지키는 것이 중요하다.

③ 장비 관리와 약품·소모품 재고 관리

청소와 더불어 마취기와 수술실의 여러 장치가 정상적으로 작동하는지 확인해야 한다. 또한 산소, 마취제와 같은 소모품의 상태와 잔량도 함께 점검하여 다음 수술에 차질이 없도록 준비한다.

(2) 수술실 환경 관리 지침

① 하루 시작 전 청소

- 표면 소독: 수술대, 기구 트롤리, 선반 등 모든 표면을 광범위 소독제로 닦아낸다.
- 장비 점검 및 재고 관리: 마취기와 환기 장치의 정상 작동 여부를 확인하며, 약품과 소모품의 재고를 점검한다.
- 청소 도구 관리: 전용 청소 도구를 구역별로 색상 구분하여 사용한다(예: 수술실–노란색).

- 특징: 예방적 조치로서, 아직 환자가 입실하기 전 단계에서 환경을 정돈한다는 점이 핵심이다.

② 환자 간 청소

수술 직후 발생할 수 있는 동물 사이의 교차 오염을 차단하는 데 목적이 있다.

- 기구·소모품 처리: 사용된 모든 물품을 즉시 치운다.
- 표면 소독: 수술대, 트롤리 등 수술 관련 장비는 지정된 소독제를 사용하여 충분한 접촉 시간을 유지한 후 처리한다.
- 혈액·체액 오염 처리: 오염은 즉시 청소하여 세균 증식을 막는다.
- 접촉 장비 소독: 혈압계의 커프, 체온계 등의 접촉 장비를 소독한다.
- 폐기물 관리: 발생한 폐기물을 전용 용기에 폐기한다.
- 특징: 수술과 수술 사이에 진행되는 청소이다. 즉각적이고 신속한 청소라는 점에서 하루 시작, 종료 청소와 구분된다.

③ 하루 종료 후 청소

하루 동안 누적된 오염을 제거하고 다음 날의 무균 환경을 준비하는 데 목적이 있다.

- 가구 및 장비 소독: 수술대, 조명, 트롤리 등 전반을 세심히 소독한다.
- 마취기·기화기 청소: 표면뿐 아니라 호스 연결부와 버튼까지 소독한다.
- 수술 조명 청소: 수술 부위와 직접 접촉하는 조명을 소독한다.
- 장비 이동 시 바닥 소독: 바퀴가 오염 확산의 매개가 되므로 소독액 통과 후 이동시킨다.
- 바닥 및 접촉부 소독: 바닥과 문 손잡이 등 빈번히 접촉되는 부위를 소독한다.
- 특징: 가장 범위가 넓고 심층적인 청소로서, 전체 수술실의 무균성을 다음 날까지 이어가기 위한 과정이다.

④ 주간 청소

일상 청소로 접근이 어려운 구석진 곳까지 관리하고 장기적 무균 환경을 유지하는 데 목적이 있다.

- 이동 가능한 기구 이동 후 청소: 수술실 내부를 비운 상태로 실시하여 구석구석 청소한다.
- 벽·천장·바닥 청소: 주 1회 소독, 청소로 오염원을 제거한다.
- 환기구 및 히팅 시스템 점검: 필터 청소와 교체를 통해 세균 확산을 차단한다.
- 흡인기 등 장비 청소 및 유지보수: 장비 세척과 함께 손상 여부를 점검하여 필요시 교체한다.
- 특징: 정기적이고 보강적인 청소로서, 매일의 청소에서 미처 다루지 못한 영역을 포함한다.

[표 2-1] 수술실 청소 프로토콜의 핵심

구분	주된 목적	핵심 차별점
하루 시작 전 청소	기본적 무균 환경 조성	예방적 청소, 장비 점검 포함
환자 간 청소	교차 감염 차단	신속·즉각적 처리 중심
하루 종료 후 청소	하루 누적 오염 제거	범위 가장 넓음, 심층적 소독
주간 청소	장기적 무균성 유지	접근 어려운 구역·장비 점검 포함

(3) 청소 도구 관리와 기록

① 청소 도구 관리

청소 도구는 교차 오염의 원인이 될 수 있으므로, 수술실 전용 도구와 다른 구역의 도구는 구분하여 관리해야 한다. 특히 대걸레와 양동이는 수술실 전용으로 사용하며, 특정 색을 정하여 다른 구역의 도구와 명확히 구분하는 것이 바람직하다(예: 수술실-노란색).

걸레는 사용 후 고온에서 세탁하고 충분히 건조해야 하며, 이는 세균 증식을 차단하기 위한 과정이다. 양동이는 청소가 끝난 뒤 건조된 상태로 보관해야 하며, 물이 고인 채 방치해서는 안 된다. 또한 표면 청소에는 일회용 소모품(종이 타월)을 사용하면 세균의 축적을 예방할 수 있다.

② 기록 및 점검

청소의 수행 여부와 질을 관리하기 위해서는 체계적인 기록이 필요하다. 모든 과정은 스케줄표에 날짜, 시간, 담당자의 이름을 기재하여 관리하고, 청소를 완료한 담당자의 서명을 남겨 책임을 명확히 한다.

기록은 정기적으로 점검·검토되어야 하며, 이를 통해 청소 프로토콜의 준수 여부를 확인할 수 있다. 아울러 이러한 검토 과정으로 개선할 점을 찾고, 청소 체계를 지속적으로 보완할 수 있다.

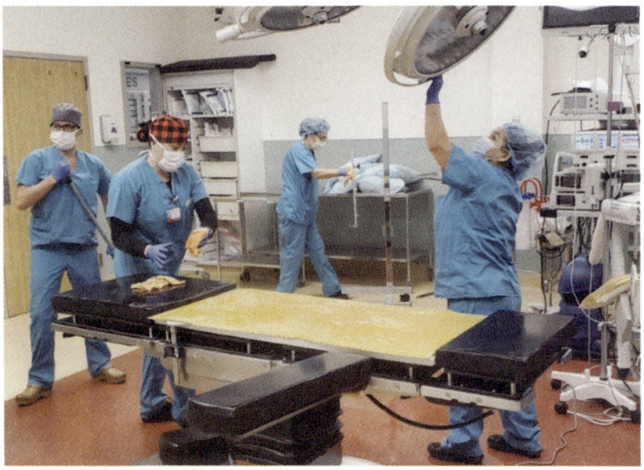

출처: outpatient-surgery.

[그림 2-4] 수술실 청소

5) 수술실 내 소모품 및 멸균 재료의 보관과 관리

(1) 기본 원칙

동물보건사는 수술실에서 사용하는 소모품과 멸균 재료를 체계적으로 배치하여야 한다. 이러한 정리는 재고 관리와 물품 접근성을 높여, 효율적인 수술 준비와 원활한 수술 진행을 가능하게 한다. 모든 장비와 재료는 사용 직후 즉시 청소 후 제 위치에 보관하는 것을 원칙으로 하며, 이를 통해 오염을 예방하고 다음 수술에서 안전하게 사용할 수 있도록 한다.

(2) 재고 관리

수술실 내 물품의 재고 관리는 동물보건사의 중요한 책임이다. 필요한 물품은 미리 확인하여 적절한 시기에 주문하고, 정기적으로 수량을 점검하여 과잉이나 부족이 발생하지 않도록 해야 한다. 이를 위해 물품 리스트를 작성하여 주기적으로 재고를 정리하면 현황을 한눈에 파악할 수 있다.

일회용 멸균 제품은 사용 전 유효기간을 확인해야 한다. 유효기간이 임박한 제품은 선반의 앞쪽에 배치하여 먼저 사용하도록 하고, 이미 유효기간이 지난 제품은 폐기한다.

(3) 보관 방법

멸균 기구와 소모품은 닫힌 수납장에 보관하여야 하며, 이를 통해 멸균 후 장기간 무균 상태를 유지할 수 있다. 이때 유리문이 있는 선반을 사용하면 내부 멸균팩을 한눈에 확인할 수 있고, 청소가 용이하며, 외부 오염 물질의 유입도 효과적으로 차단할 수 있다.

(4) 보관 환경 관리

물품 보관 공간은 청결하고 건조한 상태로 유지해야 하며, 습기나 뜨거운 공기 흐름이 차단될 수 있는 장소여야 한다. 이러한 환경 관리는 멸균 기구의 오염을 예방하고, 장기간 안전하게 사용할 수 있게 한다.

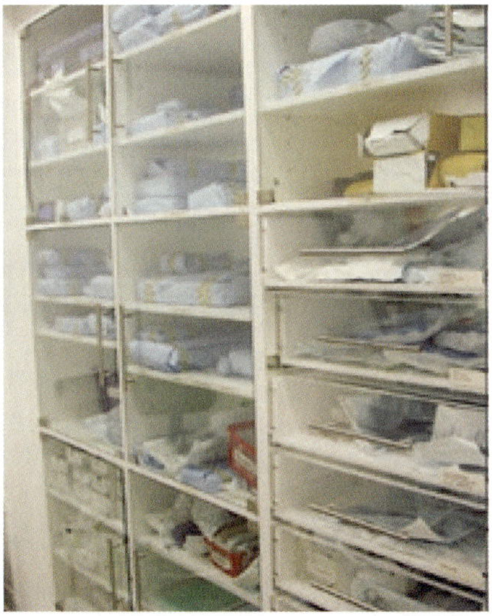

출처: BSAVA Manual.

[그림 2-5] 멸균 기구와 소모품 보관 수납장

2. 수술실 기기 관리

수술실은 안전하고 효율적인 수술을 위해 필수적인 전문 장비들이 갖추어진 공간이다. 수술실에는 호흡 마취기 관련 장비, 환자 상태를 확인하는 모니터링 장비, 그리고 다양한 수술 기구가 구비되어 있다. 이들 장비는 환자의 안전과 수술의 성공에 직결되므로, 동물보건사는 적절한 관리와 정기적인 점검을 통해 기기들의 상태를 온전하게 유지해야 한다.

[표 2-2] 수술실 기기의 종류와 역할

구분	기기	주요 역할
호흡 마취기 관련 장비	• 산소 공급 장비 • 마취기 본체 • 호흡 회로	• 마취 유지 및 환자의 기도 호흡 관리
모니터링 장비	• 환자 감시 모니터	• 심박수, 호흡수, 산소포화도, 혈압 등 환자 생리 상태 확인
수술 관련 장비	• 수술대 • 무영등 • 보온패드 • 전기수술기(고주파 보비) • 혈관밀봉기(LigaSure®) • 흡인기	• 수술 체위 유지 • 시야 확보 • 체온 유지 • 지혈·절개 • 지혈 • 분비물 제거 등

1) 호흡 마취기 관련 장비 관리

(1) 산소 공급 장비

① 산소통

- 환자에게 산소를 공급하는 장치
- 수직으로 보관하고, 넘어짐에 따른 위험을 막기 위해 벽면에 고정
- 압력 게이지를 확인하여 남아 있는 산소량을 확인
- 산소가 소진된 경우, 즉시 주문처에 연락하여 교체

② 실린더 압력계와 감압 밸브

- 실린더 압력계: 산소통 바로 옆에 부착되어 있으며, 남은 산소의 양을 표시함
- 감압 밸브: 산소통 내의 높은 압력이 직접 마취기로 유입되는 것을 방지하고, 낮은 압력으로 일정하게 공급되도록 감압
- 정상 작동 여부를 점검

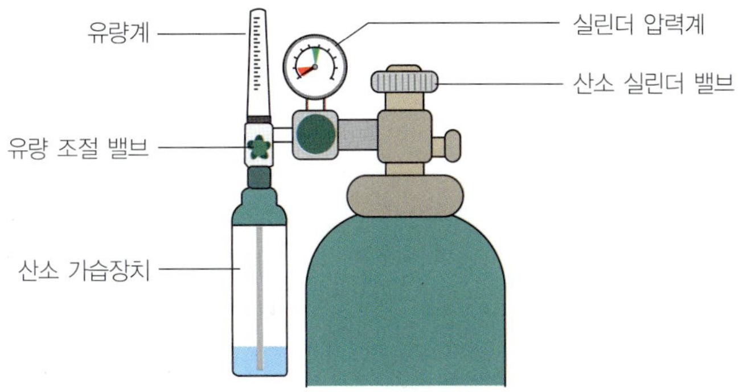

[그림 2-6] 산소통과 압력 게이지

(2) 마취기 본체

① 기화기(Vaporizer)

- 마취기의 핵심 장치로, 액체 상태의 마취제를 기체로 전환하여 환자에게 유효 농도로 공급
- 마취제 종류에 따라 전용 기화기를 사용해야 하며, 아이소플루레인(isoflurane) 기화기가 보편적으로 사용됨
- 업무 시작 전 또는 종료 후, 환기가 잘되는 곳에서 기화기 내 마취제 용량을 확인
- 마취제 충전 시 기화기를 잠그고, 흘림을 방지하기 위해 전용 주입 기구를 사용
- 기화기에 표시된 상한선을 초과하지 않도록 주의
- 기화기 점검: 마취제 농도의 정확성을 유지하기 위해, 주기적으로 제조업체의 점검(calibration)을 받아야 함

② 유량계

- 마취기에 공급되는 산소(O_2), 아산화질소(N_2O), 공기 등의 가스의 흐름을 정밀하게 조절하고 측정하는 장치

- 마취 중 동물에게 전달되는 가스의 양을 안전하고 일정하게 유지
- 유량계의 밸브를 실제 돌려서 작동 여부 확인, 눈금을 올바르게 읽기

출처: KOPS.

[그림 2-7] 마취기 본체(기화기, 유량계)

③ 회로 내 압력계

- 마취기의 호흡 회로 내 압력을 표시
- 환자의 폐에 전달되는 압력을 확인
- 압력이 높아지면 폐 손상이 발생할 수 있으므로 즉각적인 조치가 필요

④ 산소 플러시 밸브

- 마취기의 고압 산소 라인과 저압 회로 사이에 위치한 장치
- 기화기를 우회하여 100% 신선한 산소를 직접 환자에게 공급
- 주로 호흡 백을 부풀릴 때 사용
- 사용 시 회로 내 압력이 급격히 상승하지 않도록 주의
- 배기 밸브를 닫고 산소 플러시 버튼을 눌러 호흡 백이 부푸는지 확인

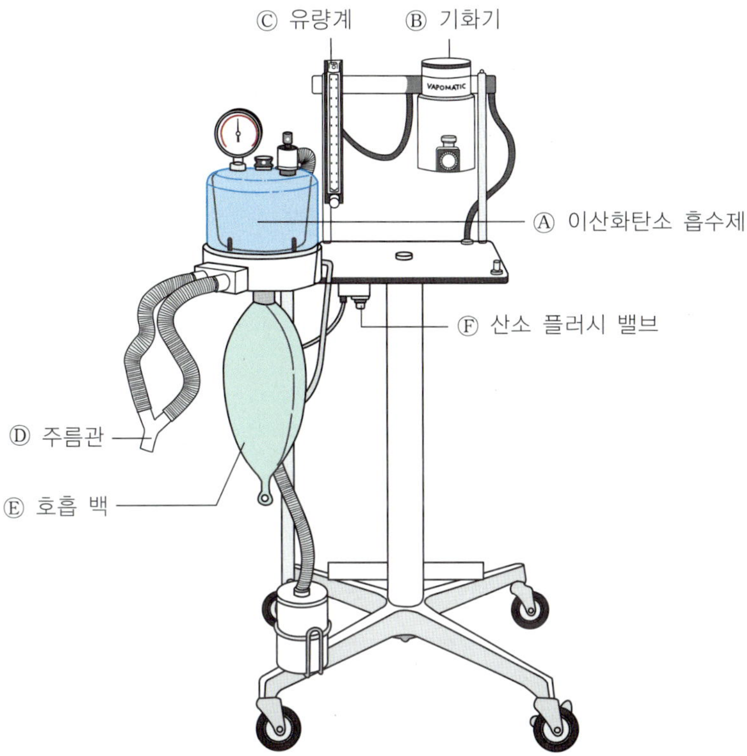

[그림 2-8] 마취기

▶ (A) 이산화탄소 흡수제. (B) 기화기. (C) 유량계. (D) 주름관. (E) 호흡 백. (F) 산소 플러시 밸브.

⑤ Pop-off 밸브

- 마취 회로 내 압력을 조절·배출하는 장치
- 환자의 폐에 과도한 압력이 전달되지 않도록 보호하는 안전장치
- 호스 연결 상태를 항상 확인하고, 회로 압력 상승 시 정상적으로 작동하는지 점검

(3) 호흡 회로

① 주름관

- 환자의 흡기 및 배기 가스를 운반하는 통로
- 누출 여부를 확인하고, 사용 후 청소 및 소독

② 이산화탄소 흡수제(CO_2 absorber)

- 정화통(canister): 마취 중인 동물의 호흡기에서 배출된 이산화탄소(CO_2)를 제거하기 위한 흡수제가 충전되어 있는 통
- 이산화탄소 흡수제인 소다라임(sodalime)이 주로 충전되어 있고, 이산화탄소와 화학적으로 반응하여 이산화탄소를 제거
- 흡수 능력이 저하되면 색이 흰색에서 자주색 또는 보라색으로 변하며, 이때 색깔 변화가 확인되면 교체

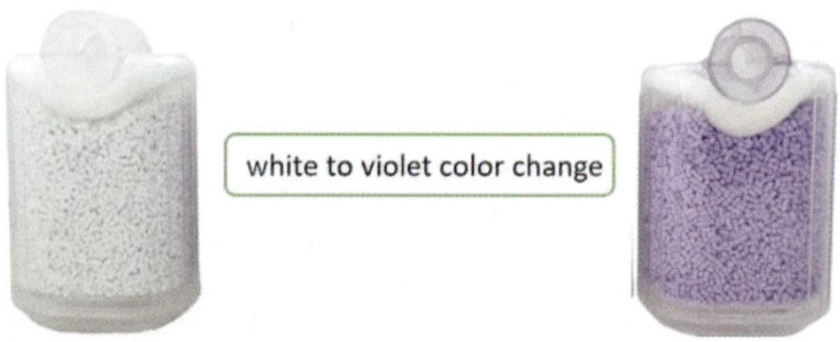

출처: ChatGPT.

[그림 2-9] 정화통 내 소다라임의 색 변화

③ 호흡 백(rebreathing bag)

- 정화통(canister) 앞 쪽에 위치하며, 환자의 호흡량을 보조하고 회로 내 압력 완충 역할
- 환축의 체중에 맞는 크기를 선택하고, 파열·누출 여부를 확인

2) 모니터링 장비 관리

환자 감시 모니터는 마취 중인 동물의 다양한 생리학적 정보를 실시간으로 감시하는 장비로, 수술 중 마취 환자의 안전을 보장하기 위해 필수적으로 사용된다. 해당 장치는 프로브 또는 센서를 환자의 적절한 부위에 부착하거나 삽입하여 생체 신호를 측정하며, 측정된 정보는 화면에 표시된다. 또한 정상 범위를 벗어날 경우 알람 기능을 통해 즉각적인 경고를 제공한다.

① 환자 감시 모니터링

환자 감시 모니터는 장비의 성능과 사양에 따라 감시 가능한 항목에 차이가 있으나, 일반적으로 다음과 같은 주요 생체 신호를 측정한다.

- 심전도(Electrocardiography, ECG)
- 심박수(Heart Rate, HR)
- 호흡수(Respiratory Rate, RR)
- 산소포화도(Pulse Oximetry, SpO_2)
- 혈압(Blood Pressure, BP)
- 체온(Temperature)
- 이산화탄소 농도($EtCO_2$)

② 관리 및 점검 절차

환자 감시 모니터의 정확한 사용을 위해서는 매 사용 전 점검이 필수적이다.

- 전원 및 연결 확인

– 모니터 전원을 켜고 연결된 프로브 및 센서의 상태 확인

● 혈압 측정 장치 점검

- 혈압 측정을 위한 커프의 크기가 동물의 체격에 적합한지 확인

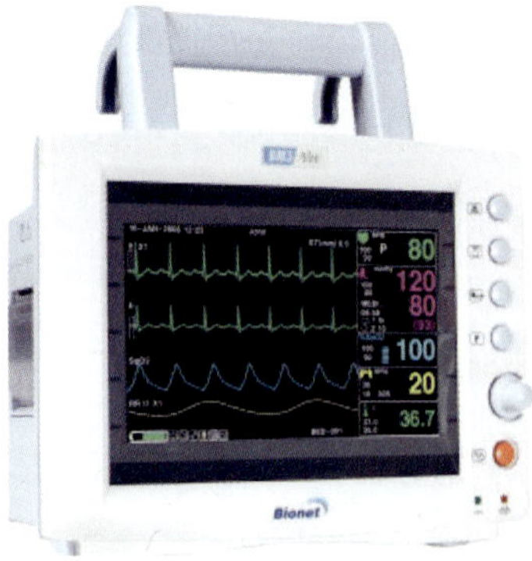

출처: Surgical Care Specialists Website.

[그림 2-10] 환자 감시 모니터

3) 수술 관련 장비 관리

① 수술대

수술대는 수술자가 올바른 자세를 유지할 수 있도록 높낮이 조절 기능을 갖추고 있다. 일부 모델은 전후 경사 조절도 가능하여 환자의 체위 유지와 수술 부위 노출을 용이하게 한다.

주 재질은 스테인리스 스틸로, 부식에 강하며 세척과 멸균이 용이하다. 또한 표면에는 배수 구조가 마련되어 있어 혈액이나 세척액이 고이지 않고 쉽게 배출된다.

● 청결 및 관리

- 수술 후 즉시 혈액·체액·소독제 잔여물을 제거
- 표면은 적절한 세정제로 닦고, 소독제를 사용

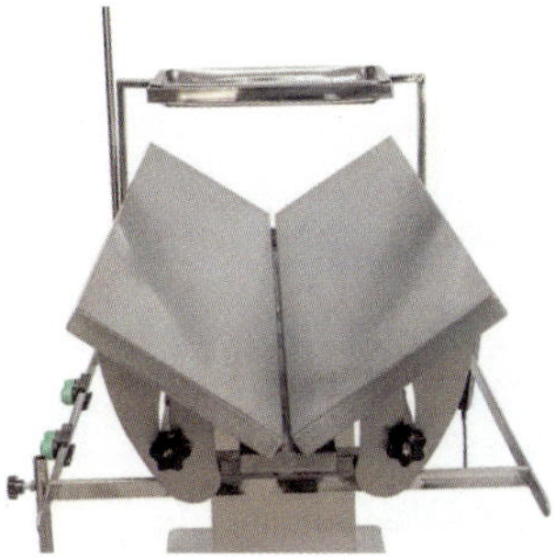

출처: kr.made-in-china.com

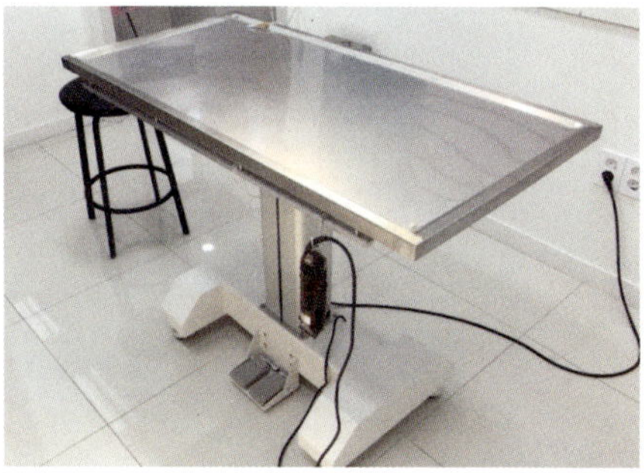

출처: 삼미메디컬 블로그.

[그림 2-11] 수술대

② 무영등

무영등은 수술 부위에 균일하고 강한 조명을 제공하여 그림자가 생기지 않는 안정적인 시야를 확보하기 위한 장치이다.

여러 개의 전구 또는 LED가 원형으로 배열되어 그림자 형성을 최소화하며, 높이·각도·초점 조절이 가능하여 환자의 체격이나 수술 부위에 따라 적절히 적용할 수 있다. 다수의 광원이 서로의 그림자를 상쇄함으로써 무영 효과를 만들어, 외과적 시야를 방해하지 않는다.

- 청결 및 관리
  - 외부 표면은 정기적으로 청소 및 소독
  - 전구나 LED는 제조사 권장 지침에 따라 세척
  - 전구·LED의 밝기 저하 여부를 주기적으로 점검하고 필요시 교체
  - 조절 팔과 관절 부분이 부드럽게 움직이는지 확인하며, 이상 시 윤활·정비를 실시

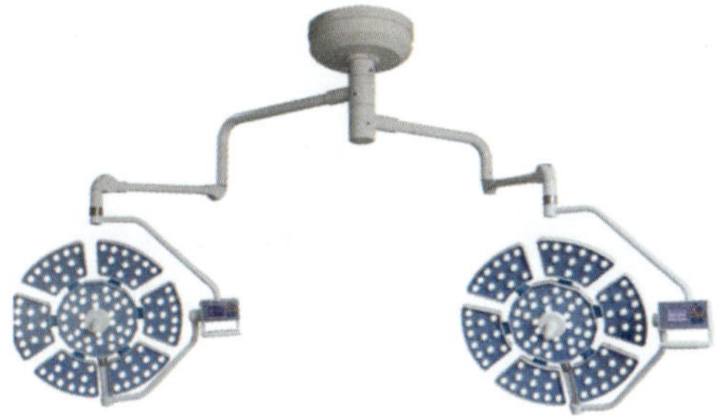

출처: 한미메드라인.

[그림 2-12] 무영등

③ 보온패드

동물 환자는 수술 중 저체온증(hypothermia) 발생 위험이 높다. 마취 후 체온 저하는 회복 지연, 합병증 발생률 증가 등 여러 부정적인 결과를 초래할 수 있다. 따라서 수술 중 체온 유지 장치의 사용은 필수적이다. 보온 장치에는 순환식 온수패드, 전기 보온패드, 강제 대류식 온열기 등이 있으며, 환자의 상태와 수술 환경에 따라 적절한 장비를 선택한다.

- 청결 및 관리
  - 청결: 패드 표면은 수술 후 오염물(혈액·체액)을 제거하고 소독
  - 과열 방지: 설정 온도를 주기적으로 확인, 환자의 피부에 장시간 직접 열이 닿지 않도록 함
  - 정기 점검: 순환식 온수패드의 경우, 누수 여부와 펌프 기능을 점검
  - 안전 사용 원칙: 항상 수술대와 환자 사이에 천이나 수건을 이용하여 화상을 예방, 체온을 주기적으로 모니터링

출처: 휴먼아이앤디.

[그림 2-13] 순환식 온수패드

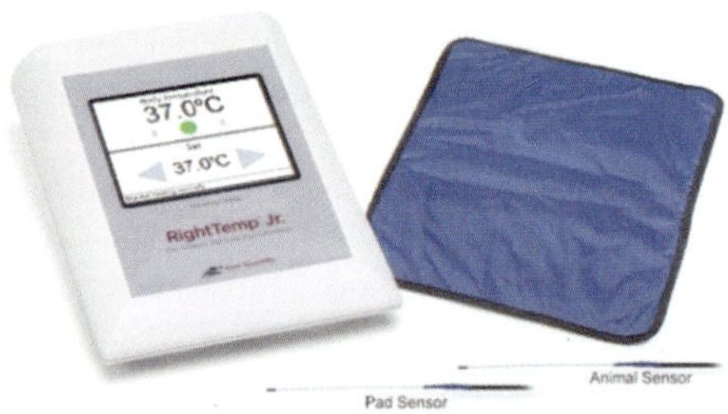

출처: Kent Scientific Corporation.

[그림 2-14] 전기 보온패드

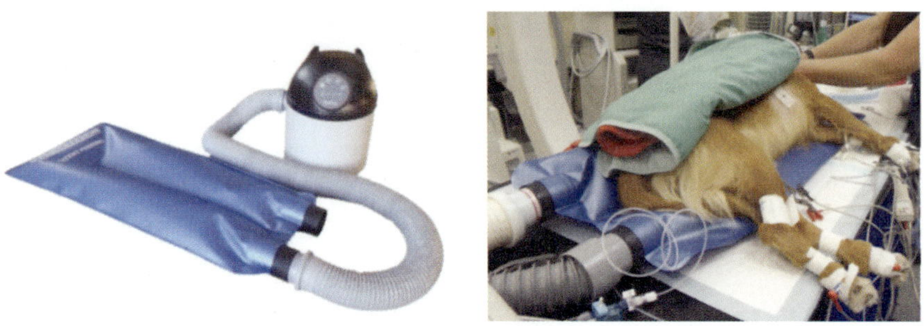

출처: VetMedWear.

[그림 2-15] 대류식 환자 보온패드

④ 전기수술기(Electrosurgery Unit, 전기메스기)

고주파 전류를 이용하여 조직을 절개하거나 응고시키는 장치로, 수술 부위를 절개하면서 동시에 출혈을 줄이고 혈관을 지혈하는 데 사용된다. 일반적으로 '보비(Bovie)'라는 상표명이 널리 알려지면서 전기수술기를 통칭하는 용어로 사용되고 있다.

- 청결 및 관리

- 청결 유지: 핀셋형 전극은 혈액·조직 잔여물이 쉽게 달라붙기 때문에 사용 후 즉시 청소
- 전기 안전: 케이블, 절연 부분에 손상이 없는지 정기적으로 확인
- 적절한 세팅: 전력 세기를 과도하게 설정하면 주변 조직 손상이 발생할 수 있으므로, 목적에 맞게 조절

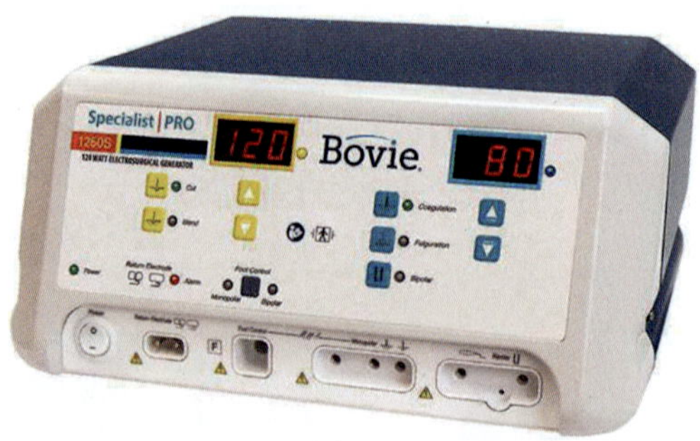

출처: Jorgensen Laboratories.

[그림 2-16] 전기수술기

⑤ 혈관밀봉기(vessel sealing device, 예: LigaSure®)

혈관밀봉기는 전기 에너지와 기계적 압력을 동시에 이용하여 혈관과 조직을 영구적으로 밀봉(sealing)하는 장치이다. 단순한 지혈을 넘어, 혈관벽의 단백질을

변성·융합시켜 혈류를 완전히 차단한다.

이 장치는 봉합사 없이도 혈관을 안정적으로 밀봉할 수 있어, 출혈을 줄이고 수술 시간을 단축하는 데 효과적이다. 이러한 특성은 특히 복강 내 수술이나 종양 절제술에서 유용하다. 다만, 장비와 소모품의 비용이 높다는 단점이 있다.

임상적으로 혈관밀봉기는 개와 고양이 모두에서 널리 활용되며, 난소절제술, 비장절제술, 위장관 수술 등에서 효과적이다. 합병증 발생률은 기존의 봉합사 결찰과 유사하나, 수술 시간을 단축할 수 있다는 장점이 있다.

- 청결 및 관리
  - 청결 유지: 사용 후 즉시 세척·소독
  - 기계 점검: 전극 팁과 클램프 마모·손상 여부 확인
  - 소모품 관리: 일회용은 재사용 금지, 재사용품은 권장 횟수 준수

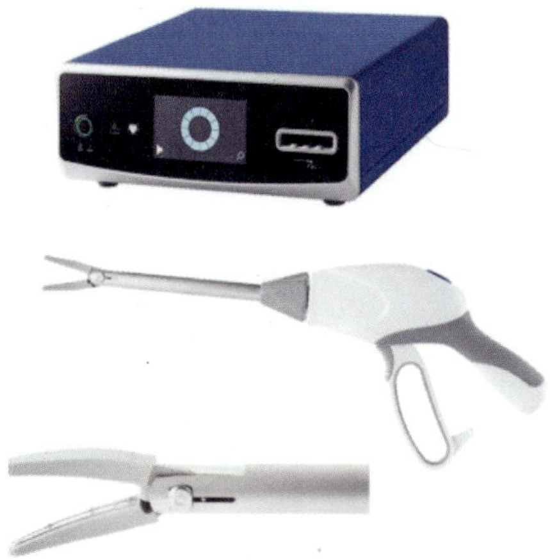

출처: TRUWAY HEALTH.

[그림 2-17] 혈관밀봉기

⑥ 흡인기(suction apparatus, aspirator)

흡인기는 수술 중 발생하는 혈액, 체액, 세척액을 신속히 제거하여 수술 시야를 확보하는 데 사용된다. 또한 기도 내 분비물을 흡인해 환자의 호흡을 원활히 유지하는 역할도 한다.

이 장치는 크게 본체(흡인 펌프, suction pump), 흡인 튜브, 저장 병(reservoir, collection bottle)으로 구성된다.

흡인기는 체액을 효과적으로 제거하여 수술의 정확성과 속도를 향상시킨다. 동시에 출혈이나 오염된 체액이 체강 내에 고이지 않도록 하여 합병증 발생 위험을 줄이는 장점이 있다.

- 청결 및 관리
  - 청결: 사용 후 저장 병과 튜브는 즉시 세척·소독하고, 일회용 부품은 교체
  - 기계 점검: 흡인 압력이 정상인지 확인하고, 진공 펌프 작동 여부를 점검
  - 감염 관리: 흡인 카테터는 멸균 상태로 보관하거나 일회용을 사용
  - 안전 관리: 저장 병이 가득 차기 전에 비우고, 역류 방지 장치가 정상 작동하는지 확인

출처: ivetsupply.

[그림 2-18] 흡인기

⑦ 내시경

동물의 질환을 진단하고 치료하는 데 사용되는 장비이다.

일반적으로 본체(scope), 광원, 카메라 시스템, 세척·흡입 채널, 그리고 조직 겸자나 회수 바스켓 같은 부속 기구로 구성된다. 이러한 장치들을 통해 시야 확보와 동시에 다양한 처치가 가능하다.

임상적으로 위장관·호흡기·비뇨기 질환의 진단에 활용되며, 이물 제거, 조직 생검, 비강 폴립 제거와 같은 치료적 시술에도 사용된다.

- 청결 및 관리
  - 청결: 사용 직후 내부 채널을 세척하고, 점액·혈액·잔여물을 제거
  - 멸균: 기기의 종류와 제조사 지침에 따라 멸균
  - 기계 점검: 렌즈·광섬유 손상 여부를 확인하고, 충격 피하기
  - 관절 및 삽입부의 균열, 마모, 누수 여부 점검
  - 케이블과 커넥터는 꼬임이나 압박을 피하고, 보관 시 전용 케이스를 사용
  - 감염 예방: 환자 간 교차 감염 예방을 위해 철저한 세척·소독 과정 필수
  - 채널 세척용 전용 브러시와 멸균수 사용 권장
  - 보관: 내시경은 수직 보관하여 내부 수분이 배출되도록 하기
  - 광원과 카메라는 분리 상태로 건조·보관

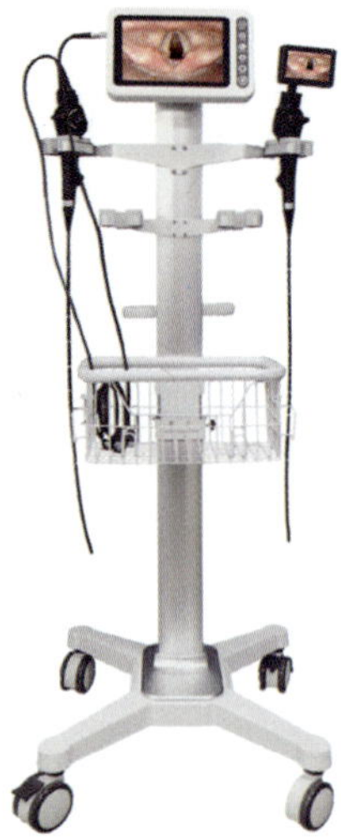

출처: Imex Medical Technology.

[그림 2-19] 내시경

⑧ C-arm(이동형 투시 장치, fluoroscopy unit)

이동식 X선 투시 장치는 수술 중 실시간 영상을 제공하여 다양한 외과적 시술에 활용된다. 이를 통해 골절 정복, 내고정술, 이물 제거, 스텐트 삽입 등에서 기구의 위치와 해부학적 구조를 즉시 확인할 수 있어, 수술의 정밀도를 높이고 절개 범위를 줄여 최소 침습 수술에 유리하다.

그러나 사용 시 주의할 점도 있다. 방사선 노출 위험이 있으므로 보호 장비를 착용해야 한다. 또한 장비 자체의 구입 및 유지 관리 비용이 높으며, 영상 판독과 운용에는 숙련된 경험이 필요하다.

- 청결 및 관리
  - 청결: 기기 표면과 환자 접촉 부위(테이블, 이미지 증강기 표면)는 철저히 청소
  - 기계적 관리: C-arm의 이동 휠, 회전 축, C자형 아치 구조가 매끄럽게 작동하는지 정기 점검
  - 영상 관리: 영상 증강기(image intensifier) 및 모니터가 정상 작동하는지 확인
  - 방사선 안전: 정기적으로 선량계(dosimeter) 측정을 통해 방사선 노출을 관리
  - 전기 안전: 전선·커넥터 손상 여부 점검 및 제조사 권장 주기대로 교정(calibration)을 시행

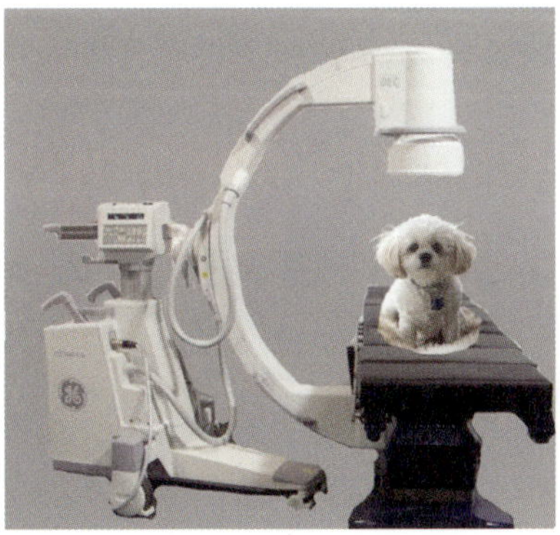

출처: Atlantis Wordwide.

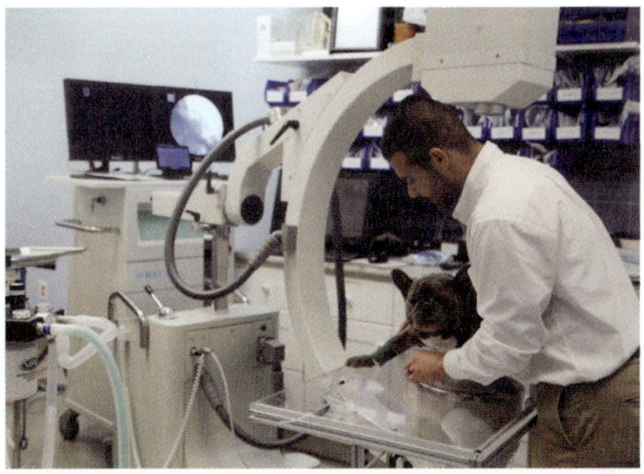

출처: Safari Veterinary Care Centers.

[그림 2-20] C-arm

3. 수술실 기구와 물품 관리

1) 기본 원칙

수술 기구의 관리는 무균적 수술 환경을 유지하고, 환자의 감염을 예방하기 위한 필수적 과정이다. 모든 기구는 사용 후 즉시 적절히 세척되어야 하며, 기구의 재질과 구조에 적합한 방법으로 관리함으로써 부식과 손상을 방지하여야 한다.

2) 세척

수술 기구는 사용 직후, 혈액·조직·체액과 같은 오염 물질을 제거하는 세척 과정을 거쳐야 한다. 오염 물질이 마르기 전에 세척하는 것이 가장 효과적이다.

세척 방법은 크게 손 세척과 기계 세척으로 나눌 수 있다.

- 손 세척: 부드러운 솔을 사용하여 기구의 관절부와 미세한 틈새까지 청소한다.
- 기계 세척: 초음파 세척기를 이용하면 기구 표면의 미세한 오염까지 효과적으로 제거할 수 있다.

세척에는 단백질 분해 효소 세제 사용이 권장되며, 세척 후에는 잔여 세제를 충분히 헹군 뒤 건조 과정을 거쳐야 한다.

다음은 수술 기구 관리 과정을 총 13단계로 구분하여, 순서에 따라 제시한 것이다.

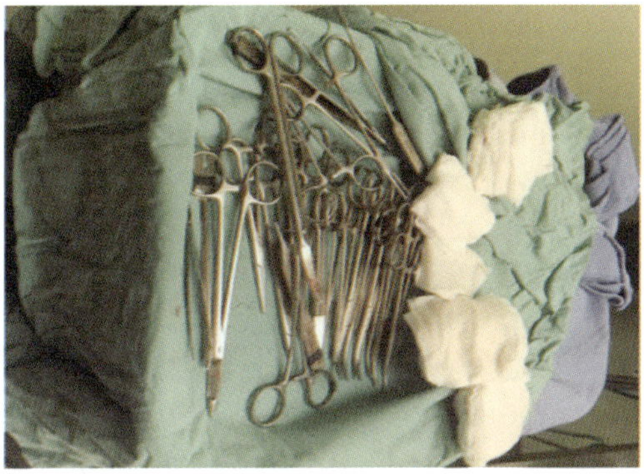

출처: AUTODESK instructables.

[그림 2-21] 1단계 수술 후 물품 확인

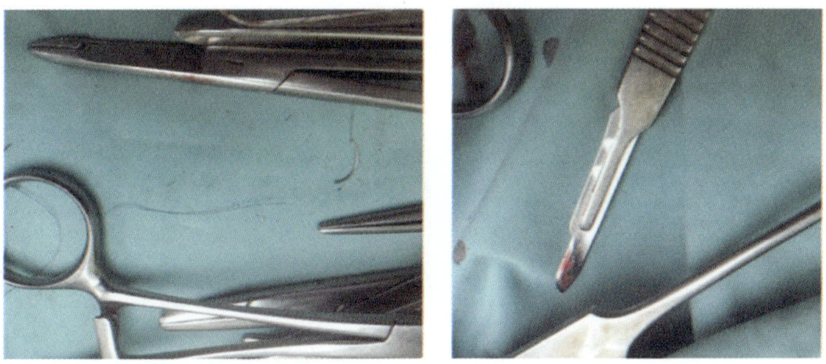

출처: AUTODESK instructables.

[그림 2-22] 2단계 바늘이나 칼날 등 위험 요소 확인

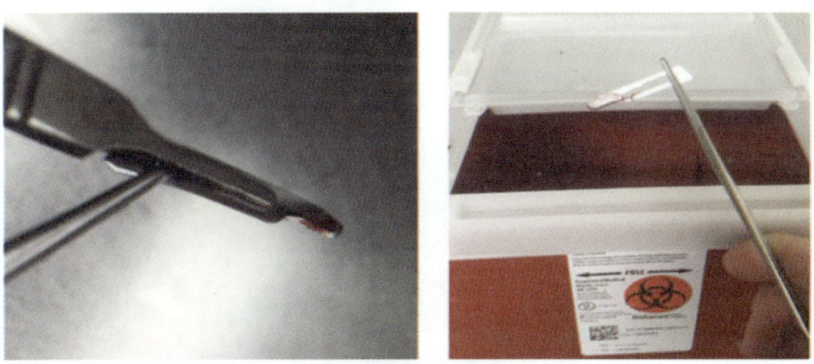

출처: AUTODESK instructables.

[그림 2-23] 3단계 위험 요소 폐기

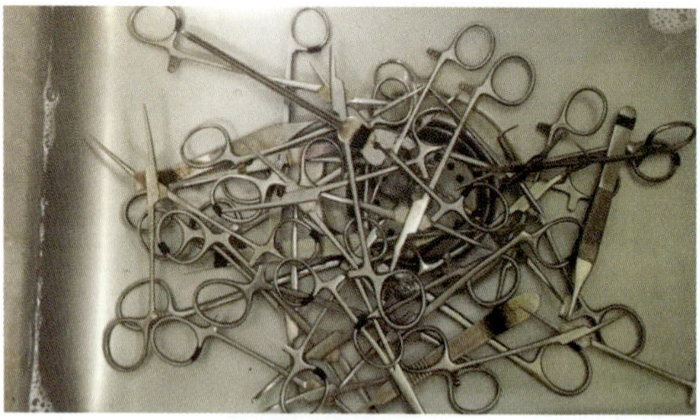

출처: AUTODESK instructables.

[그림 2-24] 4단계 소독액에 담그기

출처: AUTODESK instructables.

[그림 2-25] 5단계 세척 및 헹굼

출처: AUTODESK instructables.

[그림 2-26] 6단계 초음파세척기로 세척

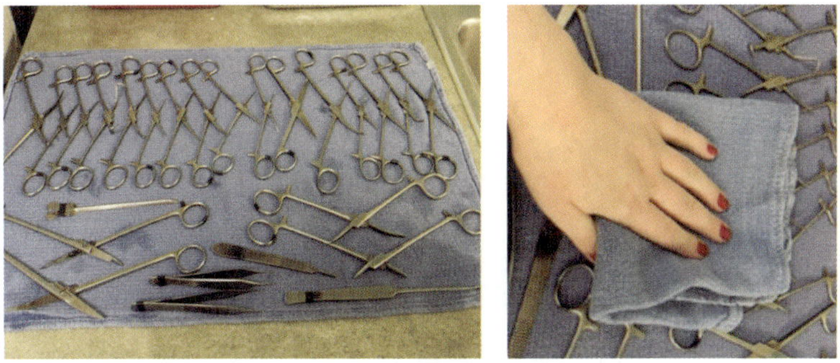

출처: AUTODESK instructables.

[그림 2-27] 7단계 건조

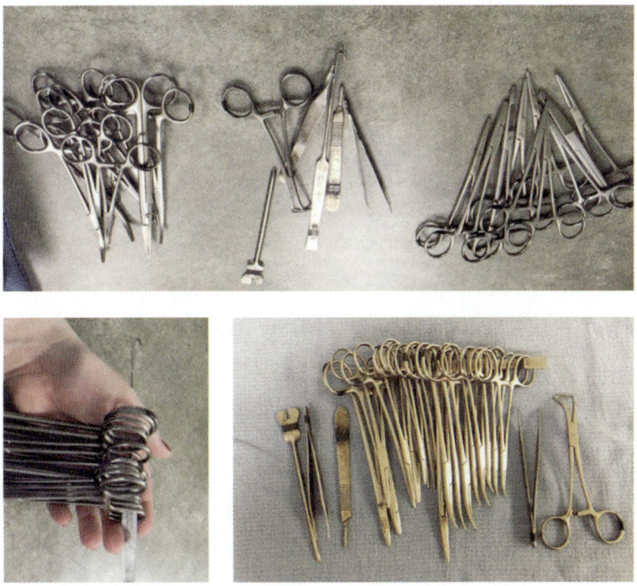

출처: AUTODESK instructables.

[그림 2-28] 8단계 분류

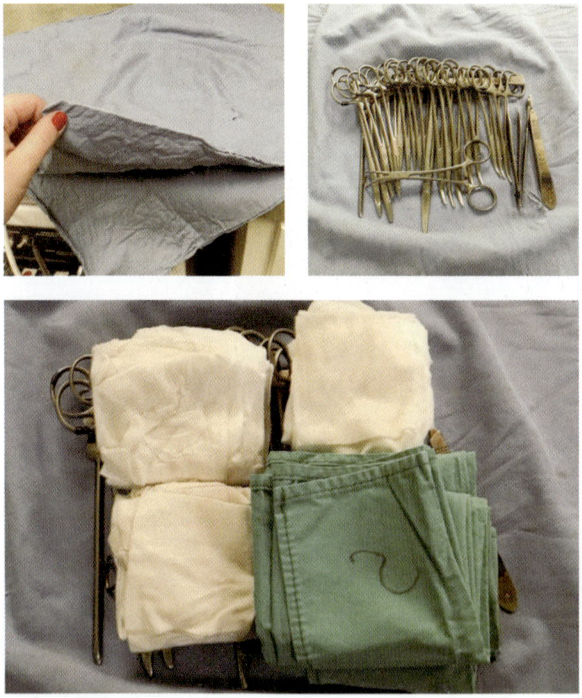

출처: AUTODESK instructables.

[그림 2-29] 9단계 세트화

출처: AUTODESK instructables.

[그림 2-30] 10단계 수술팩 싸기

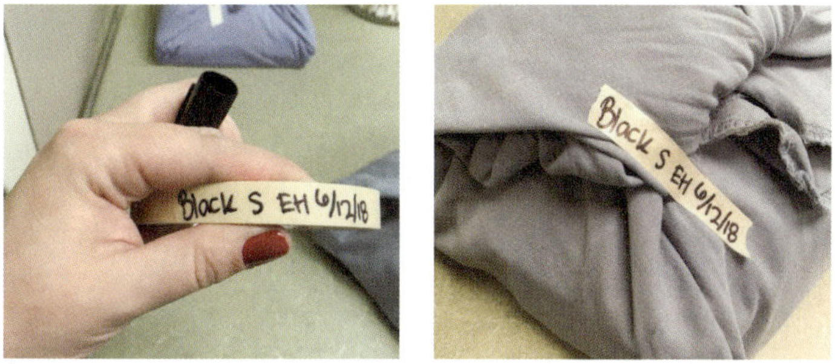

출처: AUTODESK instructables.

[그림 2-31] 11단계 멸균 지시 라벨 붙이기

출처: AUTODESK instructables.

[그림 2-32] 12단계 고압 증기 멸균(autoclave)

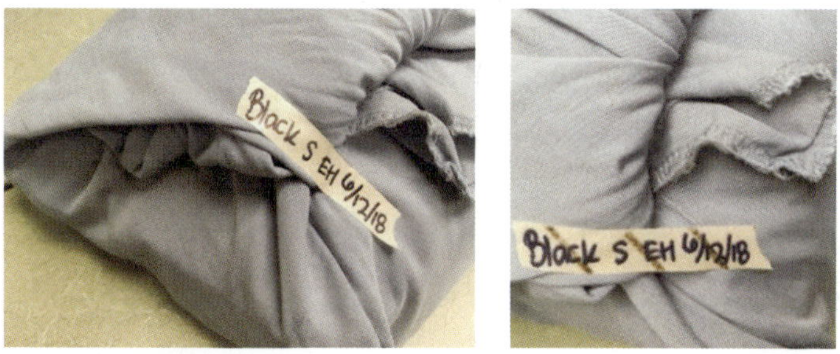

출처: AUTODESK instructables.

[그림 2-33] 13단계 멸균 지시 테이프의 변화 확인(좌: 멸균 전, 우: 멸균 후)

3) 멸균 전 준비

세척이 완료된 기구는 완전히 건조시켜야 한다. 이는 잔류 수분으로 인해 발생할 수 있는 부식과 멸균 실패를 예방하기 위함이다. 또한 모든 기구는 멸균에 들어가기 전, 수술 종류에 따라 분류하고 세트화하는 것이 바람직하다.

4) 멸균

가장 널리 사용되는 멸균 방법은 고압 증기 멸균법(autoclaving)으로, 일정 시간 동안 고압 증기에 노출시키는 방식이다. 열에 민감한 기구는 저온 플라즈마 멸균법을 적용할 수 있다. 멸균 지시 테이프를 이용해 멸균 여부(테이프의 색 변화)를 확인하여 시각적으로 멸균 과정을 점검할 수 있도록 한다.

5) 보관 및 사용

멸균된 기구는 청결하고 밀폐된 보관 용기에 보관되어야 한다. 사용 전에는 멸균 일자와 멸균 지시계의 색 변화 여부를 확인하여야 한다. 보관 기간이 경과한 멸균 포장은 재멸균을 실시하여야 한다. 또한 기구는 정기적으로 점검하여 날카로움, 부식, 손상 여부를 확인하고, 필요시 수리하거나 교체하여야 한다.

6) 기구별 관리 방법

① 스테인리스 기구(가위, 겸자 등)

스테인리스 재질의 일반 수술 기구는 세제를 이용하여 세척한 후 증류수로 충분히 헹군다. 이후 고온·고압 멸균(autoclave)이 가능하며, 멸균 후에는 건조하여 부식을 방지한다. 표면 세척 시 연마제 사용은 기구 표면 손상 및 부식을 유발할 수 있으므로 금한다.

② 정밀 기구(미세 수술 기구)

정밀 기구는 구조가 섬세하고 관절이 미세하므로 세척 시 세심한 주의가 필요하다. 전용 브러시를 이용하여 세척하며, 손상을 최소화하기 위해 낮은 온도의 고압 멸균(autoclave) 프로그램 또는 에틸렌옥사이드(ETO) 가스 멸균을 권장한다. 보관 시 충격 및 압력을 피하기 위하여 전용 케이스에 넣어 보관하여야 한다.

③ 절삭 기구(메스, 골 절단기 등)

절삭 기구는 사용 직후 날 부분에 부착된 혈액 및 조직 잔여물을 즉시 제거해야 한다. 고온 멸균이 가능하나, 멸균 및 보관 과정에서 날이 손상되지 않도록 보호 포장이 필요하다. 날이 무뎌질 경우 주기적으로 관리하여 기능을 유지한다.

④ 광학 기구(내시경, 복강경 등)

광학 기구는 고온에 민감하므로 고온 멸균은 적합하지 않다. 표면 세척 후 내부 채널은 전용 세척 브러시를 사용하며, 멸균은 저온 플라즈마 멸균법을 적용한다. 세척 후 철저한 건조가 필요하며, 충격이나 압력으로부터 보호해야 한다.

⑤ 전기 및 동력 기구(전기수술기, 정형외과용 전동 기구 등)

전기 및 동력 기구는 물 세척을 금하며, 분리 가능한 부품만 세척 및 멸균한다. 기구의 세척 및 멸균 시 제조사의 지침을 준수해야 한다.

⑥ 흡인 및 관류 기구(흡인기, 관류 튜브, 캐뉼라 등)

흡인 및 관류 기구는 사용 후 즉시 세척해야 하며, 흐르는 물과 전용 세제를 이용하여 내부까지 세심하게 세척한다. 멸균은 고압(autoclave) 또는 화학적 멸균을 적용할 수 있으며, 내부가 완전히 건조되지 않으면 세균 번식 위험이 있으므로 건조 과정이 필수적이다.

⑦ 린넨류

수술에서 사용되는 린넨, 즉 수술용 드레이프, 타월, 가운 등은 멸균 과정과 보관 시 특별한 주의가 요구된다. 이러한 섬유 재료는 다공성이 크고 부피가 크기 때문에 멸균제가 고르게 침투하기 어렵다. 따라서 소형 멸균기에 과도하게 적재해서는 안 되며, 특히 여러 장을 압축된 상태로 쌓을 경우 멸균제가 모든 층에 도달하지 못하여 멸균 실패로 이어질 수 있다.

린넨은 세탁과 완전한 건조 과정을 거친 후 멸균 준비가 이루어져야 하며, 습기가 남은 상태에서 포장되거나 멸균되면 멸균 효과가 저하될 뿐 아니라 저장 과정에서 오염 위험이 높아진다. 멸균 후에는 습기가 남지 않도록 충분히 식혀서 건조된 상태로 보관한다.

제3장

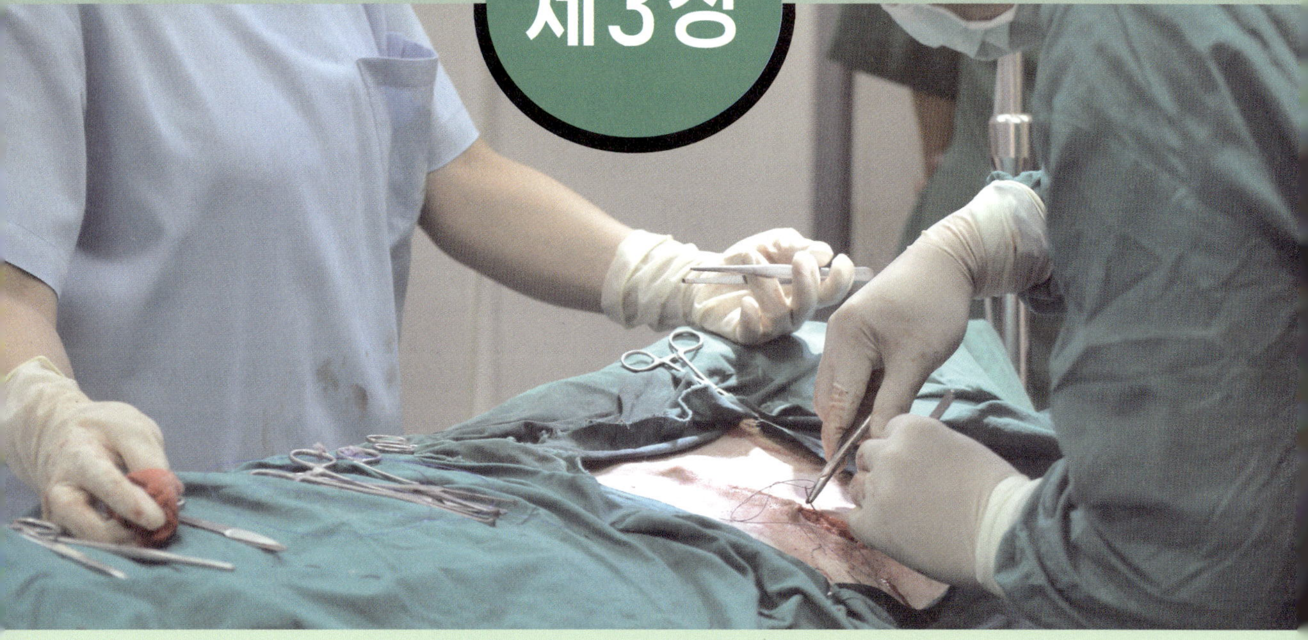

외과 기구 및 재료

1. 일반외과 외과 기구
2. 정형외과 외과 기구
3. 치과, 안과 외과 기구
4. 바늘과 봉합사

1. 일반외과 외과 기구(General Surgery Instruments)

1) 수술용 메스대(Scalpels, Blade Holder) 및 메스날(Surgical Blades)

수술용 메스대는 조직 절개를 위한 기본 도구로, 다양한 형태의 일회용 메스날을 안전하게 장착해 사용할 수 있도록 설계된 손잡이이다. 소동물 임상에서 흔히 사용하는 메스대는 No.3과 No.4이며, No.3에는 10·11·12·15번 메스날을, No.4에는 20번대 메스날을 주로 장착한다.

가장 일반적으로 쓰이는 메스날은 10번(피부 절개용)이며, 11번은 찌르기 절개, 20번대는 대동물 수술에서 주로 활용된다. 메스날의 장착과 제거는 바늘 홀더를 이용해 손을 다치지 않도록 안전하게 시행해야 한다.

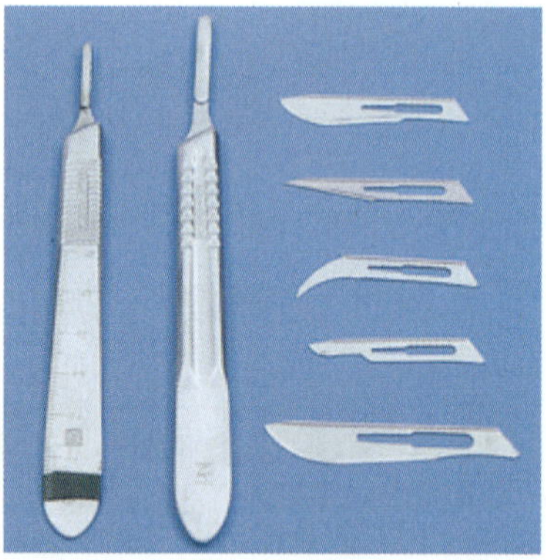

출처: Small Animal Surgery, 5th Edition.

[그림 3-1] 수술용 메스대(좌)와 메스날(우)

▶ 메스대: 왼쪽 No.3, 오른쪽 No.4/ 메스날: 위에서부터 No.10, 11, 12, 15, 20.

2) 수술용 가위(Surgical Scissors)

수술용 가위를 비롯해 바늘 홀더나 겸자 등의 일반적 수술 기구의 기본적 구성은 유사하다.

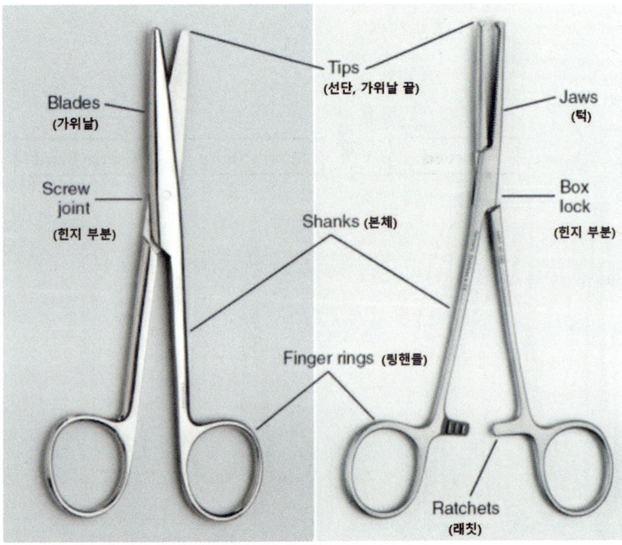

출처: Surgical Instrumentation: An Interactive Approach, 3rd Edition.

[그림 3-2] 메이요 가위(좌)와 지혈 겸자(우)의 기본 구성과 명칭

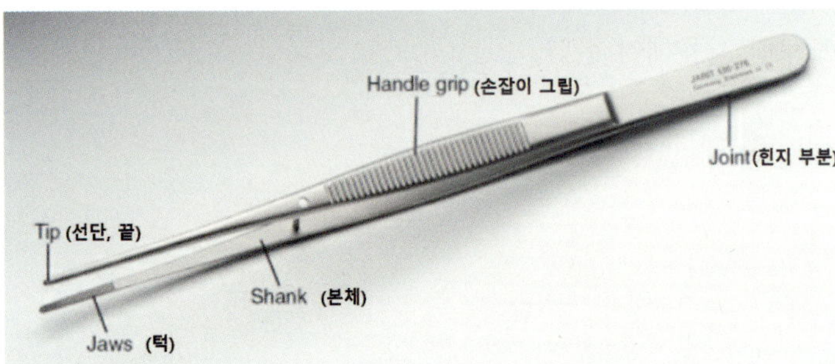

출처: Surgical Instrumentation: An Interactive Approach, 3rd Edition.

[그림 3-3] 집게 형식 포셉의 기본 구성과 명칭

수술용 가위는 모양, 크기, 무게 면에서 다양하며, 일반적으로 가위 끝의 형태, 가윗날 모양, 또는 절단면에 따라서 분류한다. 가윗날 끝의 모양에 따라 뾰족하면 뾰족한형(sharp), 무딘 형태면 무딘형(blunt)이라 부른다. 가윗날이 직선으로 뻗어 있으면 직가위(straight)라고 부르며 곡선으로 굽어 있으면 곡가위(curved)라고 부른다.

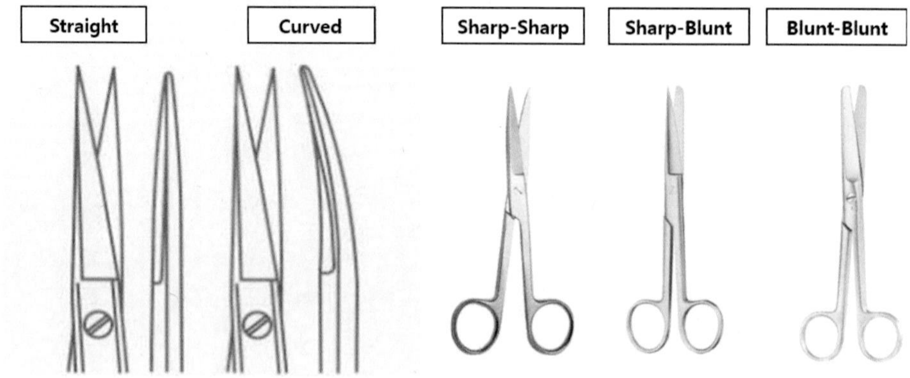

출처: 포셉드림 블로그.

[그림 3-4] 가윗날 모양과 가위 끝의 형태

수술용 가위의 종류는 매우 다양하며, 모든 기구와 마찬가지로 가위도 반드시 본래의 용도로만 사용해야 한다.

(1) 일반 수술용 가위(Operating Scissors)

수술용 가위는 봉합사, 종이 덮개, 거즈 등과 같은 무생물 물체를 절단하는 데 사용된다. 디자인은 직선형 또는 곡선형이 있으며, 가위 끝의 형태는 뾰족하거나 무딘 형태로 되어 있다.

(2) 메이요 가위(Mayo Scissors)

메이요 가위는 큰 근육 덩어리나 연골, 또는 섬세하지 않은 조직을 절단할 때 사용된다. 날이 두껍고, 전체 기구 길이의 약 1/3 정도를 차지한다. 직선형 또는 곡선형이 있다.

(3) 메첸바움 가위(Metzenbaum Scissors)

메첸바움 가위는 섬세한 외과적 박리를 위해 사용된다. 날이 가늘고 정교하며, 전체 기구 길이의 약 1/4 정도를 차지한다. 직선형 또는 곡선형 날을 가지고 있다.

(4) 봉합사 제거용 가위(Suture Removal Scissors, Spencer Stitch Scissors)

봉합 가위라고도 불리는 이 가위는 수술 세트에 포함되어 있지 않고, 주로 처치실이나 진료실에 보관된다. 한쪽 날이 갈고리 모양으로 되어 있어 봉합사를 감싸며 자를 수 있도록 만들어져 있다. 이 가위는 피부에 있는 외부 봉합사를 제거하는 데 사용된다.

(5) 리스터 붕대 가위(Lister Bandage Scissors)

리스터 붕대 가위는 붕대, 드레싱, 또는 기타 재료를 절단하는 데 사용되는 가위로, 끝이 둥글거나 각진 디자인으로 피부가 다치지 않도록 설계되었다.

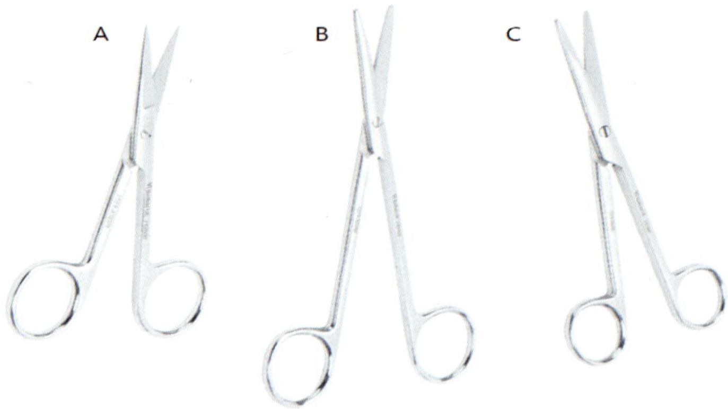

출처: Veterinary Instrumentation.

[그림 3-5] 수술용 가위

▶ (A) 일반 수술용 가위(sharp-sharp, 직가위), (B) 메첸바움 가위, (C) 메이요 직가위.

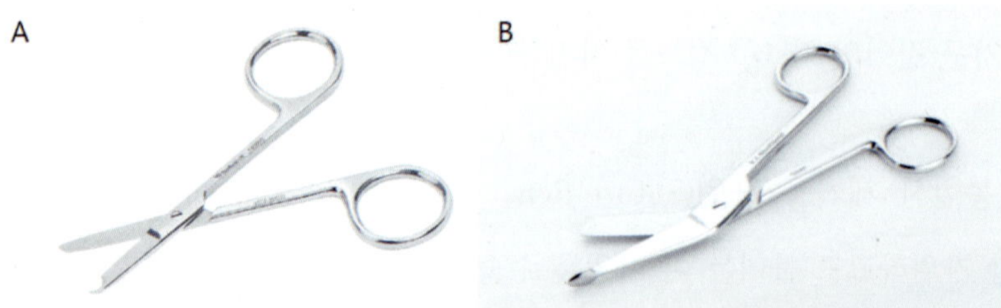

출처: Veterinary Instrumentation.

[그림 3-6] 봉합사 제거용 가위(A)와 리스터 붕대 가위(B)

3) 수술용 바늘 홀더(Needle Holder)

바늘 홀더는 봉합 바늘을 잡고 조작하는 데 사용한다. 봉합 바늘과 봉합사가 조직을 통과할 때 잡아주는 역할을 하며, 봉합 매듭을 묶을 때도 사용될 수 있다. 수의학에서 가장 일반적으로 사용되는 바늘 홀더는 메이요-헤가 바늘 홀더와 올센-헤가 바늘 홀더이다.

(1) 메이요-헤가 바늘 홀더(Mayo-Hegar needle holder)

수술에서 널리 사용되는 기구로, 수술 종류나 수술자의 선호도에 따라 다양한 길이가 존재한다.

(2) 올센-헤가 바늘 홀더(Olslen-Hegar needle holder)

다른 바늘 홀더와 달리 조(jaw) 부분에 가위가 내장되어 있어, 다른 기구를 찾을 필요 없이 봉합사를 바로 자를 수 있다. 하지만 숙련되지 않은 사용자가 바늘을 잡으려다 실수로 봉합사를 잘라버릴 수 있다는 단점이 있다.

(3) 매튜 바늘 홀더(Mathieu 바늘 홀더)

바늘 홀더의 손잡이 근위 끝에 톱니 잠금장치를 가지고 있어 손잡이들을 같이 누르는 것으로 간단히 잠그거나 풀 수 있다.

(4) 카스트로비에조 바늘 홀더(Castroviejo needle holder)

안과와 같이 미세한 수술 시 사용되는 수술 기구이며, 스프링과 걸쇠 장치가 있어 쉽게 조작할 수 있다.

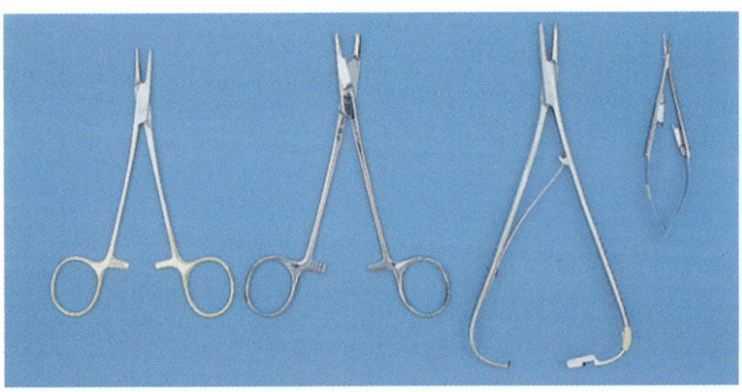

출처: Small Animal Surgery, 5th Edition.

[그림 3-7] 바늘 홀더

▶ 왼쪽에서부터 메이요-헤가, 올센-헤가, 매튜, 카스트로비에조 바늘 홀더

4) 엄지 겸자(Thumb Forceps)

엄지 겸자(썸 포셉)은 스프링 작용을 이용하는 기구로, 두 금속 손잡이를 손으로 눌러 턱을 맞물리게 하여 조직을 잡는 방식이다. 핀셋처럼 생겨 잠기지 않는다.

(1) 브라운-에디슨 썸 포셉(Brown-Adson Thumb Forceps)

가장 일반적으로 사용되며, 여러 개의 맞물리는 이(teeth)를 가진 넓은 팁이 있어 대부분의 일반적인 봉합 및 절개 부위 봉합 시 조직과 봉합 바늘을 안정적으로 다룰 수 있다.

(2) 랫-투스 썸 포셉(Rat-Tooth Thumb Forceps)

크고 굵은 맞물리는 이가 있어, 주로 피부나 근막을 다룰 때 사용된다.

(3) 에디슨 썸 포셉(Adson Thumb Forceps)

섬세한 맞물림을 가진 이(teeth)로 되어 있어 연조직을 손상 없이 부드럽게 잡을 수 있어 근육이나 섬세한 결합 조직의 분리 시 자주 사용된다.

(4) 데바키 포셉(DeBakey Thumb Forceps)

길고 좁은 조(jaw)에 여러 세트의 섬세한 이가 있어 혈관 수술에 적합한 저외상성 기구이다.

(5) 러시안 썸 포셉(Russian Thumb Forceps)

넓고 곡선형의 조(jaw) 표면을 가지고 있어 바늘을 다룰 때 유용하지만, 조직을 잡을 때는 외상이 생기기 쉬워 주의가 필요하다.

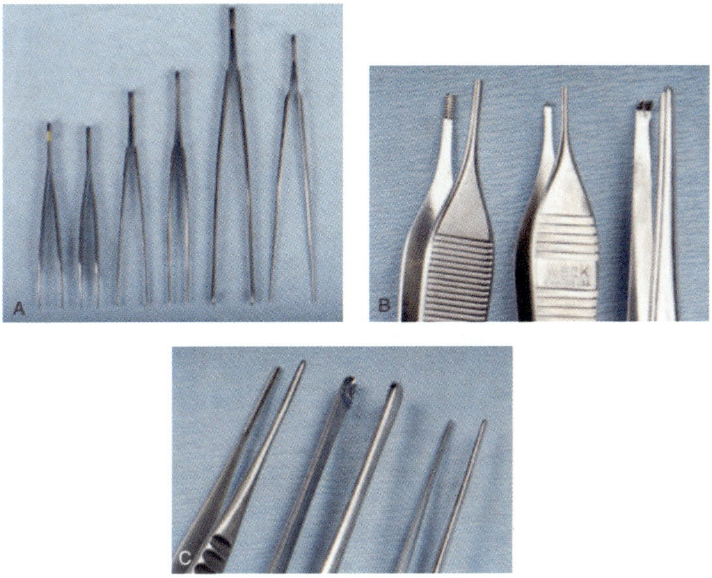

출처: McCurnin's Clinical Textbook for Veterinary Technicians and Nurses, 9th Edition.

[그림 3-8] 썸 포셉

▶ (A) 왼쪽부터 브라운-에디슨 포셉, 에디슨 썸 포셉, 랫-투스 썸 포셉, 데바키 포셉, 러시안 썸 포셉, 드레싱 썸 포셉. (B) A의 이미지를 확대: 왼쪽부터 브라운-에디슨 포셉, 에디슨 썸 포셉, 랫-투스 썸 포셉. (C) A의 이미지를 확대: 왼쪽부터 데바키 포셉, 러시안 썸 포셉, 드레싱 썸 포셉.

5) 조직 겸자(Tissue Forceps)

조직 겸자는 조직을 고정하는 잠금장치가 있는 기구이다. 바늘 홀더와 유사하게 턱(jaws), 힌지 부분(box lock), 래칫(ratchet)이 있는 손잡이를 포함하고 있다. 선단에 다양한 치아 모양의 패턴이 있어 조직을 잡는 힘과 2차적인 조직 손상 정도에 따라 여러 종류로 나뉜다.

(1) 앨리스 티슈 포셉(Allis Tissue Forceps)

조직을 단단히 고정할 수 있으나 조직을 심하게 손상시킬 수 있다. 따라서 제거 예정인 조직이나 단단한 조직에 사용한다.

(2) 밥콕 포셉(Bobcock Intesinal Forceps)

외형은 앨리스 포셉과 유사하나 더 부드러운 선단과 턱 표면 및 유연한 구조로 조직 손상이 훨씬 적다. 대신 고정력은 앨리스 포셉보다 약할 수 있다.

(3) 도이엔 포셉(Doyen Intestinal Forceps)

생존 가능한 장 조직이나 연조직을 안전하게 잡는 데 적합하여 유연하고 외상성이 적은 턱 부분으로 설계되었다.

(4) 타월 겸자(Towel Clamps)

수술 중 드레이프(drapes)나 타월을 환자의 피부에 고정하거나 조직을 잡는 데 사용된다. 선단이 얇고 날카로워 천공이 될 수 있다.

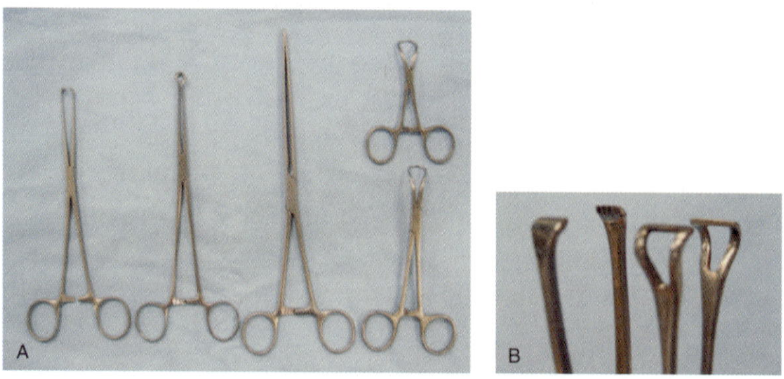

출처: McCurnin's Clinical Textbook for Veterinary Technicians and Nurses, 9th Edition.

[그림 3-9] 조직 겸자

▶ (A) 왼쪽부터 앨리스 포셉, 밥콕 포셉, 도이엔 포셉, 타월 겸자. (B) 선단 부분의 확대: 앨리스 포셉(왼쪽), 밥콕 포셉(오른쪽).

6) 지혈 겸자(Hemostat Forceps)

지혈 겸자는 조직과 혈관을 압박하여 출혈을 멈추게 하는 데 사용되는 조직 겸자이다. 지혈 겸자는 크기, 턱(jaws)의 내부 표면 홈 패턴, 그리고 직선형(straight) 또는 곡선형(curved) 여부에 따라 분류된다. 대부분의 지혈 겸자는 턱 내부 표면에 가로 홈이 있어 조직을 더 단단히 잡을 수 있고 래칫이 있어 잠가 고정된 상태를 유지할 수 있다. 직선형 또는 곡선형 턱은 수술 부위와 용도에 따라 선택된다.

(1) 할스테드 모스키토 포셉(Halsted Mosquito Hemostatic Forceps)

작고 섬세한 디자인으로 곡선형 또는 직선형 턱을 가지고 있다. 소형 혈관을 차단하는 데 사용되고 주로 정밀한 수술에 적합하다.

(2) 켈리 포셉(Kelly Hemostatic Forceps)

턱의 먼 쪽에만 가로 홈이 있다. 크라일(Crile) 포셉과 유사하지만 홈이 제한된 부분에 집중되어 있어 특정 부위의 조직을 잡는 데 유리하다.

(3) 크라일 포셉(Crile Hemostatic Forceps)

턱 전체에 걸쳐 가로 홈이 있다. 중간 크기의 혈관과 조직을 압박하는 데 적합하다.

(4) 로체스터-핀 포셉(Rochester-Pean Forceps)

크고, 턱 전체에 가로 홈이 있는 강력한 겸자로 조직 다발이나 큰 혈관을 잡는 데 사용된다.

(5) 로체스터-카말트 포셉(Rochester-Calmalt Hemostatic Forceps)

크고 세로 홈과 턱 끝에 교차 홈이 있어 더 강한 견인력을 제공한다. 혈관이 포함된 조직을 압박하거가 고정, 특히 난소자궁절제술(Ovariohysterectomy, OHE) 수술에서 난소 조직과 혈관을 잡고 압박하는 데 자주 사용된다.

(6) 로체스터-옥스너 포셉(Rochester-Ochsner Hemostatic Forceps)

크고 턱 전체에 가로 홈이 있는 강력한 겸자로 턱 끝에 맞물리는 톱니 모양이 있어 조직을 더 단단히 잡는다. 주로 정형외과 또는 대동물 수술에서 사용된다.

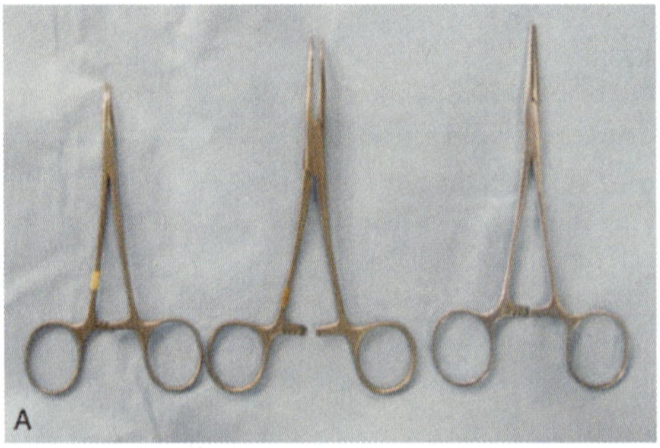
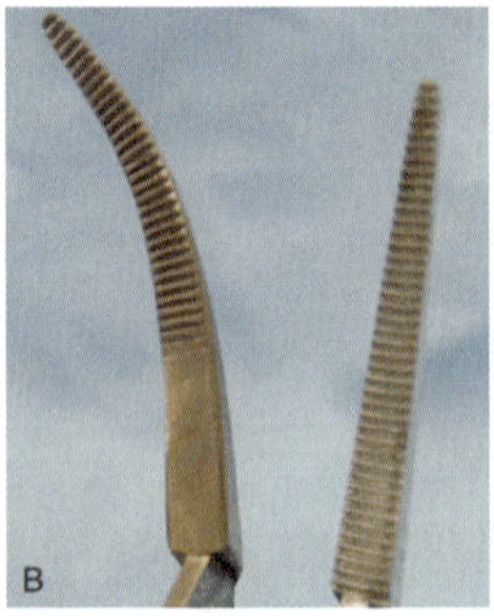

출처: McCurnin's Clinical Textbook for Veterinary Technicians and Nurses, 9th Edition.

[그림 3-10] 지혈 겸자①

▶ (A) 왼쪽부터 할스테드 모스키토 포셉, 켈리 포셉, 크라일 포셉. (B) 곡선형 켈리 포셉(왼쪽), 직선형 크라일 포셉(오른쪽).

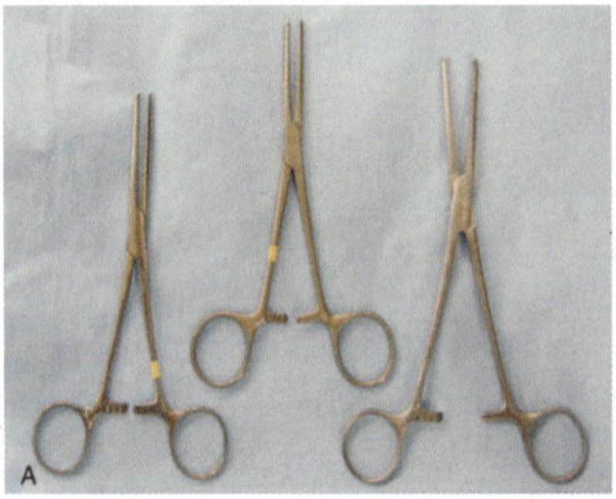
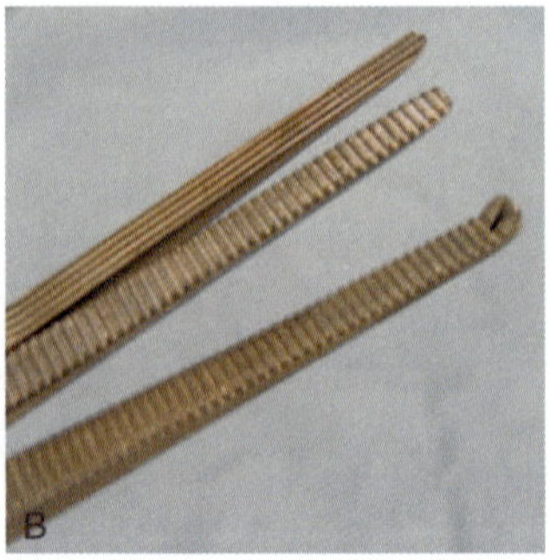

출처: McCurnin's Clinical Textbook for Veterinary Technicians and Nurses, 9th Edition.

[그림 3-11] 지혈 겸자②

▶ (A) 왼쪽부터 로체스터-카말트 포셉, 로체스터-핀 포셉, 로체스터-옥스너 포셉. (B) 턱 부분의 확대 모습: 왼쪽부터 로체스터-카말트 포셉, 로체스터-핀 포셉, 로체스터-옥스너 포셉.

7) 견인기(Retractors)

수술 견인기는 외상 없이 수술 부위의 시야를 확보하고 개선하는 데 사용되는 도구로 연조직 일반외과 수술과 정형외과 수술에서 흔히 사용된다. 견인기는 수술을 방해하지 않으면서 작업공간을 확보하도록 적절히 배치되어야 한다. 크게 수동 견인기(Hand–Held Retractors)와 자동 유지 견인기(Self–Retaining Retractos)로 구분할 수 있다.

수동 견인기는 수술자나 보조가 직접 잡고 조작하여 피부, 지방, 근육 또는 장기를 견인한다.

(1) 아미–네이비 견인기(Army–Navy Retractors)

양쪽 끝이 매끄러운 날로 구성된 이중 끝 견인기로 피부, 지방, 근육을 견인하여 시야를 확보하는 데 도움을 준다.

(2) 센 리트렉터(Senn Retractors)

이 중 끝 다지인을 가지고 있어 한쪽은 매끄러운 날, 다른 쪽 끝은 3개의 날카롭거나 뭉툭한 갈고리 모양을 가지고 있다. 피부, 지방, 근육을 견인하고 갈고리가 있는 끝은 조직을 더 단단히 잡는 데 유용하다.

(3) 말리어블 리트렉터(Malleable Retractors)

얇고 유연한 금속으로 제작되어 원하는 모양으로 쉽게 구부릴 수 있다. 복부 또는 흉강 장기를 부드럽게 견인, 섬세한 수술에 적합하다.

(4) 오바리안 스페이 훅(Ovarian Spay Hook)

오바리안 스페이 훅은 암컷 동물의 중성화 수술(난소자궁절제술, OHE)에 사용되는 수동 견인기 수술 도구이다. 중성화 수술은 복강 내에서 이루어지기 때문에 작은 절개창을 통해 자궁과 난소를 육안으로 확인하고 조작하기 어렵다. 이때 난소 후크를 복강 안으로 삽입하여 자궁각이나 난소를 낚아채듯이 걸어서 절개 부위 밖으로 안전하게 노출시키는 역할을 한다.

(5) 호만 리트렉터(Hohmann Retractors)

단일 날과 손잡이로 구성되어 조직을 들어올려 시야를 확보하는 레버 형태를 가지고 있다. 정형외과 수술에서 주로 사용되며 뼈 주변 조직을 견인한다.

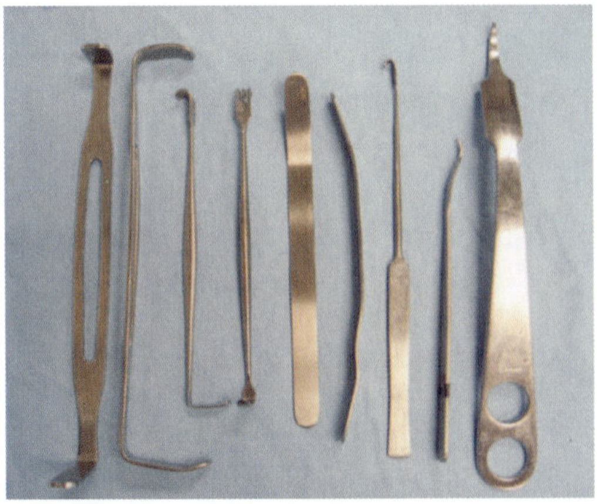

출처: McCurnin's Clinical Textbook for Veterinary Technicians and Nurses, 9th Edition.

[그림 3-12] 수동 견인기

▶ 왼쪽부터 아미-네이비 리트렉터, 센 리트렉터, 말리어블 리트렉터, 오바리안 스페이 훅, 호만 리트렉터.

자동 유지 견인기(Self-Retaining Retractors)는 잠금장치로 고정되어 보조의 도움 없이 원하는 위치를 유지하는 데 도움을 준다.

(6) 겔피 리트렉터(Gelpi retractors)

끝이 날카로운 갈고리 형태로 근육을 고정, 래칫으로 자동 유지된다.

(7) 웨이트라이너 리트렉터(Weitlaner Retractors)

갈고리 또는 뭉툭한 날로 근육을 견인하고 래칫으로 고정한다.

(8) 밸푸어 리트렉터(Balfour Retractors)

와이어 형태의 날과 숟가락 모양의 고정 날로 구성되어 래칫을 이용하여 복부 절개를 확장하고 가슴뼈를 앞쪽으로 견인할 수 있다. 복부 수술에서 복강 시야를 확보할 수 있고 배치 시 장이나 비장 같은 복부 내용물이 리트렉터와 몸 사이에 끼지 않도록 주의한다.

(9) 피노치토 리트렉터(Finochietto Retractors)

래칫을 이용하여 갈비뼈를 벌려 흉강을 노출시킨다. 흉부 수술에서 흉강 시야를 확보할 수 있고 래칫 부분은 흉부 절개의 등쪽 또는 앞쪽 부위에 위치하여 수술 방해를 최소화한다.

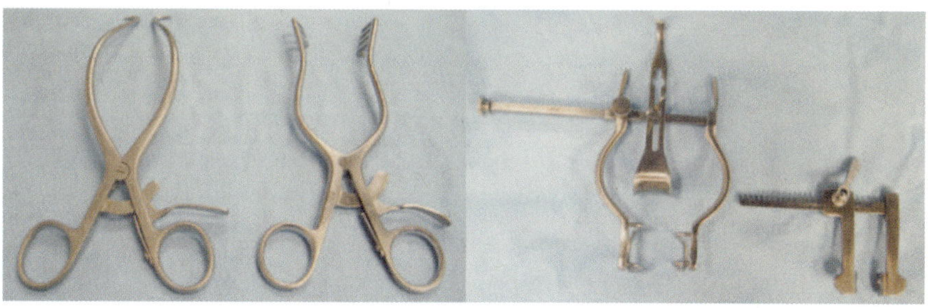

출처: McCurnin's Clinical Textbook for Veterinary Technicians and Nurses, 9th Edition.

[그림 3-13] 자동 유지 견인기

▶ 왼쪽부터 겔피 리트렉터, 웨이트라이너 리트렉터, 밸푸어 리트렉터, 피노치토 리트렉터.

8) 기타 기구(Miscellaneous Instruments)

(1) 석션 팁(Suction Tips)

석션 팁은 수술 부위에서 액체, 혈액, 이물질 등을 흡인하여 시술 부위를 깨끗하게 유지하고 시야를 확보하는 데 사용되는 도구이다. 진공 펌프 기능을 하는 흡인기 튜브에 연결되어 음압을 발생시켜 액체 등을 빨아들인다. 풀 석션 팁(Poole Suction Tip)은 주로 복강이나 흉강에서 사용된다. 이 팁은 외부 슬리브에 작은 구멍들이 나 있어, 지방과 같은 조직이 흡입구에 빨려 들어가지 않도록 방지한다. 후레이저 석션 팁(Frazier Suction Tip)은 정형외과 및 신경외과 수술에서 가장 흔히 사용되고, 양카 석션 팁(Yankauer Suction Tip) 은 범용 일반 수술용 석션 팁으로 널리 사용된다.

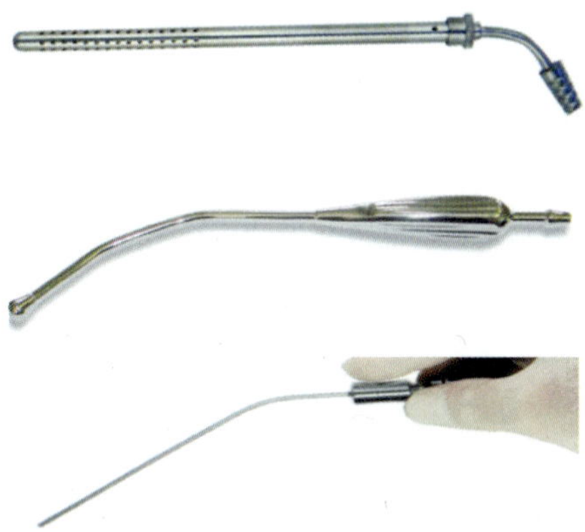

출처: Veterinary Instrumentation.

[그림 3-14] 석션 팁

▶ 위에서부터 풀(Poole), 양카(Yankauer), 후레이저(Frazier) 석션 팁.

(2) 전기 소작기(Electronic Cautery)

이 도구는 전기 에너지를 사용하여 조직을 절개하거나 지혈하는 데 쓰이는 중요한 도구이다. 고주파의 전류를 사용하여 장비 끝의 팁을 뜨겁게 달궈서 조직에 직접 열을 가하는 방식이다.

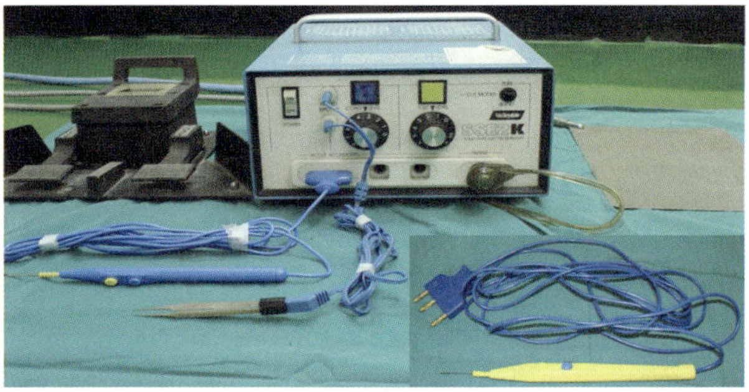

[그림 3-15] 전기 소작기

2. 정형외과 외과 기구

1) 골막 거상기(Periosteal Elevator)

주로 치과나 정형외과 수술에서 뼈 표면에서 골막(periosteum)이나 근육을 분리하거나 들어 올리는 데 사용되는 의료 기구이다. 이 기구는 손잡이 양쪽 끝 또는 한쪽 끝에 날(blade) 모양의 구조를 가지고 있으며, 날의 가장자리는 예리하거나 무디게 되어 있다.

출처: Veterinary Instrumentation.

[그림 3-16] 골막 거상기

2) 론저(Rongeurs)

뼈 절단기로서 뼈나 연부 조직을 절단하거나 제거하는 데 사용되는 의료 기구이다. 론저는 손에 들고 사용하는 기구로, 날카롭고 오목한 팁을 가지고 있으며, 뼈나 연골, 섬유 조직과 같은 조밀한 조직을 잘라내는 데 사용된다. 론저는 싱글 액션(single-action) 또는 더블 액션(double-action) 메커니즘을 가진다. 더블 액션 론저는 절단 동작이 부드럽고, 기계적으로 더 강력하며 크기도 크다. 따라서 많은 양의 조밀한 조직을 제거할 때 더블 액션 론저가 선호된다. 반면, 싱글 액션 론저는 관절이나 척추관과 같은 좁은 공간에서 더 자주 사용된다. 케리슨 론저(Kerrison rongeur)는 총 모양의 외형을 가지며, 척추 수술에서 특히 사용되는 도구이다.

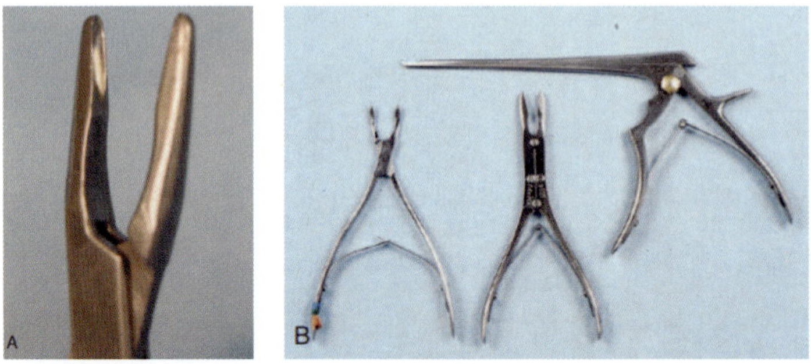

출처: McCurnin's Clinical Textbook for Veterinary Technicians and Nurses, 9th Edition.

[그림 3-17] 론저

▶ (A) 론저 끝 부분의 확대 모습. (B) 왼쪽에서부터 싱글 액션 론저, 더블 액션 론저, 케리슨 론저.

3) 큐렛(Curettes)

큐렛은 뼈나 연골과 같은 단단한 조직을 긁어내는 데 사용되는 기구이다. 큐렛은 손잡이 양쪽 끝 또는 한쪽 끝에 작은 컵 모양의 구조를 가지고 있으며(아이스크림 스쿱처럼 생김), 이 컵은 날카로운 절삭면을 가지고 있고 다양한 크기로 제공된다.

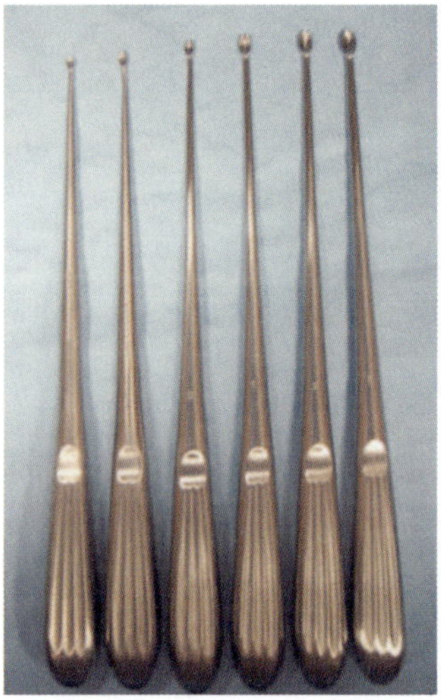

출처: McCurnin's Clinical Textbook for Veterinary Technicians and Nurses, 9th Edition.

[그림 3-18] 다양한 크기의 큐렛

4) 본홀딩포셉(Bone-Holding Forceps)

본홀딩포셉은 한글로 "뼈 고정 집게" 또는 "골 유지 겸자"로 고려될 수 있다. 이는 주로 정형외과 수술에서 뼈를 단단히 잡거나 고정하는 데 사용되는 의료 기구이다. 대부분의 본홀딩포셉은 스스로 위치를 고정할 수 있으며 다양한 모양과 크기로 제공된다. Kern 본홀딩포셉은 라쳇 손잡이(ratcheted handle)를 가지고 있어 뼈에 단단히 고정할 수 있다. 조개껍질(clam shell)형과 점대점(point-to-point)형 본홀딩포셉은 바늘 홀더나 혈관 겸자와 유사한 잠금장치를 갖추고 있다.

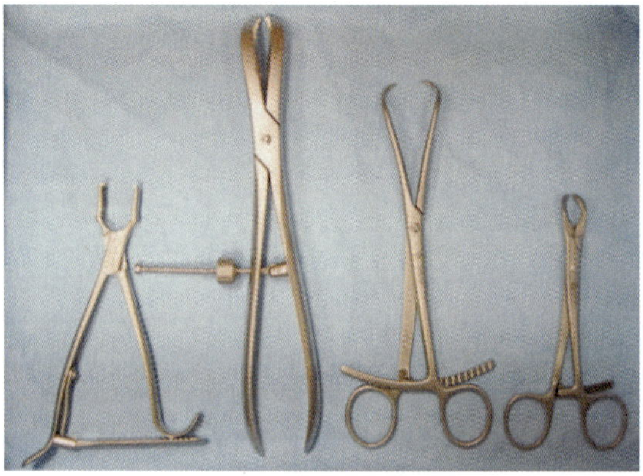

출처: McCurnin's Clinical Textbook for Veterinary Technicians and Nurses, 9th Edition.

[그림 3-19] 본홀딩포셉

▶ 왼쪽에서부터 Kern 포셉, 스피드-락(speed-lock) 포셉, 점대점형 포셉, 조개껍질형 포셉.

5) 오스테오톰, 망치와 끌(Osteotomes, Mallets and Chisels)

오스테오톰과 끌은 기구의 평평하거나 확장된 끝 부부분을 망치로 쳐서 뼈를 절단할 때 사용된다. 오스테오톰의 절단면은 양쪽이 경사지게 되어 있는 반면, 끌은 한쪽만 경사지게 되어 있다. 이들 기구는 비교적 부드러운 금속으로 만들어져 있어, 원래의 용도 외에 다른 목적으로 사용하면 손상될 수 있다.

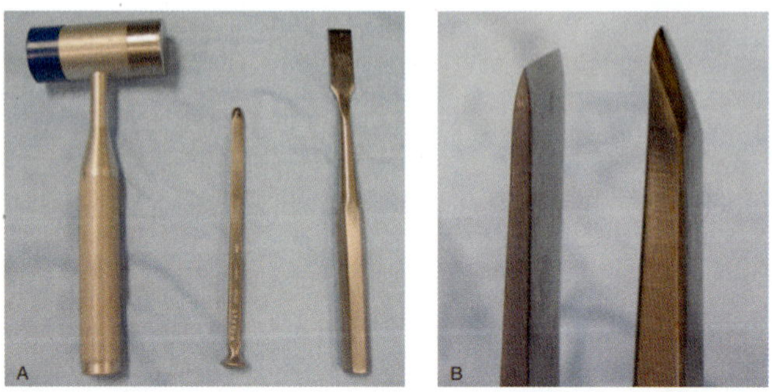

출처: McCurnin's Clinical Textbook for Veterinary Technicians and Nurses, 9th Edition.

[그림 3-20] 오스테오톰, 망치와 끌

▶ (A) 왼쪽부터 망치, 끌, 오스테오톰. (B) 왼쪽부터 오스테오톰, 끌.

6) 정형외과 와이어, 와이어 트위스터(Orthopedic wires and wire twisters)

스테인리스강 재질의 정형외과용 와이어 또는 써클래지 와이어(cerclage wire)는 실 형태로 감긴 스풀(spool) 상태로 제공된다. 보통 뼈나 뼈 조각을 감싸듯이 와이어를 둘러서 양 끝을 비틀어 고정하는 방식이다. 와이어 고정을 위해 사용되는 전용 와이어 트위스터(wire twister)는 표준 바늘 홀더(needle holder)와 비슷한 모양을 하고 있으며, 비틀어 고정(twist-tie)하는 데 사용된다.

7) 본 커터(Bone Cutter)

본 커터(Bone cutters)는 이중 작용(double-action) 구조의 손잡이로 설계된 기구로, 끝부분 날의 안쪽에 절단면이 있는 도구이다. 작은 뼈 조각을 제거하는 것이 가장 일반적인 용도이다.

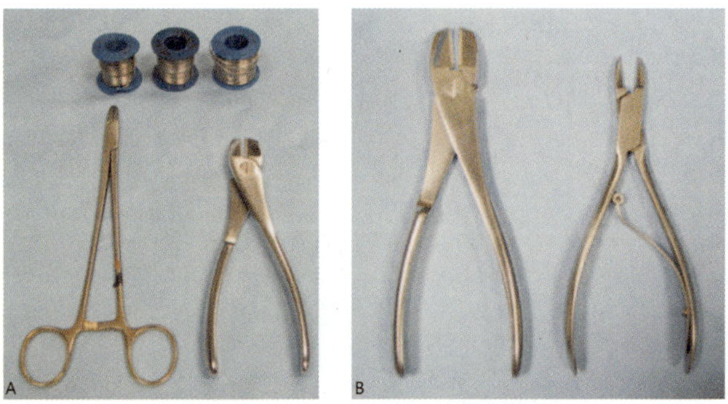

출처: McCurnin's Clinical Textbook for Veterinary Technicians and Nurses, 9th Edition.

[그림 3-21] 본 커터

▶ (A) 정형외과 와이어(위), 와이어 트위스터(왼쪽), 와이어 커터(오른쪽). (B) 와이어 커터(왼쪽), 본 커터(오른쪽).

8) 뼈(골) 핀과 핀 커터(Bone Pins and Pin Cutter)

뼈 고정용 핀(bone pins)은 지름, 길이, 그리고 끝 모양의 종류에 따라 다양하게 나뉜다. 스타인만 핀(Steinmann pins)은 매끄러운 스테인리스강 재질로 만들어지며, 주로 긴 뼈의 골수강(medullary cavity)에 삽입되어 골절을 고정하기 때문에 골수내 핀(intramedullary or IM pin)이라고도 불린다. 커쉬너 와이어(Kirschner wires, K-wires)는 스타인만 핀과 유사하지만 더 작고 가늘어, 작은 뼈 조각의 고정에 사용된다. 이러한 핀을 뼈에 삽입할 때는 전동 드릴(power drill) 또는 제이콥스 핸드 척(Jacob's hand chuck)이 필요하며, 적절한 길이로 핀을 자르기 위해서는 핀 커터(pin cutter)가 사용된다.

9) 제이콥스 척과 키(Jacob's Chuck and Key)

제이콥스 척은 주로 정형외과 수술에서 뼈를 뚫거나 고정하는 데 사용되는 특수 드릴 척으로 스테인리스 스틸 소재로 제작되어 내구성과 부식 저항성이 뛰어나며, 멸균 처리에 적합해 위생적인 환경을 유지한다. 키(Key)를 사용해 척을 조이거나 풀어 비트를 단단히 고정한다.

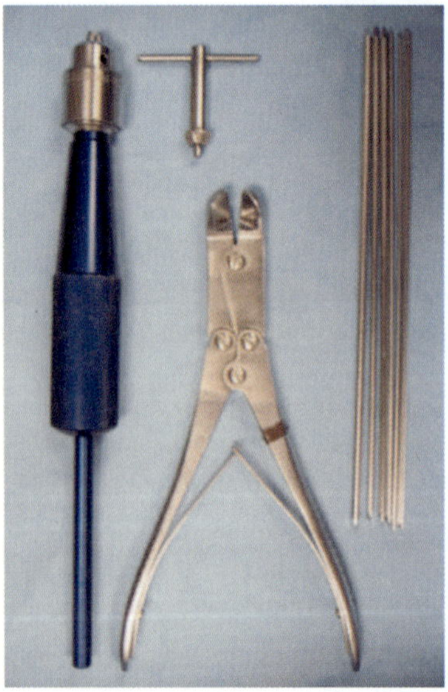

출처: McCurnin's Clinical Textbook for Veterinary Technicians and Nurses, 9th Edition.

[그림 3-22] 제이콥스 척과 키, 핀 커터, 다양한 사이즈의 핀들

10) 뼈 플레이트와 뼈 나사(Bone plates and Bone Screws)

골절 고정용 뼈 플레이트(Bone plates)는 다양한 모양, 크기, 종류가 있다. 뼈 플레이트는 골절 부위의 뼈 곡선에 맞게 구부려야 하며, 뼈 나사(bone screws)로 뼈에 고정한다. 뼈 플레이트 고정은 다른 골절 고정보다 복잡하고 다양한 임플란트의 재고가 필요하지만, 그만큼 골절 치유에 있어 더 안정적인 구조를 제공할 수 있는 방법이다.

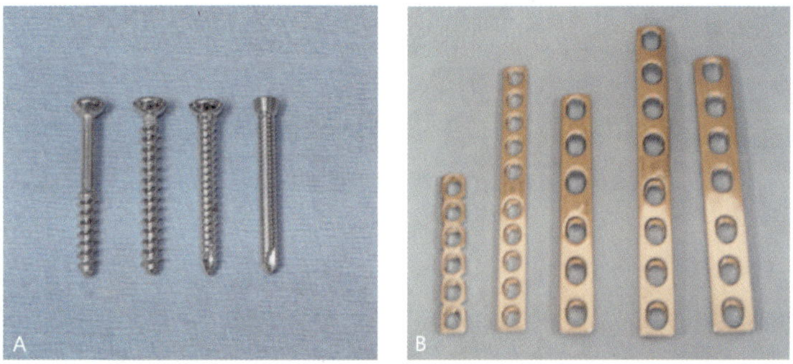

출처: McCurnin's Clinical Textbook for Veterinary Technicians and Nurses, 9th Edition.

[그림 3-23] 다양한 종류의 뼈나사(A)와 뼈 플레이트(B)

11) 파워 툴(Power Tools)

파워 툴, 전동 장비는 정형외과 및 신경외과 수술에서 흔히 사용된다. 일부 드릴은 전기 또는 배터리로 작동되며 많은 정형외과용 드릴과 톱은 멸균 호스를 통해 공급되는 질소 가스를 동력원으로 사용한다. 이러한 장비 중 일부는 고온의 오토클레이브 증기 멸균을 견딜 수 없기 때문에, 가스 멸균을 하거나 멸균 커버로 덮어서 멸균 환경에서 사용해야 한다.

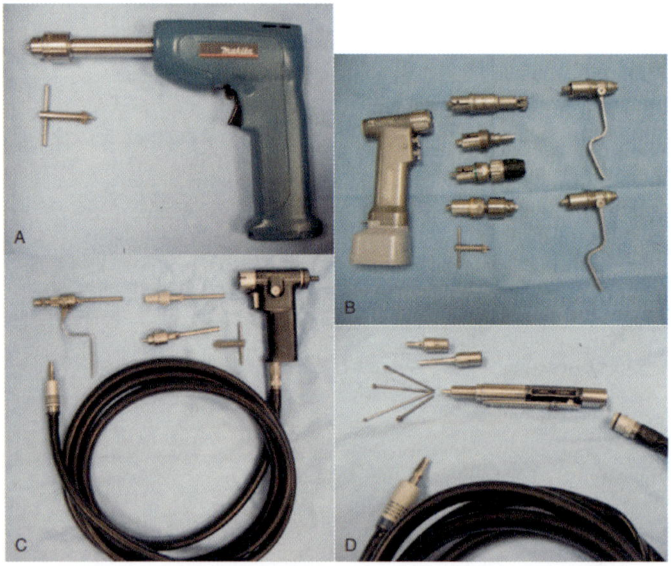

출처: McCurnin's Clinical Textbook for Veterinary Technicians and Nurses, 9th Edition.

[그림 3-24] 파워 툴(전동 장비)

▶ (A) 배터리로 작동하는 드릴의 예시. (B) 배터리 구동 핸드피스. (C) 3M 미니 드라이버, 질소 가스 압력 탱크로 작동. (D) 홀 공기 압축 드릴(Hall air drill). 이 장비들은 정형외과 수술에서 절골, 드릴링, 핀 삽입, 톱 절단 등 다양한 작업에 사용되며, 작업의 정밀성과 속도를 향상시킨다.

3. 치과, 안과 외과 기구

1) 치과 외과 기구

(1) 치주 탐침과 프로브(Periodontal Explorer and Probe)

치주 탐침은 날카롭고 뾰족한 팁을 가진 치과 기구로, 치아 표면의 이상을 정밀하게 촉지하는 데 사용된다. 얇고 반원형으로 구부러진 머리를 가지고 있어 치석, 충치, 부드러운 부식 부위, 노출된 치수강 등을 감별하는 데 매우 유용하며, 뛰어난 촉각 민감도를 제공한다. 하지만 날카로운 끝 때문에 손상된 조직에는 사용을 피해야 한다. 치주 프로브는 둥글거나 평평한 팁을 가지고 있으며, 일반적으로 밀리미터 단위의 눈금이 표시되어 있어 치은 퇴축이나 치주낭 깊이를 측정하는 데 사용된다. 주로 치주 질환의 정도를 평가하고, 치은 비대 등을 확인하는 데 쓰인다. 조직 손상이 적어 연조직에도 안전하게 사용할 수 있는 장점이 있다.

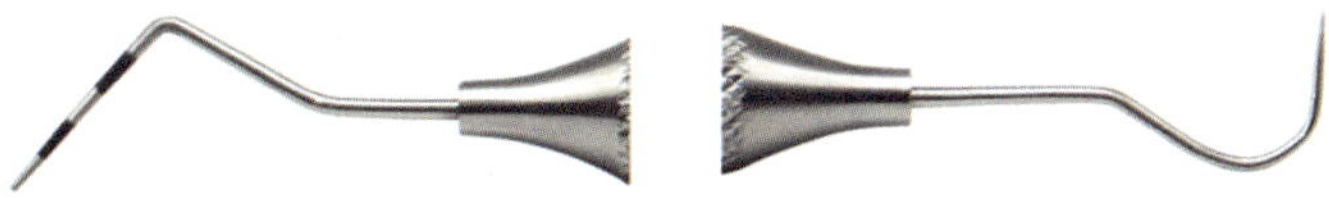

출처: gervetusa.

[그림 3-25] 치주 프로브(좌), 치주 탐침(우) 비교

(2) 거울(Mirror)

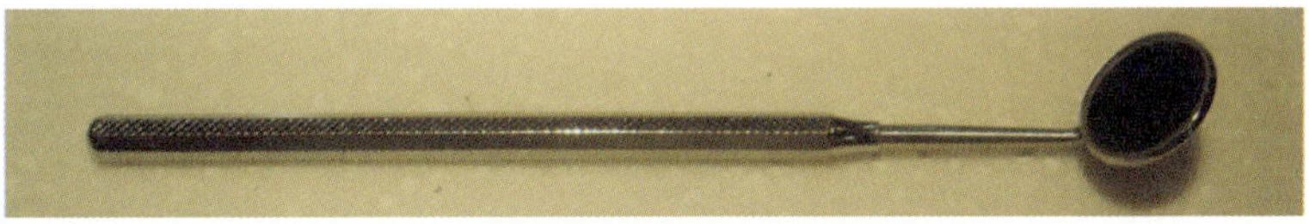

[그림 3-26] 치과 거울

(3) 드레싱 겸자(Dressing Plier)

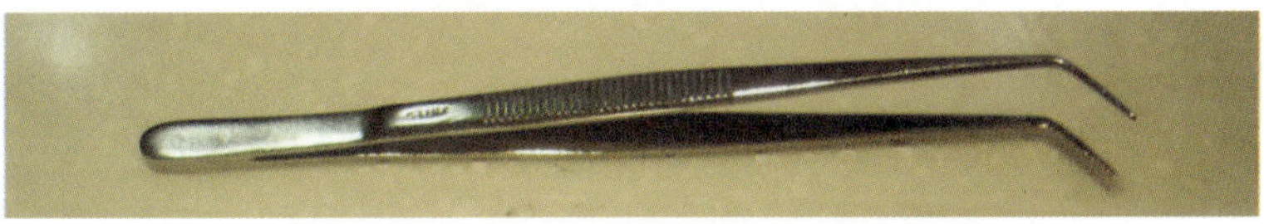

[그림 3-27] 치과 드레싱 겸자

▶ 치과 드레싱 겸자는 치과 치료 중 재료를 잡거나 옮기는 역할을 한다.

(4) 스케일러 및 발치 겸자(Scaler and Extraction Forceps)

스케일러는 치은 아래 부분의 치석을 제거한다. 그리고 치아 발치 시 발치 겸자를 이용한다.

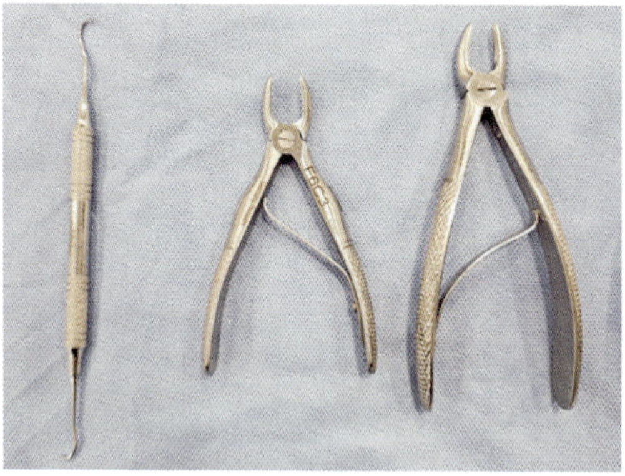

[그림 3-28] 스케일러(좌)와 발치 겸자(우측 2개)

(5) 개구기 및 치아 럭세이터(Mouth Prob and Dental Luxator)

개구기는 치과 치료를 원할히 하기 위하여 입을 벌린 상태로 유지시켜 주는 장치이다. 치아 럭세이터는 치과에서 주로 발치(치아 제거) 시 치아와 잇몸 사이의 인대를 분리하고 치아를 느슨하게 하여 제거를 용이하게 하는 데 사용되는 의료기구이다.

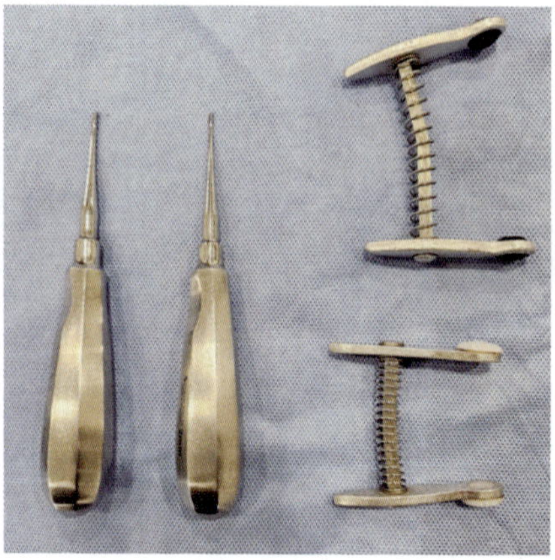

[그림 3-29] 치아 럭세이터(좌)와 개구기(우)

(6) 덴탈 유닛(Dental Unit)

치과 전동 기구로서 스케일링, 폴리싱(polishing), 발치 등의 처치를 할 수 있다. 고속/저속 드릴, 흡입기 및 물 공급, 컴프레셔, 풋 페달 등으로 구성되어 있다.

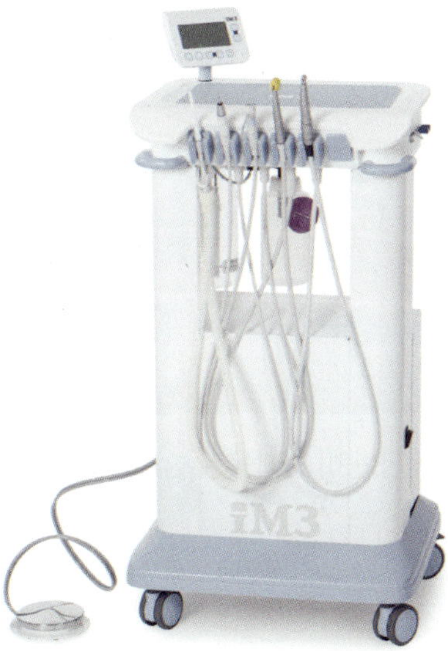

출처: Dr. Bretts Pets.

[그림 3-30] 치과 덴탈 유닛

2) 안과 수술 도구(Ophthalmic Surgical Instruments)

안과용 수술 도구는 매우 정교하고 고가이므로 신중하게 다루어야 한다. 주로 사용되는 조직의 특성상, 이 기구들은 끝이 매우 가늘고 본체가 짧은편이다. 많은 안과 기구들은 무게를 가볍게 하기 위해 본체(shaft)에 구멍이 있는 경우가 있다.

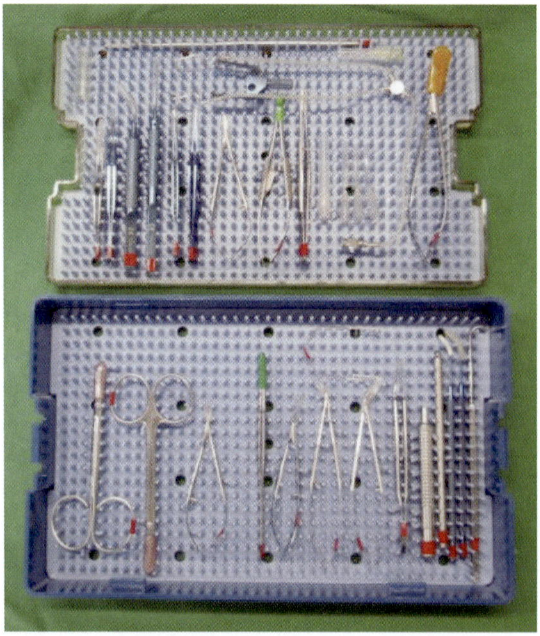

[그림 3-31] 안과용 수술 도구 세트

(1) 개안기와 칼라지온 눈꺼풀 견인기 (Lid Speculum and Chalazion Lid Speculum(forceps)

개안기는 안구에 압력을 주지 않고 눈꺼풀을 견인하는 기구이다. 안구의 표면으로부터 눈꺼풀을 약간 올려주어 접근을 용이하게 해준다. 칼라지온 눈꺼풀 견인기는 눈꺼풀에 결절 등의 병변을 외과적으로 접근하기 위하여 노출시켜 주는 도구이다.

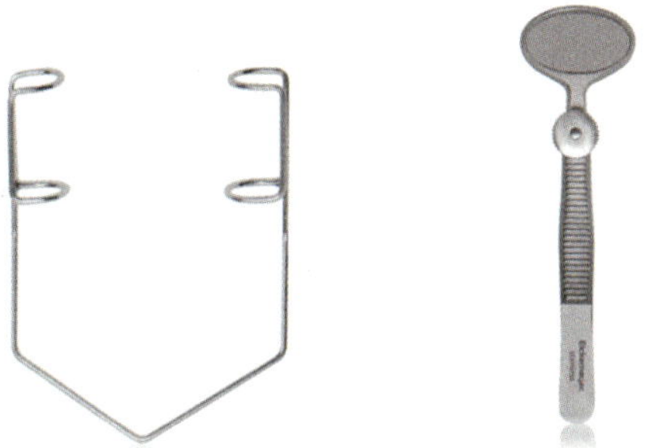

출처: eickemeyercanada.

[그림 3-32] 개안기(Barraquer type, 좌)와 칼라지온 눈꺼풀 견인기(겸자, 우)

(2) 눈물관 캐뉼라(Lacriminal Cannula)

눈물관 캐뉼라(Lacrimal Cannula)는 안과에서 눈물 배출 시스템(눈물점, 눈물소관, 눈물주머니, 비루관)의 막힘이나 이상을 진단하고 치료하기 위해 사용되는 의료 도구이다. 눈물관을 세척(irrigation) 또는 탐침(probing)을 통해 눈물 배출 경로의 막힘을 확인하거나 치료하는 데 사용된다.

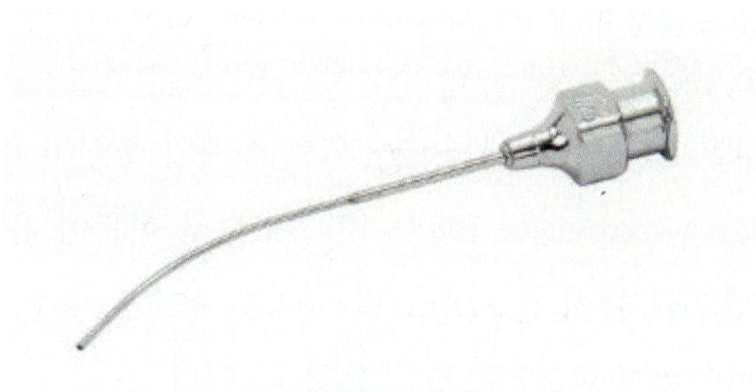

출처: Veterinary Instrumentation.

[그림 3-33] 눈물관 캐뉼라

(3) 가위(Iris Scissors and Tenotomy Scissors)

안과 및 정밀 수술에서 사용되는 특수 가위이다. 홍채 가위(Iris Scissors)는 안과 수술에서 홍채 절개를 위해 만들어졌으며, 정밀한 조직 절단에 사용된다. 건절개 가위(Tenotomy Scissors)는 근육, 힘줄, 연조직의 절단에 사용된다. 이 두 가위는 가윗날 끝에 차이점이 존재한다.

출처: Veterinary Instrumentation.

[그림 3-34] 안과용 가위

▶ 왼쪽부터 홍채 가위(Iris scissor), 건절개 가위(Tenotomy cissor).

(4) 안과용 바늘 홀더와 가위 (Castroviejo Needle Holders and Castroviejo Scissors)

안과용 바늘 홀더와 가위는 미세 수술용으로 스페인 출신의 라몬 카스트로비에호 박사(Dr. Ramón Castroviejo, 1904~1987)로부터 이름이 유래되었다. 스프링 작동 방식으로 손잡이를 눌러 닫고 놓으면 열리는 구조로 수술 중에 손이나 손목의 움직임을 최소화하면서 반복적으로 사용할 수 있다.

출처: Veterinary Instrumentation.

[그림 3-35] 안과용 바늘 홀더와 가위

4. 바늘과 봉합사(Needles and Suture Materials)

봉합은 한 개 또는 여러 개의 실로 두 조직면을 이어주는 행위이다. 봉합의 목적은 조직이 치유될 때까지 상처 가장자리를 서로 밀착된 상태로 유지하는 데 있다. 이러한 상처 가장자리는 눈에 띄는 피부 또는 체강일 수도 있지만, 경우에 따라 절제된 장기, 절단되거나 뜯긴 인대나 힘줄, 그리도 탈장과 같은 상처에 대한 보강 봉합 등이 포함될 수 있다.

1) 수술용 바늘(Surgical Needles)

수술용 바늘은 다양한 크기와 형태로 제공된다. 바늘은 일반적으로 바늘 끝(needle point), 바늘 몸체(needle body), 일체형 바늘 몸통 끝(swaged end)/바늘귀(needle eye)의 세 가지 요소를 기준으로 분류된다.

(1) 바늘 몸통 끝/바늘귀에 따른 분류

① 일체형 바늘 몸통 끝(Swaged end)

바늘과 봉합사가 하나로 연결된 구조로 멸균이 보장된다. 조직 창상을 최소화할 수 있고 사용이 편리하다.

② 바늘귀(Needle eye)

봉합사를 바늘에 꿰어 쓰는 구조로 재사용이 가능하고 저렴하다. 그러나 봉합사 두 가닥이 조직을 통과하므로 큰 구멍이 생긴다.

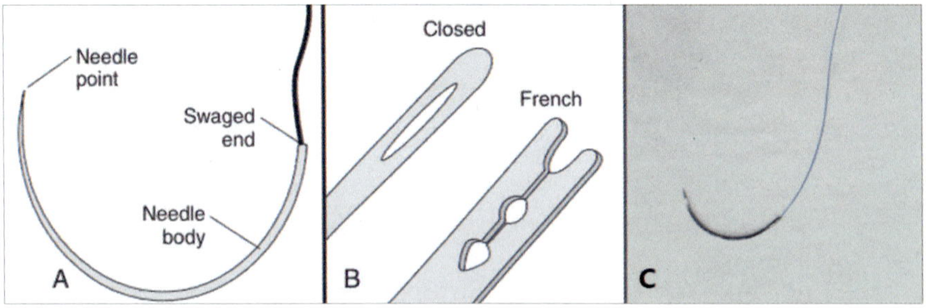

출처: Small Animal Surgery, 5th Edition.

[그림 3-36] 수술용 바늘

▶ (A) 수술용 바늘의 기본 구성. (B) 바늘귀가 있는 바늘의 종류. (C) 실제 봉합사.
바늘귀 부분에서 French는 바늘귀의 위쪽에 V자 모양의 틈이 있어 실을 바늘귀로 밀어 넣어 끼울 수 있는 형태를 의미한다. 이의 경우 실을 끼우고 빼기가 쉬워 수술 중 봉합사를 빠르게 교체해야 할 때 유용하다.

(2) 바늘 몸통(Needle Body)에 따른 분류

① 직선형 바늘(Straight Needles)

바늘 홀더 없이 손으로도 봉합과 조작 가능한 부위에 적용한다.

② 곡선형 바늘(Curved Needles)

바늘 홀더를 사용해야 하고, 창상의 깊이와 직경을 고려하여 선택한다.

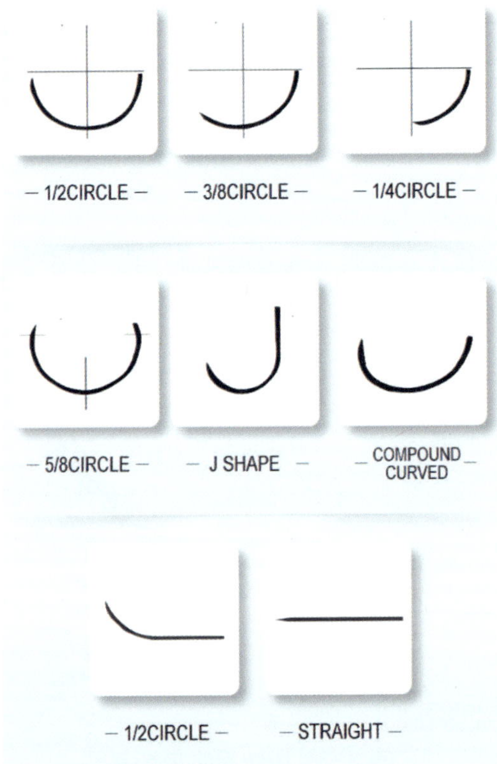

출처: made-in-china.

[그림 3-37] 바늘 몸통 형태에 따른 종류

(3) 바늘 끝(Needle point)에 따른 분류

① 환침(Round Neeldes)

바늘 끝이 둥근 형태인 것으로 장, 피하 조직, 근막과 같은 쉽게 통과할 수 있는 부위에 사용한다.

② 각침(Regular Cutting Needles)

바늘 끝이 삼각형 형태인 것으로, 피부 조직과 같은 쉽게 뚫기 어려운 조직에 사용한다.

③ 역각침(Reverse Cutting Needles)

바늘 끝이 역삼각형 형태인 것으로 각침에 비해 바늘이 조직을 찢을 확률을 낮추어 준다.

④ 주걱침(Spatula point Needles)

바늘 끝이 위와 아래가 편편한 주걱 모양으로, 안과 수술에서 각막 봉합이나 미세 수술 봉합 시 사용한다.

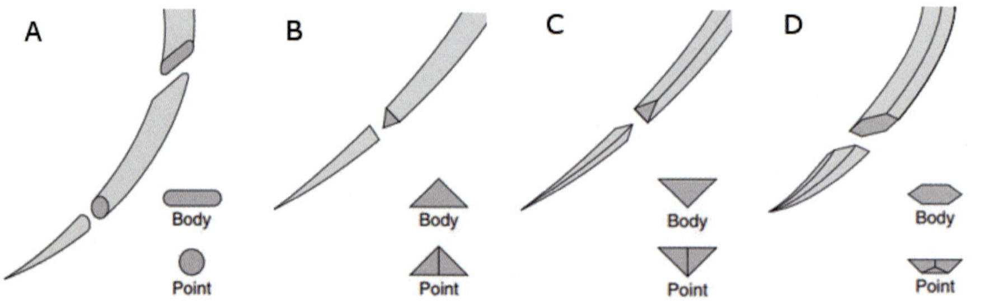

출처: Small Animal Surgery, 5th Edition.

[그림 3-38] 바늘 끝에 따른 분류

▶ (A) 환침, (B) 각침, (C) 역각침, (D) 주걱침.

2) 봉합사(Sutrure Materials)

봉합사는 다양한 굵기·형태·색상으로 제공되며, 적절한 봉합 재료를 선택하려면 기본 용어와 분류를 이해해야 한다. 이상적인 봉합사는 조직 반응이 적고, 다루기 쉽고, 세균 증식을 최소화하며, 매듭 고정력이 우수하고, 치유 후에는 최소 반응으로 흡수되며, 알러지나 독성을 유발하지 않아야 한다.

봉합사 크기는 USP 표준을 사용해 숫자와 '0'의 조합으로 표시한다. 숫자가 클수록 실은 더 가늘어지며, 반대로 '0'이 없는 정수 숫자는 숫자가 커질수록 더 굵어진다.

> **■ 봉합사의 크기 표기**
>
> 12-0 (가장 얇음) → 11-0 → 10-0 → 9-0 → 8-0 → 7-0 → 6-0 → 5-0 → 4-0 → 3-0 → 2-0 → 0 → 1 → 2 → 3 → … → 7 (가장 두꺼움)

(1) 봉합사의 분류

봉합사는 재질의 종류(천연 또는 합성), 조직에서의 생물학적 반응(흡수성 또는 비흡수성), 그리고 구조 방식(단일 필라멘트 또는 다중 필라멘트) 등의 다양한 기준으로 분류할 수 있다. 단사(monofilament)는 한 가닥으로 만들어지며, 다사(multifilament)에 비해 조직 반응이 적고, 구조상 세균이 침투할 수 있는 틈이 없어 감염 위험이 낮다. 그러나 단사는 포셉이나 바늘 홀더에 의해 손상될 경우 인장 강도가 감소하여 쉽게 끊어질 수 있으므로 주의가 필요하다. 반면, 다사는 여러 가닥의 필라멘트로 구성되어 있어 단사보다 유연하고 취급이 용이하다. 또한, 조직 손상을 줄이고 삽입을 용이하게 하기 위해 피복 처리(coating)가 되어 있는 경우가 많다.

① 흡수성 봉합사

조직 내에서 60일 안에 대부분의 장력을 읽고 결국, 조직으로부터 사라진다. 장력의 소실과 완전한 흡수를 위한 시간은 봉합사에 따라 다양하다.

- 천연(organic): Surgical gut(Catgut)
- 합성(synthetic): Polyglycolic acid(Dexon II®), Polyglactin 910(Vicryl®)/Polydioxanone(PDS ll®), Polyglyconate(Maxon®), Poliglecaprone 25(Monocryl®)

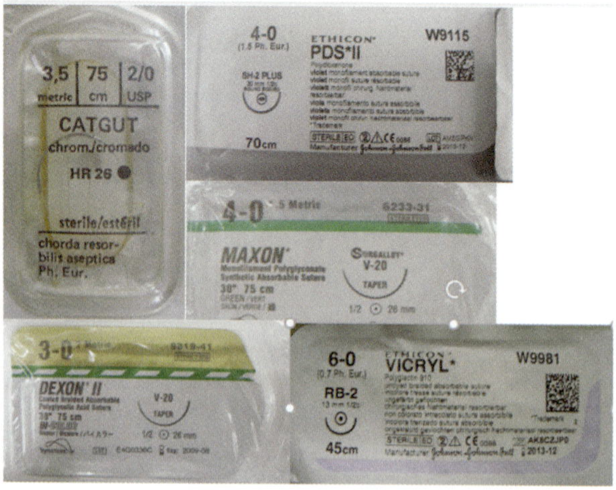

[그림 3-39] 흡수성 봉합사

② 비흡수성 봉합사

- 천연(organic): Silk
- 합성(synthetic): polyester/polypropylene(Prolene®), polyamide(Nylon®)

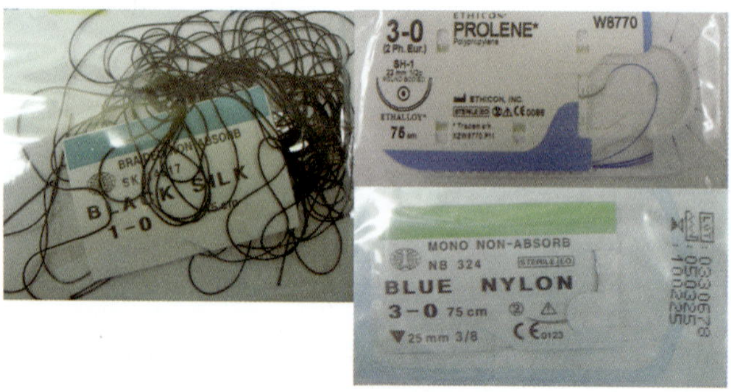

[그림 3-40] 비흡수성 봉합사

③ 금속성 봉합사

Stainless steel wire(녹슬지 않는 강철선)은 금속성 봉합사로 한 가닥이나 여러 가닥을 꼬아 만든 것이 이용될 수 있다. 일반적으로 조직 반응이 적지만 매듭 끝은 염증 반응을 일으킨다.

3) 의료용 스테이플러(Skin Stapler)

피부 스테이플러는 절개부를 닫기 위해 스테인리스 스틸 재질의 스테이플을 절개선에 수직으로 삽입하는 방식이다. 수술 후 절개 부위를 자주 핥거나, 다른 봉합 재료에 조직 반응을 보였던 경우 효과적인 대안이 될 수 있다. 스테이플은 일회용 스테이플러 기기 안에 내장되어 있어 빠르게 적용할 수 있으며 이는 마취 시간을 상당히 단축시킬 수 있다. 스테이플을 제거할 때는 전용 제거 기구를 사용해야 하며, 이를 통해 환자에게 안전하고 편안하게 제거할 수 있다.

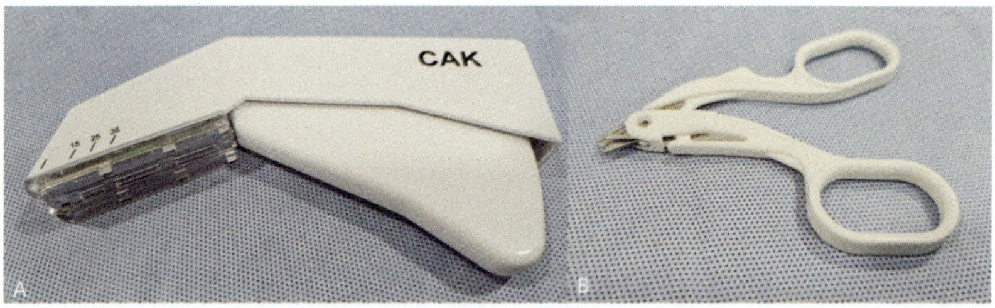

[그림 3-41] 의료용 스테이플러(A)와 스테이플 리무버(B)

동물보건외과학

제4장

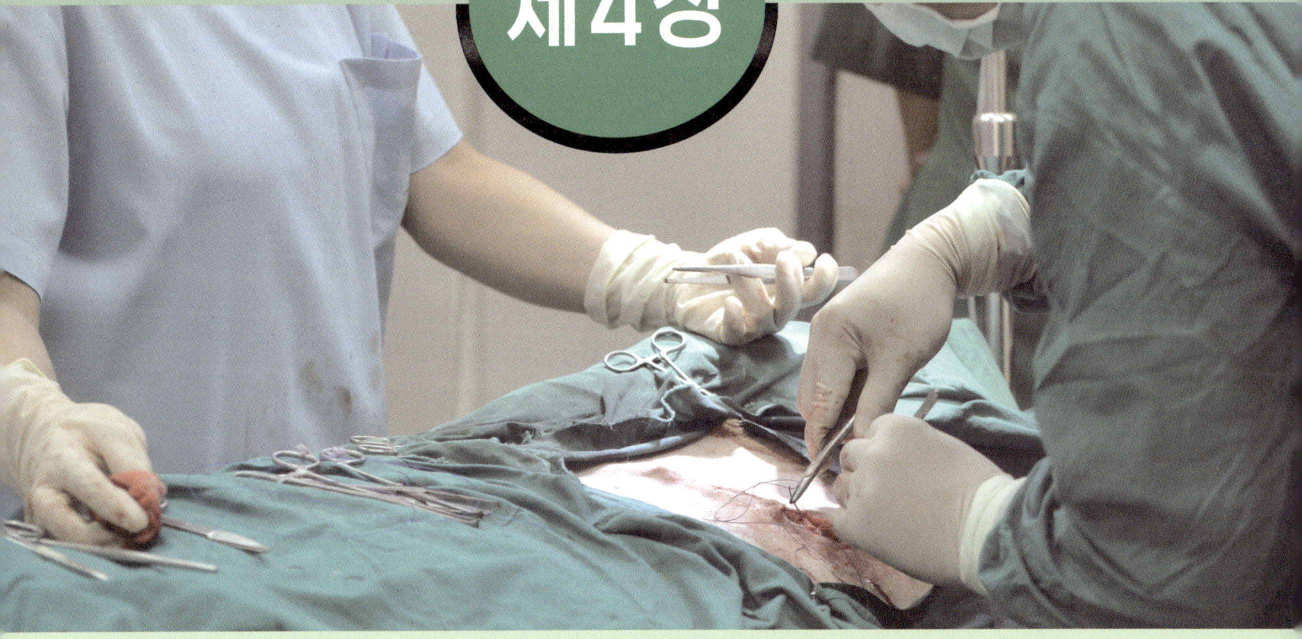

수술 전 준비

1. 수술 환자의 준비(Preoperative Care of the Surgical Patient)

수술 전 환자 준비는 여러 세부 사항에 대한 주의가 필요하다. 환자는 항상 완전한 신체검사를 받은 후 적절한 검사실 검사를 시행해야 하며, 자세한 병력 청취는 신체검사와 검사실 검사의 범위를 결정하는 데 도움이 된다. 수술 전 정보를 확보하면 동물의 수술 전후 상태를 비교할 수 있다(예: 척추 수술 전후의 배뇨 능력).

1) 병력 청취(History Taking)

수술 전 병력 청취는 기저 질환과 예후에 영향을 줄 수 있는 이상을 확인하기 위해 반드시 필요하다. 응급 상황이라도 환자 정보, 식단, 운동량, 생활 환경, 과거 질병, 최근 치료 정보(특히 항염, 항균제와 신장, 간 독성 약물) 및 감염 증상을 포함한 포괄적인 병력을 수집해야 한다. 먼저 현 증상의 시작 시기, 초기 양상, 호전 또는 악화 여부를 명확히 정의한 후 세부 사항을 묻는 것이 효율적이다. 질문은 구체적으로 하여 모호한 답변을 피하고, 구토, 설사, 식욕 변화, 독성 물질 또는 이물질 노출, 기침, 운동 불내성 등의 이상 소견과 과거 약물 부작용이나 발작 경험을 확인하여 특정 약물을 피할 수 있도록 해야 한다.

2) 신체검사(Physical Examination)

수술 전 신체검사는 전신의 모든 장기 계통을 체계적으로 평가해야 하며, 체형, 태도, 정신 상태 등 전반적인 상태를 기록한다. 필요한 경우에는 신경계 검사와 정형외과적 검사도 포함해 호흡기, 소화기, 심혈관, 비뇨기 시스템을 평가한다. 응급 상황에서는 먼저 동물을 안정시킨 뒤 자세한 신체검사를 진행하여야 한다. 사전에 마취 위험도를 평가하는 것은 수술 중이나 이후 심폐 합병증의 가능성을 예측하는 데 도움이 되며, 상태가 나쁠수록 마취와 수술 합병증 위험이 높아진다.

3) 실험실 검사(Laboratory Data)

실험실 검사는 환자의 상태와 예정된 수술 종류에 따라 범위가 달라진다. 젊고 건강한 동물이 난소자궁 적출이나 슬개골 탈구 같은 일반적인 수술을 받을 때는 헤마토크릿, 총 단백(TP), 혈중 요소질소(BUN) 또는 크레아티닌(Creatine), 요비중 정도의 기본 검사만으로 충분할 수 있다.

(1) 노령이거나 호흡 곤란, 심잡음, 빈혈, 방광 파열, 위 확장염전(GDV), 쇼크, 출혈 등 전신 징후가 있거나 예상 수술 시간이 1~2시간을 넘는 경우에는 전체 혈구검사(CBC), 혈액화학검사, 요검사를 포함한 포괄적인 검사가 필요하며, 산염기 상태 평가를 위한 혈액 가스 분석도 고려할 수 있다. 추가 검사 여부는 환자의 증상과 기저 질환에 따라 결정된다.

(2) 종양성 질환이 의심되면 흉부 방사선, 복부 초음파, 림프절 세침흡인 등의 전이 평가를 실시한다.

(3) 심장 질환이 있는 경우 흉부 방사선과 심장 초음파, 심전도를 시행해야 한다.

(4) 심장사상충 감염 위험성이 있는 환자의 경우 수술 전에 감염 여부를 확인해야 한다.

(5) 외상 환자는 횡격막, 흉강, 폐를 평가하기 위해 흉부 방사선을 촬영하고, 숨겨진 손상을 찾기 위해 전신 CT를 고려할 수 있다.

(6) 경제적 부담을 고려하더라도 이러한 철저한 사전 검사는 수술 중·후 발생할 수 있는 비용이 많이 드는 합병증을 예방하거나 예측할 수 있다.

[표 4-1] 수술 환자에 대한 신체 상태의 등급

신체 상태	동물의 상태	예
I	확실히 인지되는 질병이 없으며 건강함	보호자의 선택적 과정에 있는 환자(예: 중성화수술)
II	국소적 질병 또는 단순한 전신적 질병이 있으며 건강함	슬개골 탈구, 피부 종양, 오연성 폐렴이 없는 구개열
III	심각한 전신적 질병	폐렴, 발열, 탈수, 심잡음, 빈혈
IV	생명을 위협하는 심각한 전신적 질병	심부전, 신부전, 간부전, 심각한 혈액량 부족, 심각한 출혈
V	수술과 관계없이 24시간 이상 살 수 없다고 예상되는 환자	내독소 쇼크, 다발장기부전, 심각한 외상

출처: Fossum. Fifth edition.

[표 4-2] 수술 예후 결정의 가이드 라인

예후	기준
탁월함(Excellent)	합병증이 발생할 가능성이 최소, 수술 후 환축이 정상으로 돌아올 확률이 매우 높음
좋음(Good)	다소의 합병증 발생 가능성, 좋은 결과로 이어질 가능성 높음
보통(Fair)	심각한 합병증이 발생할 가능성이 있으나 흔하지 않음, 회복 기간이 길어질 수 있음
나쁨(Poor)	기저 질환 또는 외과 수술과 관련된 심각한 합병증이 발생할 수 있고, 회복 기간이 길며 수술 중, 수술 후 사망할 가능성이 높음
신중함(Guarded)	결과가 확실하지 않고 알 수 없음

출처: Fossum. Fifth edition.

4) 수술 전 식이 제한

성체가 된 수술 동물은 마취 전 구토와 흡인성 폐렴을 예방하기 위해 8~12시간 정도 금식한다. 소형견은 저혈당 위험을 줄이기 위해 금식 시간을 더 짧게 해야 한다. 어린 동물은 4~6시간 이상 금식시키지 않아야 저혈당을 피할 수 있다. 물은 일반적으로 제한하지 않는다.

5) 배뇨 · 배변 관리

마취 유도 전에 동물이 충분히 배변·배뇨하도록 해야 하며, 대장 수술 시에는 관장이 필수이다. 빈 방광은 복부 수술을 용이하게 하므로 자연 배뇨가 어렵다면 마취 상태에서 손으로 압박 배뇨를 유도하거나 장착된 뇨관으로 소변을 배출시켜야 한다.

6) 감염 관리

수술 부위 외부에 감염성 병변이 있으면 선택적인 수술은 연기하고 먼저 치료해야 수술 부위 감염을 줄일 수 있다.

7) 환자 안정화(Patient Stabilization)

수술 전에 환자는 가능한 안정화되어야 한다.

8) 수술 전 산소 공급

수술 전 산소 공급(Oxygen Therapy)은 마취 시 저산소증(hypoxia)이 발생하는 것을 감소시킨다. 신체검사에서 청색증(cyanosis)의 임상 징후가 나타나지 않더라도 마취 시 저산소증이 발생할 수 있으며, 마스크와 Oxygen tent 등의 방법은 수술 전 산소(flow rate, 6L/min)를 공급할 수 있는 유용한 방법이다.

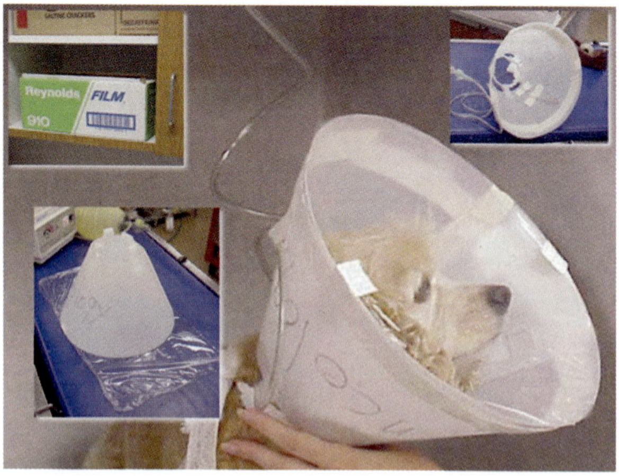

출처: FIG. 4.4 Makeshift oxygen tent. Fossum. Fifth Edition.

[그림 4-1] 수술 전 산소 텐트를 통한 산소 공급

9) 수액 요법(Fluid Therapy)

출혈이나 쇼크가 의심되는 경우에는 즉시 수액 요법을 시작해야 하며, 개의 정상 혈액량은 약 90mL/kg, 고양이는 약 60~70mL/kg이다.

급성 저혈량증(acute hypovolemia)을 가진 수술 환자 치료의 목적은 충분한 조직 관류(tissue perfusion)를 보장할 수 있는 순환 혈액량을 확보하는 것이며, 폐 질환, 심혈관계 질환, 중증 신장 질환이 있는 환자는 급속한 수액 투여에 잘 견디지 못하므로 주의가 필요하다.

혈액 희석(hemodilution)이 문제가 되지 않는 경우, 균형 전해질 용액(예: Lactated Ringer's solution)을 일반적으로 사용할 수 있다. 수술 전 체액 결손을 보충하고 산-염기 및 전해질 불균형을 교정하는 과정은 반드시 이루어져야 한다.

- 주의: 개의 혈액학적 수치와 혈청 생화학적 수치는 연령에 따라 차이가 있다는 점을 반드시 기억한다. 강아지는 성장과 발육 과정에서 일부 수치가 성견과 크게 달라질 수 있다(예: 백혈구 수, 적혈구 수, 헤마토크릿, 알칼리성 인

산분해효소 활성, 혈색소, 칼슘, 인, 단백질 및 글로불린 농도)

- 요약: 수술 환자는 진정·마취·수술에 앞서 신체 상태를 평가하여 수술 위험도를 결정하기 위해 철저한 검사가 필요하다. 병력, 임상 증상, 신체검사 소견, 실험실 검사 결과, 기본적인 영상 진단 등 모든 정보가 중요하며, 환자의 상태에 따라 산소 공급, 수액 요법, 산-염기·전해질 교정 등 안정화 조치를 수술 전에 시행하는 것이 바람직하다.

2. 수술 부위의 준비(Preparation of the Operative Site)

개에서 수술 부위 감염은 피부의 상재균인 Staphylococcus pseudintermedius에 의해 주로 발생하며, Enterococcus, Klebsiella, Pasteurella·Streptococcus 등 다른 일시적 병원균도 문제를 일으킬 수 있다. 이들 균에 대한 노출을 최소화하기 위해 수술 전 철저한 피부 소독과 멸균이 중요하다. 피부를 완전히 멸균하는 것은 불가능하지만 적절한 준비로 세균 수를 줄여야 감염 위험을 낮출 수 있다. 수술 부위 감염(Surgical Site Infection, SSI)은 이환율과 사망률, 입원 기간, 의료비를 증가시키므로, 항균제 예방 투여와 적절한 항균 소독제 사용 등 예방 조치를 통해 수술 중 감염을 적극적으로 방지해야 한다.

1) 수술 부위의 준비

수술 부위 준비는 무균 상태를 유지해 감염을 예방하는 과정이다.

(1) 털 제거(Hair Removal)

① 환자의 상태에 따라 수술 전날 동물을 목욕시켜 헐거운 털, 이물질, 외부 기생충을 제거할 수 있다.

② 털 제거는 수술 직전 가능한 가까운 시점에 시행해야 하며, 반드시 수술실 외부(예: 준비실)에서 진행한다.

③ 미리 털을 제거할 경우, 직전에 제거하는 것보다 표재성 피부 감염 위험이 유의하게 증가한다.

④ 털 제거 부위는 수술 절개선이 확장되더라도 멸균 구역 안에 포함되도록 넉넉하고 넓게 클리핑한다(일반적으로 절개선 양옆으로 최소 20cm).

⑤ 전기 클리퍼가 가장 효과적이며, 클리퍼는 '연필 잡기' 방식으로 잡으며, 처음에는 털의 결을 따라, 이후 결 반대로 밀어 더 짧게 제거한다.

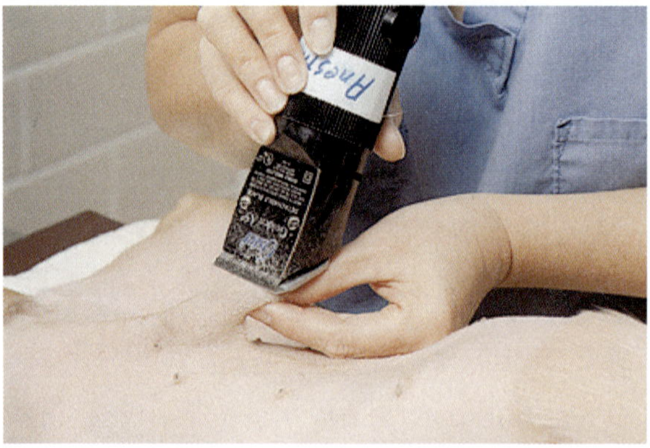

출처: Fossum, Fifth edition.

[그림 4-2] 전기 클리퍼를 이용한 제모

⑥ 면도날 사용은 미세 열상으로 인해 자극과 감염 위험을 높일 수 있어 제한적으로 사용한다(예: 눈 주위).

⑦ 털 제거 후에는 반드시 진공청소기로 삭모된 털을 제거한다.

(2) 사지 수술 시(Limb Procedures)

① 발 노출이 불필요한 경우, 발을 라텍스 장갑으로 덮고 테이프로 고정한 후, 멸균포로 덮어 수술 부위에서 제외한다.

출처: Fossum. Fifth edition.

[그림 4-3] 발바닥 부위 멸균이 필요 없는 경우(장갑과 테이프를 붙여 제외)

② 수술 중 사지 조작을 용이하게 하기 위해, 수액봉(IV pole)에 다리를 매달아 준비하는 hanging-leg technique을 사용할 수 있다. 테이핑한 발을 수액걸이에 걸어서 멸균하고 이후 연결 라인을 절단한다.

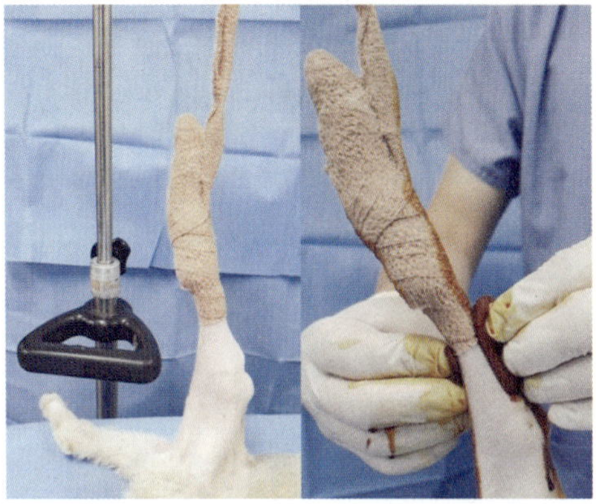

[그림 4-4] hanging-leg technique

(3) 환자 위치 잡기(Positioning)

① 피부 소독제로 멸균하기 전에, 동물은 수술실로 옮겨져 수술 부위가 외과의에게 접근 가능하도록 위치를 잡고, 로프(rope), 모래주머니(sandbags), 테이프, 진공식 체위 고정 장치(vacuum-activated positioning devices) 등을 이용해 고정한다.

② 이러한 고정 장치들은 반드시 호흡 기능, 말초 순환, 근육 및 신경 지배(innervation)에 장애를 주지 않도록 주의해야 한다.

③ 환자의 위치가 잡힌 후에는 모니터링 장치를 연결하고 상태를 확인한다.

④ 환자의 체온 유지에는 다음과 같은 장치들이 수술 절개 부위에 따라 환자 옆이나 위에 배치될 수 있다.

- 온풍 순환 장치
  예) Bair Hugger, Hot Dog Patient Warming System, Darvall Vet Cocoon
- 온수 순환 장치(water circulating system)
- 전기 가열 패드(electric warming pads)

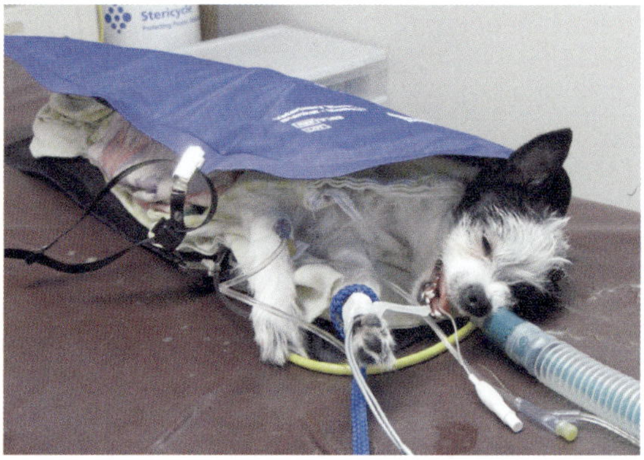

출처: Brantford Veterinary Clinic.

[그림 4-5] 온풍 순환 장치

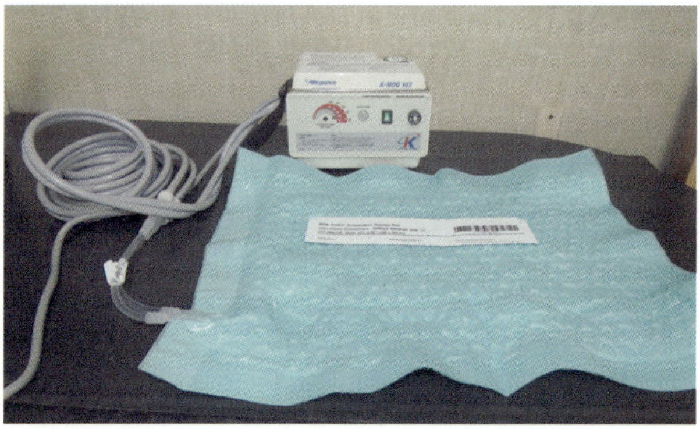

출처: Express Lab Werks.

[그림 4-6] 온수 순환 장치

⑤ 전기 소작기(electrocautery)를 사용할 경우, 접지판(ground plate)은 반드시 환자 아래에 배치해야 한다.

⑥ 만약 다리 매달기(hanging-leg preparation)를 시행할 경우, 해당 사지는 수액 폴대에 테이프로 신중하게 매달아야 한다.

(4) 초기 세정(Initial Cleansing)

① 수술실로 옮기기 전, 절개 부위를 일반 세정제로 닦고, 각막 및 결막에는 안연고 또는 윤활제를 도포한다.

② 수술 부위에는 외상, 피부 병변, 발진, 화상, 피부 벗겨짐 등 감염 경로가 될 수 있는 상태가 없어야 한다.

③ 수컷 개의 복부 수술을 시행할 경우, 포피(prepuce)는 반드시 소독액으로 세척한다.

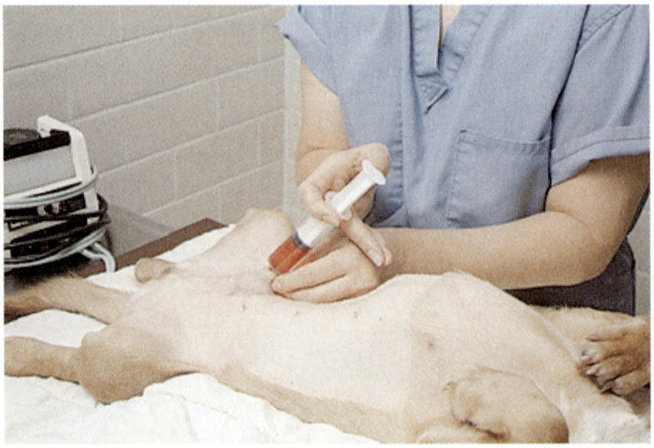

출처: Fossum. Fifth edition. FIG. 5.3.

[그림 4-7] 수컷 개의 수술 전 포피 세척

(5) 피부 소독(Skin Preparation)

① 흔히 사용되는 소독제는 아이오다인(Iodine), 클로르헥시딘(CHG), 알코올이다.

② 알코올은 포자에 효과는 없으나 빠른 항균 효과와 탈지 작용이 있어, 단독 사용보다는 보통 클로르헥시딘 또는 포비돈-아이오딘(PVI)과 병행된다.

③ 멸균 거즈로 과도하게 문질러 피부를 마찰하면 피부 손상을 초래하므로 주의해야 한다.

④ 1차 피부 세척은 클리핑 후 세척용 스크럽 솔루션(포비돈-아이오딘, 클로르헥시딘 등)을 이용해 거품을 내고 피부의 더러움과 유해균을 제거한다. 이 단계는 주변 털과 함께 넓게 세척한다.

⑤ 이후 70% 아이소프로필 알코올을 적신 거즈로 절개 예정 부위에서 바깥쪽으로 닦아 잔여물을 제거한다.

⑥ 국소 마취가 필요한 부위라면 1차 세척 후 국소 마취를 시행한다.

⑦ 최종 피부 소독은 멸균 장갑을 끼고 항균성 소독제(예: 베타딘)를 듬뿍 적신 거즈로 절개선에서 외측으로 원형을 그리며 반복적으로 문질러 피부의 상재균을 최대한 감소시킨다. 소독 후에는 피부를 충분히 말려 소독 효과가 유지되도록 한다.

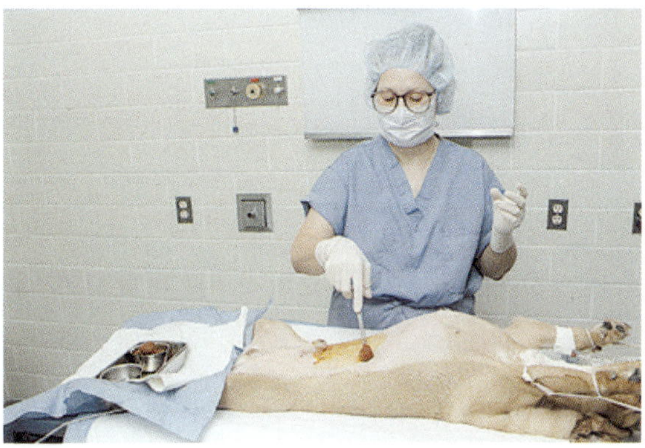

출처: Fossum. Fifth edition. FIG. 5.4.

[그림 4-8] 포비돈 용액을 이용한 최종 피부 소독

(6) 수술포 덮기(Draping)

① 환자가 위치 잡기(positioning)를 마치고 피부 준비(skin preparation)가 끝나면, 동물을 수술포(drape)로 덮을 준비가 완료된다.

② 전기 소작기(electrocautery)를 사용할 경우, 수술포를 덮기 전에 피부에 사용한 가연성 물질(예: 알코올)이 완전히 증발할 수 있도록 충분한 시간을 두어야 한다.

③ 수컷 개의 경우 복부 절개가 치골(pubis)까지 이어지는 경우, 포피(prepuce)는 멸균된 타월 클램프(towel clamp)로 한쪽으로 고정해야 한다.

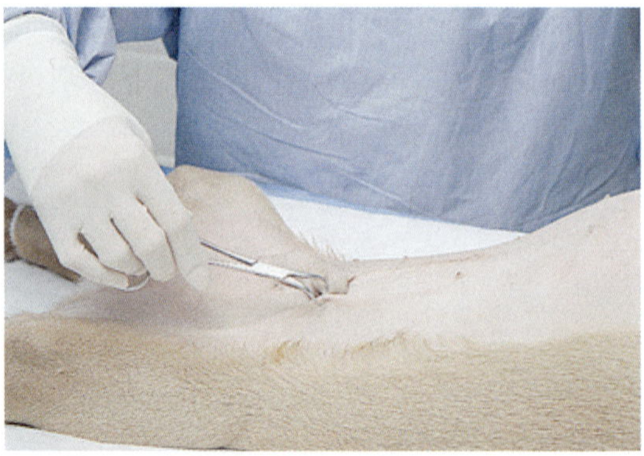

출처: Fossum. Fifth edition. FIG. 5.6.

[그림 4-9] 수컷 개의 복부 절개 준비(포피를 타월 클램프로 고정)

④ 수술포의 목적은 수술 부위 주위에 멸균 구역(sterile field)을 만들고 유지하는 것이다. Draping은 멸균 가운과 장갑을 착용한 수술팀 구성원이 시행하며, 먼저 필드 드레이프(field drape, quarter drape)를 배치하여 준비되지 않은 부위를 차단하는 것부터 시작한다.

⑤ 이 타월들은 준비된 부위의 경계(periphery)에 한 장씩 차례대로 놓는다.

⑥ 사용할 수 있는 타월은 흡수성이 없는 일회용(nonabsorbent) 타월이나 일반 타월이다.

⑦ Drapes는 뒤집거나, 펄럭이거나, 흔들어서는 안 된다. 이런 동작은 공기 흐름을 만들고, 먼지, 보풀, 비말핵(droplet nuclei)이 이동할 수 있다.

⑧ 수술대(table) 높이 아래로 늘어지거나, 바닥까지 닿는 수술포, 물품, 장비는 멸균 여부를 보장할 수 없으므로 비멸균(nonsterile)으로 간주한다.

⑨ 수술 타월이 제자리에 놓인 후에는 세균이 준비된 피부 쪽으로 옮겨질 수 있기 때문에 절개 부위 쪽으로 재조정해서는 안 된다.

⑩ 수술 타월은 모서리 부분을 멸균 타월 클램프로 고정한다.

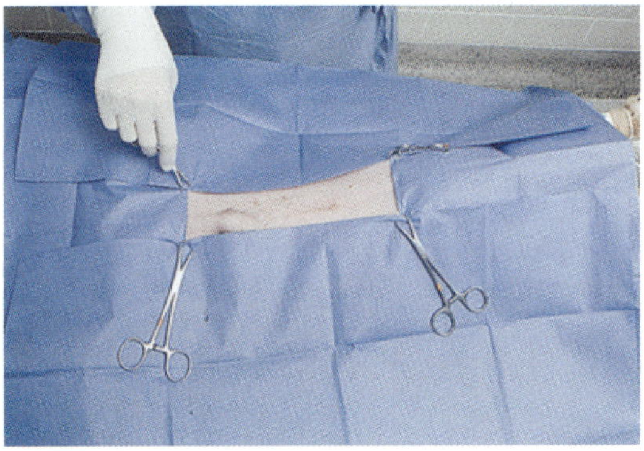

출처: Fossum. Fifth edition. FIG. 5.7.

[그림 4-10] 수술 타월을 타월 클램프로 고정한 모습

⑪ 환자와 절개 부위가 필드 드레이프(field drape)로 보호된 후에는 최종 draping을 시행한다. 큰 드레이프로 환자와 수술대를 전체적으로 덮어, 연속적인 멸균 영역(continuous sterile field)을 형성한다.

⑫ 사지(draping a limb)의 경우 앞서 설명한 대로 필드 드레이프를 배치하고 고정하여 수술 부위 또는 걸어둔 다리의 근위부(proximal aspect)를 격리한다. 수술 준비가 되지 않은(비멸균) 부위는 수술팀의 비멸균 인원이 잡고 있어야 하며, 다리를 고정한 테이프를 자른다.

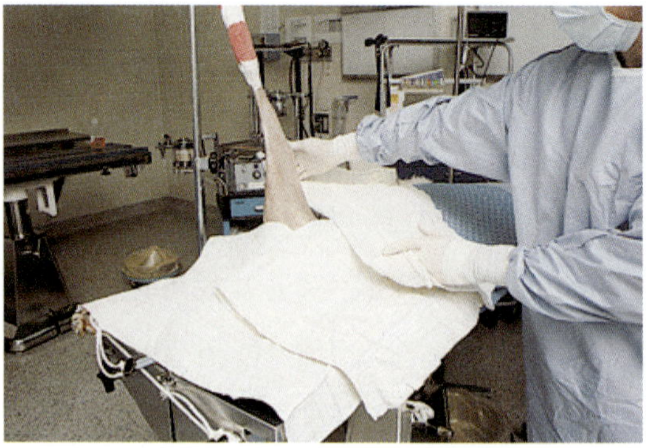

출처: Fossum. Fifth edition. FIG. 5.9.

[그림 4-11] 수액대에 다리를 매달고 타월 클램프로 고정한 모습

⑬ 다리는 멸균 인력이 멸균된 멸균 스타킹(stockinette) 또는 멸균 타월로 감싼 손으로 잡을 수 있도록 건네야 한다. 멸균 인력이 완전히 잡기 전까지는 다리를 놓아서는 안 된다.

⑭ 멸균 스타킹 사용 시 다리를 조심스럽게 아래 방향으로 감싸 씌운 후, 타월 클램프로 고정한다.

⑮ 멸균 타월 사용 시 다리를 멸균 타월로 감싼 후 피부에 타월 클램프로 고정하고, 발끝은 자가 접착성 탄성 붕대(Vetrap, Coban)로 감싸 마무리한다.

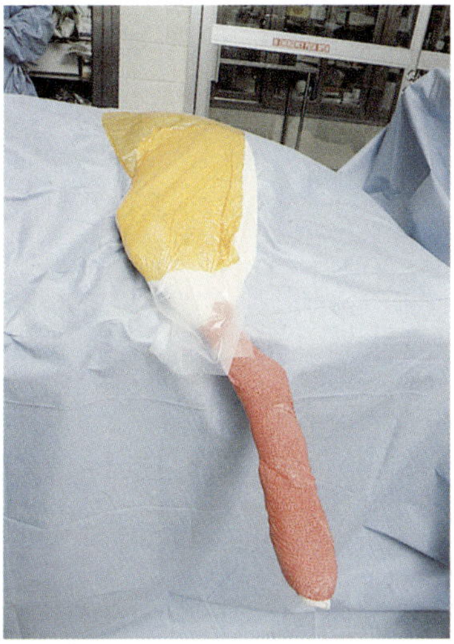

출처: Fossum. Fifth edition. FIG. 5.10.

[그림 4-12] 구멍 뚫린 멸균 드레이프와 접착성 드레이프로 고정한 다리

- 주의 사항

- 수술 부위 소독 시 수평적(horizontal), 직선적(linear) 방식 대신 원형(concentric circles) 방식을 사용하는 것이 수술 부위 감염(SSI)을 감소시킨다는 근거는 없다.
- 알코올 기반 제제는 인화성이 있으므로, 특히 전기 소작기를 사용할 때는 액체가 고이지 않도록 주의해야 한다. 용액이 완전히 건조되기 전에는 수술포(drape)를 덮어서는 안 된다.
- 피부 소독 시, 클로르헥시딘(Chlorhexidine) 용액은 포비돈-아이오딘(Povidone-iodine) 용액보다 더 효과적이다.

3. 수술팀의 준비(Preparation of the Surgical Team)

대부분의 수술 부위 감염(SSI)은 환자 자신의 내인성 세균총(endogenous flora)에 의해 발생하지만, 수술실(OR) 인력 또한 중요한 세균 오염의 원인이다.

수술팀 및 비멸균 인력을 철저히 준비시키는 것은 수술실 내 세균 수를 줄이는 데 중요하지만, 세균을 완전히 제거하지는 못한다. 개인은 하루에 약 100만 개의 미생물을 체외로 배출하는 것으로 추정되고, 수술실 내 인원수와 움직임의 정도가 공기 중 세균 수와 상관관계가 있음이 보고되었다. 따라서, 수술실 내 인력은 마취나 수술 보조에 필수적인 인원만으로 제한해야 한다. 또한 수술 중 오염을 최소화하기 위해, 모든 수술실 인력(견학자 포함)은 외과적 복장 규정을 철저히 준수해야 하며, 외과적 손 씻기(surgical scrub)와 준비 과정을 엄격하게 따라야 한다. 수술팀의 준비는 환자와 수술 부위를 오염시키지 않기 위한 개인적 준비와 복장 관리이다.

1) 수술 복장(Surgical Attire)

수술 복장에는 수술복(scrub suits), 모발 덮개(hair coverings), 마스크, 신발 및 신발 덮개, 수술 가운, 장갑이 포함된다.

① 수술복, 재킷, 실험복: 수술실에서는 일반 옷(street clothes) 대신 반드시 수술복(scrub suits)을 착용해야 한다.

② 투피스 수술복의 경우 헐렁한 상의는 바지 안에 넣어야 하며, 몸에 밀착되는 상의는 바지 밖으로 입을 수 있다.

③ 상의 소매는 손과 팔을 쉽게 소독할 수 있도록 짧아야 하며, 바지는 고무줄 또는 끈으로 조여야 한다.

④ 수술복은 착용할 때마다 세탁되어야 하고, 오염되거나 젖으면 반드시 교체해야 한다.

⑤ 수술실 밖에서 수술복을 입고 다니면 미생물 오염 위험이 증가한다.

⑥ 비멸균 인력(nonscrubbed person)은 반드시 긴소매 재킷을 착용해야 하며, 이는 소독된 물품을 다룰 때 팔에서 떨어지는 피부 각질이 멸균 영역을 오염시키는 것을 예방하기 위함이다. 재킷은 반드시 단추나 스냅으로 여며야 한다.

2) 모발 덮개(Hair Coverings)

① 머리카락은 세균의 중요한 매개체로, 덮지 않으면 세균을 양산하고 축적시킬 수 있으며, 모든 모발을 완전히 덮는 것이 권장된다.

② 캡은 머리를 완전히 덮어야 하며, 구레나룻이나 수염이 있는 경우 반드시 후드(hood)형 덮개가 필요하다.

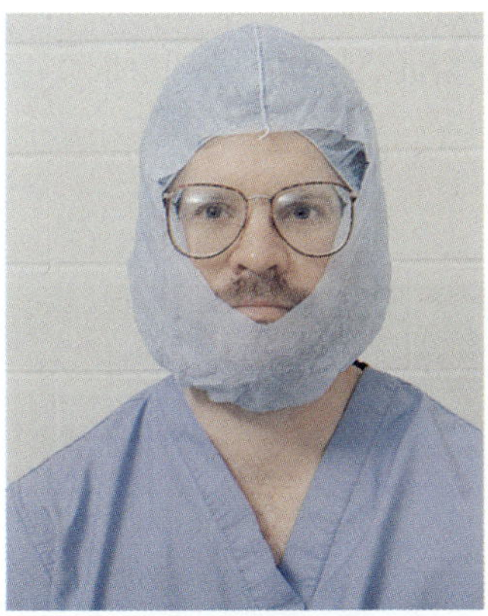

출처: Fossum. Fifth edition. FIG. 6.1.

[그림 4-13] 수염까지 덮는 모발 덮개 착용 모습

3) 신발과 신발 덮개(Footwear and Shoe Covers)

① 수술 구역에서는 편안한 신발을 신을 수 있다.

② 수술 전용 신발을 사용하는 것이 이상적이며, 이는 준비실에서 수술실로 털과 오염 물질이 옮겨지는 것을 줄인다.

③ 전용 신발을 사용하지 않는 경우, 신발 덮개(shoe covers)를 반드시 착용해야 한다. 신발 덮개는 일회용, 방수 및 내구성 있는 소재로 만들어진다.

④ 수술실 입장 전 새 신발 덮개를 착용해야 하며, 동물 털이 많은 동물병원에서는 수술실 입장 직전 교체하는 것이 바람직하다.

4) 마스크(Masks)

① 마스크는 보풀 없는 재질로 만들어지고, 가운데에 친수성 필터층을 포함해야 한다.

② 기능은 말하기, 재채기, 기침 시 구강과 비인두에서 배출되는 미생물 방울을 걸러내고 차단하는 것이다.

③ 마스크는 반드시 코와 입을 덮어야 하며, 새지 않도록 코 부분을 꼭 맞게 조여야 한다.

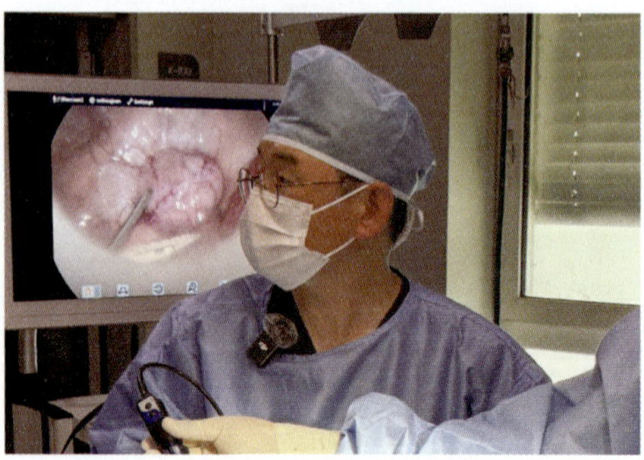

[그림 4-14] 수술 마스크와 수술캡 착용 모습

5) 수술 가운(Surgical Gowns)

수술 가운과 드레이프 제품을 선택할 때 고려할 요소는 오염 차단 능력, 찢김, 천공, 마모 저항성이다. 특히 가운과 드레이프의 중요 구역(critical zone)은 반드시 높은 차단 성능을 가져야 한다.

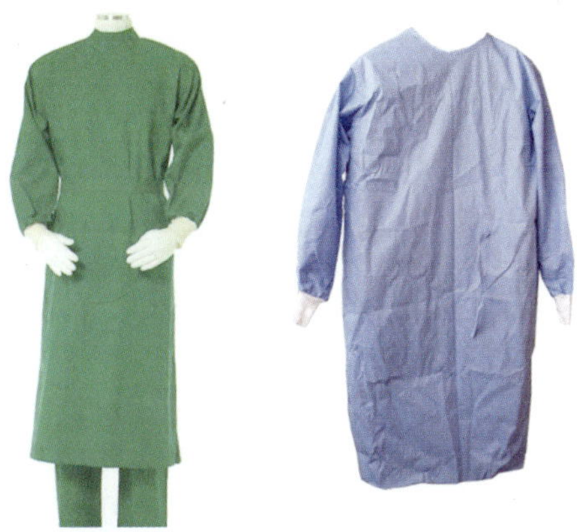

[그림 4-15] 세탁이 가능한 면(Cotton, 좌) vs 1회용 제품(우)

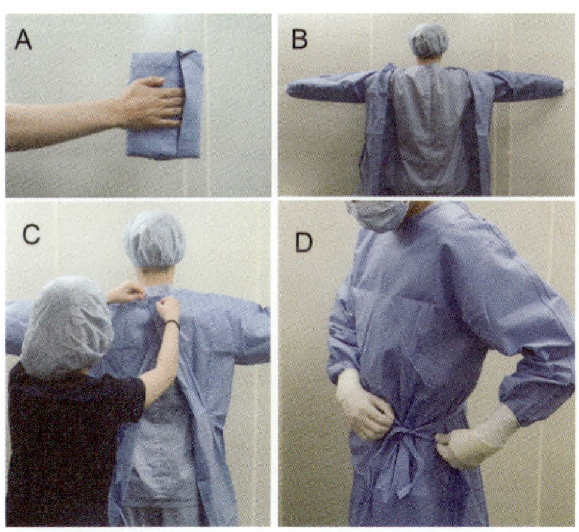

[그림 4-16] 멸균 수술복 입기

▶ (A) 어깨 부위 포켓에 손을 집어넣는다. (B) 양손을 넓게 펼친다. (C) 보조자가 목 부위, 허리 부위 끈을 매듭짓는다. (D) 수술자는 장갑을 착용한 후 허리끈을 매듭짓는다.

6) 수술 장갑(Surgical Gloves)

① 수술 장갑은 멸균 장갑을 사용하며, 손상 위험이 높을 경우 이중 장갑을 착용 후 외측 장갑을 필요시 교체한다.

② 수술용 장갑만 착용하고 외과적 손 씻기(surgical scrub)를 하지 않는 것은 수술용 장갑이 수술이 끝날 때 이미 미세한 구멍이 생겨 있는 경우가 많아 세균 오염을 막을 수 없다.

③ 장갑의 천공은 예방적 항생제가 투여되지 않으면 수술 부위 감염(SSI) 위험을 증가시킬 수 있다.

④ 수술 중 장갑 천공을 감지하는 민감도는 일반 장갑(34%)보다 유색 장갑(83%) 착용 시 더 높아 천공 가능성이 높은 정형외과 수술에서 유색 장갑을 착용하면 유리하다.

⑤ 장갑 천공의 위험 요인은 금속판(plate) 및 나사(screw) 고정, 외부 골격 고정기(external skeletal fixator) 적용, 정형외과용 철선(orthopedic wire) 사용인 경우였다.

⑥ 유색 장갑(indicator glove)을 사용하는 것이 단순히 이중 장갑(double gloving)을 착용하는 것보다 비용 대비 효과가 있는지는 논란의 여지가 있다.

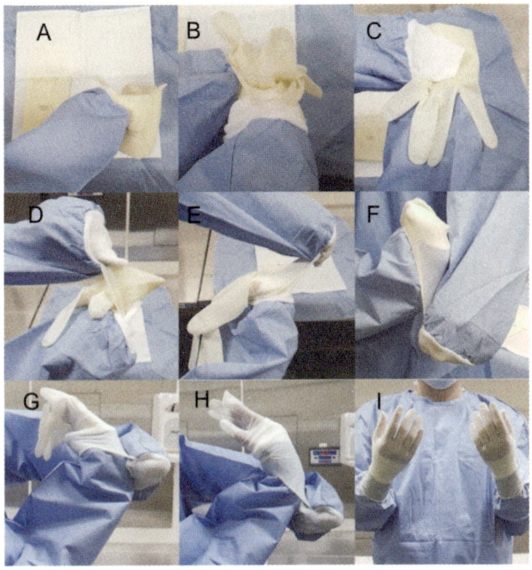

[그림 4-17] 1인 무균적 장갑 착용

▶ (A) 멸균 수술복 왼쪽 소매로 오른쪽 수술 장갑을 집는다. (B)(C)(D) 오른손 위에 장갑을 올려놓고 접힌 부분을 뒤집에 펴면서 소매 위로 장갑을 뒤집에 씌운다. (E)(F)(G)(H) 오른쪽 장갑을 그림과 같이 찢어짐에 주의하며 낀다. (I) 동일한 방법으로 왼쪽 장갑을 낀 후 장갑을 어깨 안쪽으로 들고 유지한다.

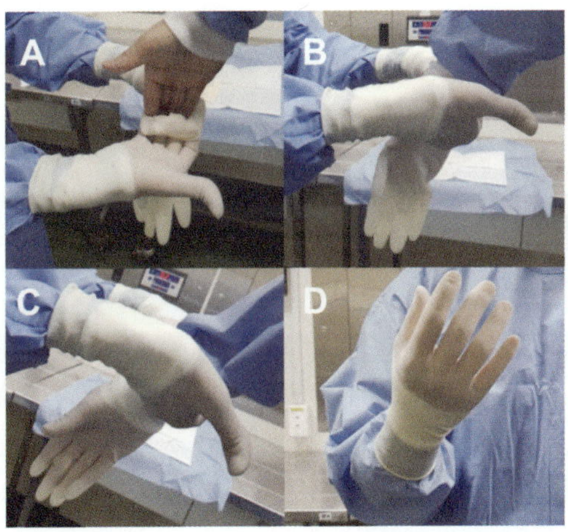

[그림 4-18] 보조자에 의한 장갑 착용

▶ (A) 멸균 장갑을 착용한 보조자가 두손으로 장갑을 벌리고 수술자가 손을 넣을수 있게 한다. (B) 수술자의 수술복 소매 쪽으로 장갑을 끌어올려 덮어준다. (C) 소매 위쪽을 완전히 덮도록 한다. (D) 반대편 장갑도 동일하게 한다.

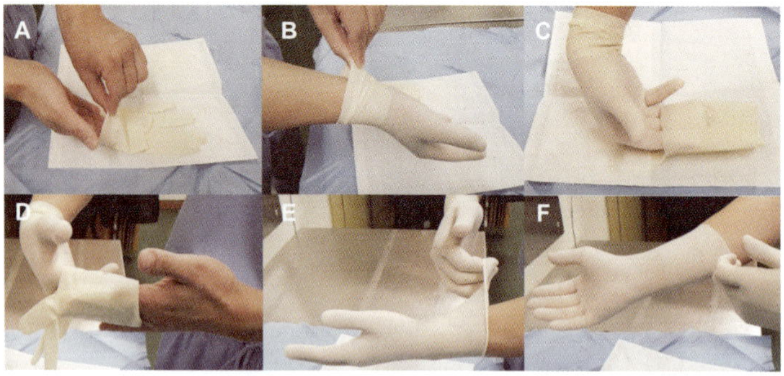

[그림 4-19] 양손이 비멸균일 때의 개방형 장갑 착용

▶ (A) 접혀 있는 글러브의 바깥쪽을 두 손가락으로 집는다. (B) 오른손을 밀어 넣으면서 접힌 글러브를 펴면서 손목까지 펴면서 손목을 덮는다. (C) 멸균 글러브를 반대편 글러브의 접혀 있는 포켓 안쪽으로 넣는다. (D) 왼손을 글러브 안쪽으로 밀어 넣는다. (E) 글러브를 잡아당겨 손목 위로 올린다. (F) 접촉에 주의하며 손목 위쪽으로 글러브를 최대한 올려서 편다.

7) 외과적 손 씻기(Surgical Scrub)

모든 멸균 상태의 수술팀 구성원은 수술실에 들어가기 전에 반드시 손과 팔을 소독(surgical scrub)해야 한다.

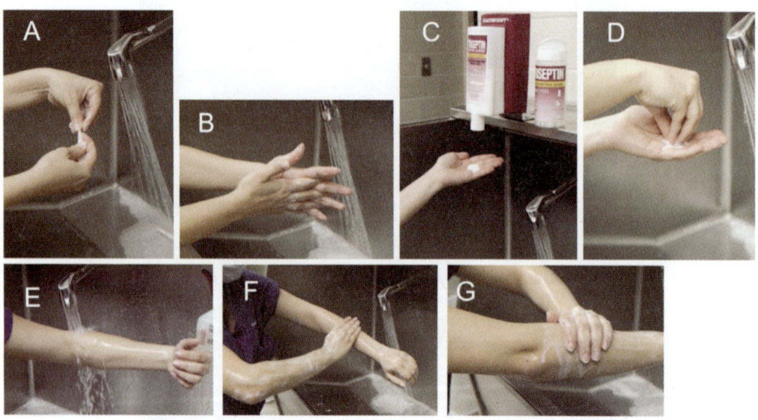

출처: Fossum. Fifth edition. FIG. 6.2.

[그림 4-20] 솔 없이 외과적 손 씻기

▶ (A) 세정액을 발라 손톱 아래를 잘 씻는다. (B) 손가락 사이를 잘 문질러 흐르는 물에 씻는다. (C) 세정액을 손바닥에 받는다. (D) 손톱 끝을 세정액에 담가 소독한다. (E) 흐르는 물에 팔을 씻는다. (F) 세정액을 받아 팔에 골고루 문지른다. (G) 팔 위쪽까지 문지른다.

① 손·손톱 관리: 매니큐어가 갓 칠해진 경우 미생물 증가와 관련성은 없지만, 4일 이상 된 매니큐어나 갈라진 매니큐어는 더 많은 세균 감염과 연관된다.

② 인공 손톱(예: 팁, 래핑, 테이프 등)은 금지된다. 인공 손톱을 가진 사람의 손끝에서는 자연 손톱보다 더 많은 그람 음성균이 배양되었으며, 이는 손 씻기 전후 모두 마찬가지였다.

③ 인공 손톱과 자연 손톱 사이에서 곰팡이 성장이 보고되었으며, 이는 수술 상처를 오염시킬 수 있다.

④ 손과 팔은 반드시 개방성 병변이나 피부 손상이 없어야 하는데, 피부 감염은 수술 상처를 오염시킬 수 있기 때문이다.

⑤ 손 씻기 절차

- 스크럽을 시작한 후에는 비멸균 물체를 만질 수 없다.
- 만약 손이나 팔이 비멸균 물체(심지어 다른 수술 인력 포함)에 닿으면, 소독을 처음부터 다시 해야 한다.
- 소독 중 및 소독 후에는 손을 팔꿈치보다 높게 유지하여, 물과 비누가 깨끗한 부위(손)에서 덜 깨끗한 부위(팔꿈치)로 흘러가도록 해야 한다.
- 소독이 끝나면 멸균 수건으로 손과 팔을 말린다. 수건을 집어 들 때는 멸균 테이블에 물이 떨어지지 않도록 주의하며, 손에서 팔꿈치 방향으로 닦는다.
- 허리를 굽혀 수건 끝이 수술복에 닿지 않도록 한다.
- 한쪽을 다 닦으면, 마른 손으로 수건의 다른 끝을 잡아 반대쪽 손과 팔을 같은 방식으로 닦는다.
- 사용한 수건은 지정된 용기나, 없으면 바닥에 버린다.
- 손은 절대 허리 아래로 내리지 않는다.

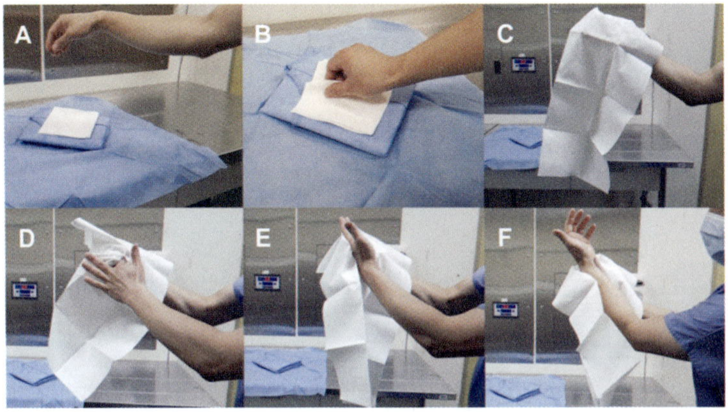

[그림 4-21] 일회용 수술복 개봉 후 물기 제거 과정

▶ (A) 일회용 수술복 맨 위에 있는 타월을 두 손가락으로 집는다. (B) 집어 올린다. (C) 타월을 편다. (D) 손가락을 닦는다. (E) 손등과 손바닥을 닦는다. (F) 팔을 닦는다.

⑥ 최근 브러시로 피부를 긁어내는 방법 대신 손을 부드럽게 문지르는 방식과 알코올 기반 손소독제를 사용하여 준비 시간을 단축하고 피부 손상 및 박테리아 오염을 줄이는 것을 권장한다('세게 문지르기[scrubbing]' 대신 '부드럽게 문지르기[rubbing]').

멸균은 수술 기구와 의료 장비에서 모든 미생물을 제거하여 감염 위험을 없애는 과정입니다. 멸균을 하기 전에는 항상 혈액과 유기물질을 철저히 세척해야 하며, 초음파 세척기를 이용하면 기구의 상자형 관절이나 날 사이에 끼어 있는 오염물을 효과적으로 제거할 수 있습니다

8) 소독제(Scrub Solutions)

① 이용되는 항균 비누 및 세정제는 빠른 작용, 광범위 항균 스펙트럼, 피부 자극이 적고, 세균의 빠른 재증식을 억제해야 한다.

② 일부 손 소독제는 피부 각질층(stratum corneum)에 결합하여 잔여 항균 효과를 유지한다. 이는 장갑이 손상되었을 때 장갑 내부에서 세균 증식이 빨라지므로 매우 중요하다.

③ 수성 소독제(aqueous scrubs): 클로르헥시딘(chlorhexidine), 포비돈 요오드(povidone–iodine), 헥사클로로펜(Phisohex) 등을 포함한다. 브러시나 스폰지를 이용해 시간 기준에 따라 손과 팔을 씻는다.

④ 알코올 소독제(alcohol rubs): 알코올 + 클로르헥시딘, 포비돈 요오드 등의 성분으로, 브러시나 스폰지 사용 없이 손과 팔에 문지른다. 1990년대 후반 도입된 알코올 소독제는 물 기반이 아닌 형태(ABWL) 혹은 물 보조형(ABWA)으로 분류된다. ABWL은 사용이 간편하고 부작용이 적으며, 매우 빠른 살균 효과를 보이고 접촉 시간이 짧다.

⑤ 수술 전 반지, 시계 등 모든 장신구는 제거(세균 저장소 역할)하고, 손톱은 짧고 깨끗하게 자연 상태를 유지한다.

[표 4-3] 수술 전 스크럽(Surgical scrub)에 사용되는 일반적인 세정제

항균성 세정제	작용 기전	특성
Chlorhexidine gluconate (클로르헥시딘)	세포벽과 세포 단백질 파괴	• 광범위(그람 음성균이나 곰팡이보다 그람 양성균에 더 효과적) • 살바이러스제 • 각질과 결합하여 잔류 작용 • 유기물에 의해 불활성화되지 않음 • 피부 자극 적음
Hexaachlorophene	세포벽과 세포 단백질 파괴	• 그람 양성구균의 정균제 • 그람 음성균, 곰팡이 또는 바이러스에 대한 최소 작용 • 유기물에 의하여 불활성화 안 됨 • 알코올에 의해 무효화됨 • 신경 독성 가능
Iodophors (포비돈-요오드)	세포벽 침투, 산화, 미생물 성분을 free iodine로 대체	• 광범위(그람 음성균, 그람 양성균, 곰팡이, 바이러스) • 포자에 작용 가능 • 유기물에 의해 불활성화됨 • 피부 소독 후 최소 2분의 시간 필요
Parachlorometaxylenol	세포벽 파괴와 효소 불활성화	• 광범위(그람 음성균, 곰팡이, 바이러스보다 그람 양성균에 효과적) • 발현 작용 시간이 김
Triclosan	세포벽 파괴	• 광범위(녹농균에 효과 없음) • 유기물에 의한 최소 영향
Alcohol-based solutions	위의 다양한 기전들의 조합	• 광범위(그람 음성균, 그람 양성균, 곰팡이, 바이러스)

출처: Fossum. Fifth edition.

제5장

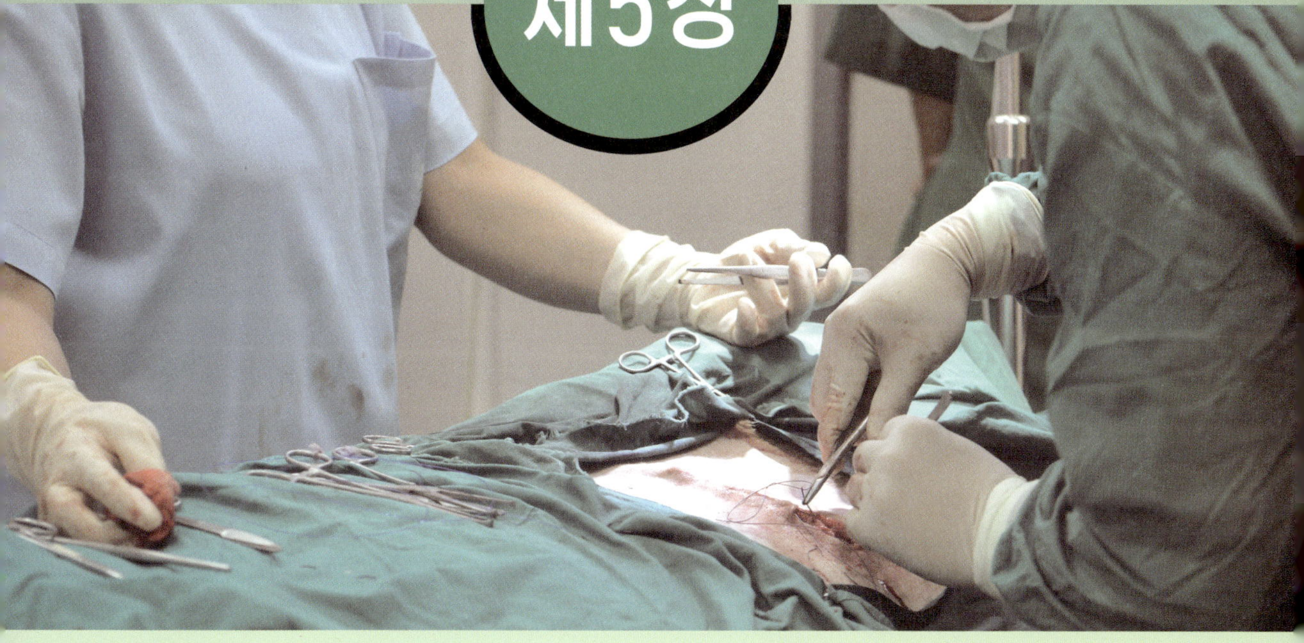

마취 및 모니터링

1. 마취의 종류와 단계 및 삽관
2. 호흡 마취의 이해
3. 마취 모니터링의 중요성 및 방법
4. 마취에서 동물보건사의 역할

1. 마취의 종류와 단계 및 삽관

1) 마취의 정의와 목적

마취(痲醉, anesthesia)는 동물의 의식, 감각, 운동 및 자율신경 기능을 일시적으로 억제하여 수술, 진단, 치료적 처치를 안전하게 수행할 수 있도록 하는 과정이다.

동물 의학에서 마취의 주요 목적은 다음과 같다.

(1) 통증 차단: 수술 및 처치 중 통증을 억제하여 동물 복지를 보장한다.
(2) 운동 억제: 환자가 움직이지 않도록 하여 외과적 처치를 원활하게 한다.
(3) 불안 완화: 낯선 환경과 처치에 따른 불안과 스트레스를 줄인다.
(4) 생리적 안정 유지: 수술 중 항상성(homeostasis)을 유지하고 생명을 보호한다.

2) 마취의 역사와 발전

(1) 고대: 아편, 알코올, 약초(대마, 맨드레이크 등)가 진통 및 진정 목적으로 사용되었다.
(2) 19세기: 에테르(ether), 클로로포름(chloroform), 아산화질소(N_2O)와 같은 호흡 마취제가 개발되면서 현대적 마취의 시작이 이루어졌다.
(3) 20세기 이후: 정맥 마취제(펜토바르비탈, 프로포폴 등), 근이완제, 호흡 마취제(할로탄, 아이소플루란, 세보플루란 등)가 도입되었다.
(4) 현대 수의학: 환자 모니터링 기술(ECG, 펄스옥시미터, 카프노그래피 등)과 마취 장비의 발달로 안전성과 정밀성이 향상되었다.

3) 동물병원에서 마취의 필요성

(1) 외과적 수술: 중성화, 정형외과, 종양 제거, 치과 수술 등 대부분의 외과적 처치는 마취 없이는 불가능하다.

(2) 영상 진단: MRI, CT, 방사선 촬영 시 움직임 억제를 위해 필요하다.

(3) 치료적 처치: 창상 봉합, 배액관 삽입, 내시경 검사 등 다양한 시술에서 요구된다.

(4) 환자 복지 향상: 불필요한 고통을 줄이고, 환자의 안정적인 회복을 돕는다.

4) 마취 관련 용어 정리

마취는 동물의학에서 필수적인 의학적 도구로, 환자의 안전과 복지를 동시에 확보하기 위해 발전해 왔다. 현대의 마취는 단순히 '잠을 재우는 것'이 아니라, 환자의 생리적 항상성을 유지하면서 안전한 수술 환경을 조성하는 종합적 관리 과정이라 할 수 있다.

마취학에서는 다양한 상황과 조건에 따라 여러 가지 전문 용어가 사용된다. 이 용어들을 정확히 이해하는 것은 임상 현장에서 환자의 상태를 파악하고 적절한 마취 계획을 수립하는 데 필수적이다.

다음은 마취와 관련하여 자주 사용되는 기본 용어의 정의와 특징이다.

(1) 진정(Sedation)

진정은 환자의 의식이 유지된 상태에서 불안, 긴장, 흥분을 줄여 안정된 상태로 만드는 것을 의미한다. 동물은 스스로 움직일 수 있으나, 행동이 억제되고 반응성이 낮아져 검사나 간단한 처치를 용이하게 할 수 있다. 진정은 마취 전 투약(pre-medication) 과정에서 흔히 사용되며, 불필요한 스트레스를 줄이고 마취 유도와 유지 과정을 안전하게 돕는 역할을 한다.

(2) 진통(Analgesia)

진통은 통증을 차단하거나 감소시키는 상태를 말한다. 이는 반드시 의식의 소실을 동반하지 않으며, 진통 효과만을 목표로 하는 약물 투여가 가능하다. 수술 전·중·후의 통증 관리에서 중요한 개념으로, 동물의 고통을 최소화하고 회복 과정을 원활하게 한다. 진통제는 마취제와 병행하여 사용됨으로써, 마취제의 용량을 줄이고 안전성을 높이는 효과도 가진다.

(3) 전신 마취(General Anesthesia)

전신 마취는 환자가 의식을 완전히 상실하고, 통증 감각 및 반사 기능, 운동 기능이 억제되는 상태를 말한다. 전신 마취 시 동물은 자발적인 움직임이 불가능하며, 외부 자극에 반응하지 않는다. 또한 기도 확보와 인공적인 산소·마취 가스 공급이 필요하다. 전신 마취는 대규모 수술이나 통증이 심한 처치에서 필수적으로 사용되며, 마취의 깊이(심도)를 지속적으로 관찰·조절하는 것이 중요하다.

(4) 국소 마취(Local Anesthesia)

국소 마취는 특정 부위의 신경 전달을 차단하여 해당 부위의 감각을 소실시키는 방법이다. 환자의 의식은 유지되며, 국소적으로만 통증 차단 효과가 나타난다. 이는 간단한 수술, 상처 봉합, 치과적 처치 등 비교적 제한된 부위의 처치에서 활용된다. 국소 마취는 전신 마취보다 안전성이 높고 회복이 빠르다는 장점이 있으나, 시술 부위와 상황에 따라 적용 범위가 제한된다.

(5) 마취 심도(Anesthetic Depth)

마취 심도는 마취의 깊이를 의미하며, 얕은 단계에서 깊은 단계까지 연속적으로 변화한다. 얕은 마취에서는 환자가 일부 자극에 반응할 수 있으며, 깊은 마취에서는 모든 반사와 근육 긴장이 소실된다. 마취 심도의 적절한 조절은 환자의 안전과 수술 성공을 위해 필수적이다. 너무 얕으면 통증이나 움직임이 발생할 수 있고, 너무 깊으면 호흡·순환 기능이 억제되어 위험해질 수 있다. 따라서 마취 과정에서는 항상 환자의 마취 심도를 관찰하고 이에 따라 약물 농도를 조절해야 한다.

5) 환자의 준비(Preparation of the Patient)

마취와 수술은 환자의 생명과 직결되는 중요한 의료 행위이므로, 안전하고 체계적인 준비 과정이 필수적이다. 환자 준비는 단순히 수술 전 처치를 넘어, 환자의 전신 상태를 평가하고 마취 및 수술 중 발생할 수 있는 위험 요소를 최소화하는 데 목적이 있다. 마취 전 환자의 준비 과정을 단계별로 기술하면 다음과 같다.

(1) 마취 및 수술 동의서(Informed Consent)

마취와 수술을 시행하기 전, 보호자에게 시술의 목적, 과정, 예상되는 위험 및 합병증에 대해 충분히 설명하고 동의를 받아야 한다. 이는 의료 윤리적 측면뿐만 아니라 법적 측면에서도 중요한 절차이다. 보호자는 마취 및 수술의 필요성과 잠재적 위험성을 이해해야 하며, 동의서는 환자의 안전을 보장하고 의료진과 보호자 간 신뢰를 형성하는 데 기여한다.

(2) 환자의 상태 확인 및 금식(Patient Condition Check and Fasting)

마취 전 환자의 전반적인 건강 상태를 확인하는 것은 필수적이다. 병력 청취(anamnesis), 신체검사, 활력 징후 측정을 통해 환자의 상태를 평가하고, 기존 질환이나 약물 복용 여부를 확인한다.

또한 위 내용물이 흡인되는 것을 방지하기 위해 금식이 필요하다. 일반적으로 성견은 수술 전 8~12시간 금식을 권장하며, 소동물이나 어린 개체의 경우 저혈당 예방을 위해 금식 시간을 단축한다. 물은 수술 2~3시간 전까지는 허용될 수 있다.

(3) 정맥 라인 설치(Intravenous Catheterization)

마취와 수술 동안 신속하고 안전한 약물 투여와 수액 공급을 위해 정맥 카테터를 설치한다. 정맥 라인은 응급 상황 시 약물 투여 경로를 즉각적으로 확보하는 역할도 한다. 보통 전지(前肢) 요측피정맥(cephalic vein)을 가장 많이 이용하나, 필요에 따라 대퇴정맥이나 귀정맥을 사용할 수도 있다. 정맥 카테터 삽입 시에는 멸균적인 방법으로 실시하여 감염을 예방한다.

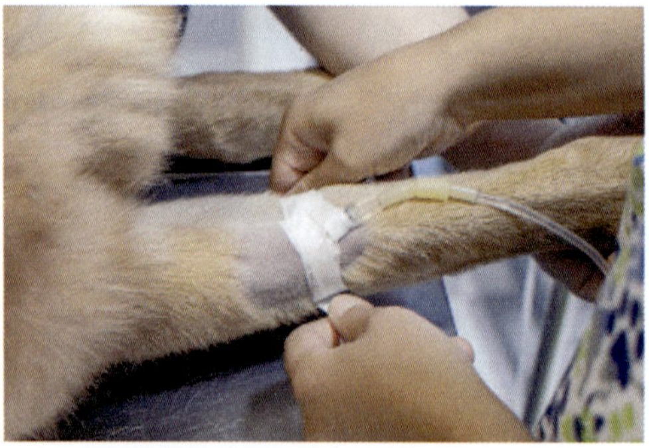

출처: DepositPhotos.

[그림 5-1] 정맥 카테터 삽입

(4) 수액 투여(Fluid Therapy)

마취 과정 중 혈압 저하, 체액 손실, 순환 장애 등이 발생할 수 있으므로 수액 요법은 중요한 준비 절차이다. 수액 투여는 환자의 순환 혈량을 유지하고, 전해질 균형을 보정하며, 약물의 체내 분포를 원활하게 한다. 일반적으로 등장성 용액(예: 0.9% NaCl, Lactated Ringer's solution)이 사용되며, 환자의 체중, 수술 종류, 전신 상태에 따라 투여 속도와 용량을 조절한다.

(5) 마취 전 검사(Pre-Anesthetic Examination and Tests)

마취 전 검사는 환자의 마취 적합성을 평가하고, 마취 중 발생할 수 있는 위험 요인을 사전에 파악하는 과정이다. 기본적으로 혈액학적 검사(CBC), 혈액화학 검사, 전해질 검사, 흉부 방사선 촬영, 심전도 검사 등이 시행된다. 노령 환자, 심혈관 질환 의심 환자, 또는 특수 질환이 있는 경우에는 추가 검사가 필요하다. 이러한 검사를 통해 환자의 신체 상태를 객관적으로 평가하고, 적절한 마취 방법과 약제를 선택할 수 있다.

환자의 준비는 마취와 수술의 안전성을 높이는 가장 기초적이면서도 중요한 단계이다. 동의서 확보를 통한 보호자와의 신뢰 형성, 정확한 환자 평가 및 금식, 정맥 라인 확보, 적절한 수액 요법, 철저한 마취 전 검사 등을 통해 수술 위험을 최소화하고 성공적인 마취와 수술을 보장할 수 있다.

6) 마취 전 준비

마취는 환자에게 필연적으로 일정한 위험을 수반하므로, 마취 전 철저한 준비가 필요하다. 안전한 마취 관리를 위해서는 환자의 전반적인 건강 상태를 파악하고, 개별 특성에 맞는 마취 계획을 수립하는 과정이 선행되어야 한다. 마취 전 준비는 크게 환자 평가, 신체검사, 그리고 진단 검사로 나누어 진행할 수 있다.

(1) 환자 평가(Patient evaluation)

마취 계획을 세우는 첫 단계는 환자의 과거와 현재의 건강 상태를 정확히 확인하는 것이다. 이를 위해 병력 청취(history taking)가 필수적이며, 다음과 같은 항목들을 중점적으로 확인한다.

① 연령, 품종, 성별, 체중은 마취제 선택 및 용량 계산에 직접적인 영향을 주는 기본 정보이다. 예를 들어, 어린 동물이나 노령 동물은 약물 대사 능력이 낮아 보다 세심한 주의가 필요하다.

② 기저 질환 여부를 확인해야 한다. 심장 질환, 신장 질환, 간 질환과 같은 만성 질환은 마취 중 합병증 발생 가능성을 높이며, 약물의 선택과 용량 결정에 직접적인 영향을 미친다.

③ 최근 복용 약물 및 예방접종 내역 또한 반드시 확인해야 한다. 특정 약물은 마취제와 상호작용을 일으켜 예상치 못한 반응을 유발할 수 있고, 예방접종 여부는 전신 상태와 면역력 평가에 중요한 자료가 된다.

④ 이전 마취 경험과 부작용 여부를 기록하는 것도 중요하다. 과거에 마취 도중 이상 반응(예: 저혈압, 부정맥, 회복 지연 등)이 있었던 환자는 같은 상황이 재발할 가능성이 높기 때문이다. 또한 알레르기 및 특이 반응 여부를 반드시 확인하여, 특정 약물이나 물질에 대한 과민 반응을 예방해야 한다.

(2) 신체검사(Physical examination)

마취 전 환자의 현재 상태를 파악하기 위해 철저한 신체검사를 실시한다.

① 체온, 맥박, 호흡 상태를 확인하여 활력 징후(vital signs)를 평가한다. 이는 기본적인 생리적 안정성을 확인하는 가장 중요한 과정이다.

② 점막 색과 모세 혈관 재충만 시간(CRT)을 확인하여 순환 상태를 평가한다. 점막이 창백하거나 CRT가 지연될 경우, 순환기 이상이나 빈혈, 탈수 등이 의심될 수 있다.

③ 청진을 통해 심음과 폐음을 확인한다. 심잡음이나 부정맥, 비정상적인 호흡음은 마취 중 중대한 합병증으로 이어질 수 있으므로 반드시 기록해야 한다.

④ 체수분 상태를 평가한다. 피부 탄력 검사, 안구의 함몰 정도는 탈수 여부를 간단히 확인할 수 있는 방법이다.

(3) 진단 검사(Laboratory tests)

마취 전 검사는 환자의 내과적 상태를 객관적으로 평가하고, 마취 위험을 최소화하기 위해 시행한다.

① 혈액 검사가 기본적으로 시행된다. 전혈구 검사(CBC)를 통해 빈혈, 감염 여부를 확인하고, 혈청 화학 검사를 통해 간과 신장 기능을 평가한다. 이는 약물 대사 능력과 배설 능력을 가늠하는 데 필수적인 정보이다.

② 영상 검사는 필요에 따라 시행한다. 흉부 방사선 검사는 심폐 기능을 평가하고, 심장초음파는 심질환이 의심될 때 매우 유용하다.

③ 그 외 소변 검사, 혈액가스 분석 등이 추가로 이루어질 수 있다. 소변 검사는 신장 기능 평가에 도움을 주며, 혈액가스 검사는 산-염기 균형과 호흡 상태를 직접적으로 확인할 수 있다.

마취 전 준비는 단순히 환자의 기본 정보를 기록하는 수준을 넘어, 환자의 전신 상태를 종합적으로 평가하여 맞춤형 마취 계획을 수립하는 과정이다. 병력 청취, 신체검사, 그리고 적절한 진단 검사를 통해 얻은 정보를 토대로 환자의 위험도를 정확히 평가하고, 이를 기반으로 안전하고 효과적인 마취를 시행할 수 있다.

(4) 마취 위험도 분류

미국마취과학회(American Society of Anesthesiologists, ASA)의 분류 기준은 동물 환자에도 적용된다. 이 분류는 마취 전 위험도를 예측하고, 보호자에게 설명할 때 유용하다.

[표 5-1] 마취 위험도 분류(ASA 분류)

등급	환자 상태	예시
ASA I	건강한 환자, 질환 없음	건강한 어린 동물의 중성화 수술
ASA II	경미한 전신 질환	경미한 탈수, 경증 치주 질환
ASA III	중등도 전신 질환	조절되는 심잡음, 신부전 초기
ASA IV	중증 전신 질환, 생명 위협 가능	심부전, 패혈증
ASA V	수술하지 않으면 생존 불가능한 말기 상태	-

7) 마취 약물

(1) 개요

마취 약물은 수술 시 환자의 의식, 통증, 반사 및 근육 긴장을 조절하기 위해 사용되며, 크게 진정제와 진통제, 마취 유도제, 호흡 마취제, 근이완제, 길항제로 구분된다. 이러한 약물들은 단독으로 사용되기도 하지만, 대부분은 병용하여 사용함으로써 각 약물의 장점을 극대화하고 부작용을 최소화한다. 약물의 선택과 용량은 환자의 종, 나이, 체중, 기저 질환, 수술의 종류와 시간에 따라 달라지므로 신중한 고려가 필요하다.

(2) 진정제 및 진통제(Sedatives & Analgesics)

마취 전 투약(premedication)으로 가장 널리 사용되는 약물이 진정제와 진통제이다. 이들 약물은 환자의 불안과 흥분을 줄이고 통증을 억제하며, 마취제의 요구량을 감소시켜 마취의 안전성을 높인다.

① 아편유사제(Opioids)

대표적으로 모르핀, 펜타닐, 부프레노르핀, 메토돈 등이 있으며, 강력한 진통 효과와 진정 작용을 나타낸다. 수술 전·중·후의 통증 억제에 매우 효과적이지만, 호흡 억제, 구토, 서맥 등의 부작용을 일으킬 수 있다.

② 벤조디아제핀(Benzodiazepines)

디아제팜(Diazepam), 미다졸람(Midazolam) 등이 여기에 해당한다. 불안 완화, 진정 및 근이완 작용이 있으며, 특히 노령이나 허약 환자에서 안전성이 높다. 그러나 단독 사용 시에는 진정 효과가 약해 다른 약물과 병용하는 경우가 많다.

③ 알파-2 아드레날린 작용제(α2-agonists)

자일라진(Xylazine), 메데토미딘(Medetomidine), 덱스메데토미딘(Dexmedetomidine) 등이 대표적이다. 강력한 진정, 진통, 근이완 효과를 가지지만, 심박수 및 호흡 억제, 혈압 변화 등 순환기 부작용을 일으킬 수 있으므로 고위험 환자에서는 주의가 필요하다.

④ 페노티아진계 진정제(Phenothiazines)

아세프로마진(Acepromazine)이 대표적이다. 불안을 감소시키고 진정 및 항구토 작용을 가지며, 수술 전 안정화에 유용하다. 그러나 혈압 저하와 저체온을 유발할 수 있으므로 용량 조절에 주의해야 한다.

(3) 마취 유도제(Induction agents)

마취 유도제는 전신 마취를 신속하게 개시하기 위해 사용되는 약물로, 정맥으로 투여하여 효과가 빠르게 나타난다.

① 프로포폴(Propofol)

정맥 주사 시 빠른 유도와 회복을 보이며, 항경련 효과도 가지고 있어 안전성이 높다. 그러나 저혈압과 호흡 억제를 일으킬 수 있으므로 용량과 속도 조절이 중요하다.

② 케타민(Ketamine)

NMDA 수용체를 차단하여 해리 마취를 유발한다. 심혈관계 기능을 안정적으로 유지하면서 진통 효과도 제공한다. 그러나 근긴장, 침분비 증가 등의 부작용이 나타날 수 있어 보조 약물과 병용하는 경우가 많다.

③ 알파-2 작용제 병용

프로포폴이나 케타민과 함께 사용하면 진정 및 진통 효과를 보강하여 안정적인 마취 유도를 가능하게 한다.

(4) 호흡 마취제(Inhalation anesthetics)

호흡 마취제는 기도 확보를 통해 투여되며, 마취 심도의 조절이 용이하고 장시간 수술에도 적합하다.

① 아이소플루란(Isoflurane)

가장 널리 사용되는 호흡 마취제로, 심혈관 안정성이 우수하고 회복이 빠르다. 다만, 자극적인 냄새와 호흡 억제를 유발할 수 있다.

② 세보플루란(Sevoflurane)

흡수와 배설이 빠르며, 마취 심도 조절이 용이하다. 회복이 매우 빠르지만 비용이 비교적 높다.

③ 데스플루란(Desflurane)

초단시간 작용과 매우 빠른 회복을 특징으로 하지만, 가격이 고가이고 기도 자극을 유발할 수 있다.

(5) 근이완제(Muscle relaxants)

근이완제는 외과적 조작을 용이하게 하고, 기관 내 삽관을 안전하게 시행하기 위해 사용된다.

① 탈분극성 근이완제

석시닐콜린(Succinylcholine)이 대표적이다. 작용이 빠르고 지속 시간이 짧아 기도 삽관 시 유용하다. 그러나 서맥, 고칼륨혈증 등의 위험이 있어 주의가 필요하다.

② 비탈분극성 근이완제

베쿠로니움(Vecuronium), 로쿠로니움(Rocuronium) 등이 있으며, 안정적인 근이완 효과를 나타낸다. 다만, 효과를 역전시키기 위해 네오스티그민 등의 길항제가 필요하다.

(6) 길항제(Antagonists)

마취 및 진정제의 작용을 역전시키는 약물은 회복기에 환자의 안전을 보장하는데 필수적이다.

① 날록손(Naloxone): 아편유사제의 작용 길항
② 아티파메졸(Atipamezole): 알파-2 작용제의 길항
③ 플루마제닐(Flumazenil): 벤조디아제핀의 길항

마취 약물의 선택은 환자의 상태, 수술의 종류와 시간에 따라 달라진다. 다양한 약물을 병용함으로써 진정, 진통, 근이완 효과를 최적화하고, 부작용을 최소화하는 것이 안전한 마취 관리의 핵심이다. 특히 마취 유도제와 호흡 마취제의 조합은 마취 심도의 조절과 회복에 큰 장점을 제공하며, 길항제의 적절한 사용은 회복기 안전을 보장한다.

8) 마취 방법

마취는 크게 전신 마취와 국소 및 부위 마취로 구분된다. 각각의 방법은 수술의 종류, 환자의 전신 상태, 연령, 체중, 기저 질환 등에 따라 선택적으로 적용되며, 적절한 마취 방법의 선택은 환자의 안전성과 수술 성공률을 결정하는 핵심 요소이다.

(1) 전신 마취(General Anesthesia)

전신 마취는 의식이 완전히 소실되고, 통증 인식과 반사 작용, 운동 기능이 억제되는 상태를 유도하는 방법이다. 대부분의 외과적 수술에서 필수적으로 사용되며, 일반적으로 정맥 마취제와 호흡 마취제가 병용되어 적용된다.

① 정맥 마취(Intravenous Anesthesia)

정맥 마취는 약물을 정맥으로 투여하여 빠르게 마취를 유도하는 방법이다.

- 사용 약물: 프로포폴(propofol), 케타민(ketamine), 알파-2 작용제(α2-agonist) 등이 대표적이다.
- 특징: 빠른 마취 유도와 회복이 가능하며, 짧은 시간 동안 진행되는 수술이나 처치에 적합하다.
- 단점: 장시간 유지에는 한계가 있으며, 반복 투여 시 약물의 누적 효과가 나타날 수 있다.

② 호흡 마취(Inhalation Anesthesia)

호흡 마취는 휘발성 마취제를 흡입시켜 마취를 유지하는 방법으로, 현대 수의 마취에서 가장 널리 활용된다.

- 사용 약물: 아이소플루란(isoflurane), 세보플루란(sevoflurane), 데스플루란(desflurane) 등이 대표적이다.
- 특징: 마취 심도의 조절이 용이하며 장시간 수술에도 안정적으로 적용할 수 있다.
- 필수 장비: 마취기(anesthesia machine), 흡입 회로(breathing circuit), 산소 공급 장치 등이 필요하다.

③ 정맥-호흡 병용 마취(Balanced Anesthesia)

정맥 마취제와 호흡 마취제를 병용하는 방법으로, 흔히 밸런스드 마취라고 불린다.

- 정의: 정맥 마취제를 이용하여 빠르게 마취를 유도한 후, 호흡 마취제를 사용하여 마취를 유지하는 방법이다.
- 장점: 각 약물의 사용량을 줄여 부작용을 최소화할 수 있으며, 보다 안정적인 마취 심도를 유지할 수 있다.

(2) 국소 및 부위 마취(Local & Regional Anesthesia)

국소 마취는 특정 부위의 신경 전달을 차단하여 해당 부위의 감각을 소실시키는 방법으로, 수술의 종류나 환자의 상태에 따라 전신 마취와 병행되기도 한다.

① 침윤 마취(Infiltration Anesthesia)

마취제를 직접 조직 내에 주입하여 국소 부위를 마취하는 방법이다. 작은 절개나 봉합과 같은 간단한 수술 시 유용하다.

② 신경 차단 마취(Nerve Block)

특정 신경 주변에 국소 마취제를 주사하여 해당 신경이 지배하는 영역의 감각을 차단하는 방법이다.

예) 치과 수술 시 하악신경 차단, 사지 수술 시 말초신경 차단 등

③ 척수강 및 경막 외 마취(Spinal & Epidural Anesthesia)

가. 척수강 마취(Spinal anesthesia): 국소 마취제를 지주막하 공간(subarachnoid space)에 주사하여 빠르고 강력한 차단 효과를 나타낸다.

나. 경막 외 마취(Epidural anesthesia): 국소 마취제를 경막 외 공간(epidural space)에 주입하여 비교적 완만하지만 지속적인 진통 효과를 유도한다.

예) 제왕절개 수술, 후지 수술, 대동물 외과 수술 등

[표 5-2] 주사 마취와 호흡 마취의 장단점 비교

구분	장점	단점
주사 마취 (Injectable anesthesia)	• 투여가 간편하고 신속하게 시행 가능 • 별도의 흡입장치 없이 사용 가능 • 가격이 상대적으로 저렴함 • 초기 진정 및 마취 유도에 효과적	• 한번 투여하면 효과를 되돌리기 어려움 • 혈중 농도 조절이 어려움 • 호흡 억제, 심혈관 억제 위험 • 장시간 마취에는 부적합
호흡 마취 (Inhalation anesthesia)	• 마취 심도 조절이 용이함 • 장시간 마취에 적합 • 투여를 중단하면 빠른 회복 가능 • 다양한 기도 관리(기관 내 삽관 등)와 병행 가능	• 마취기계, 마취가스 공급장치 필요 • 비용이 높음 • 기도 확보가 필수적임 • 일부 가스는 환경 오염 및 인체 유해 가능성 있음

마취 방법은 크게 전신 마취와 국소 및 부위 마취로 나눌 수 있다. 전신 마취는 대다수 외과적 수술에서 필수적이며, 정맥 마취와 호흡 마취가 병용되어 안전성과 효과를 높일 수 있다. 반면 국소 및 부위 마취는 특정 부위의 감각만을 차단하는 방법으로, 단독 또는 전신 마취와 병행하여 활용된다. 환자의 상태, 수술 부위, 종과 연령을 종합적으로 고려하여 적절한 마취 방법을 선택하는 것이 환자의 안전과 수술 성공률을 보장하는 핵심이다.

9) 기관 내 삽관(Endotracheal Intubation)

(1) 삽관의 정의와 목적

기관 내 삽관은 환자의 기도를 확보하기 위해 기관(trachea) 내부에 적절한 직경과 길이의 기관 내 튜브(endotracheal tube, ET tube)를 삽입·고정하는 기술을 말한다. 이를 통해 기도를 안정적으로 유지할 수 있으며, 마취 회로와 연결하여 산소와 호흡 마취제를 정확하게 전달하고 필요할 경우 양압 환기(Positive Pressure

Ventilation, PPV)를 수행할 수 있다.

삽관의 주요 목적은 다음과 같이 요약할 수 있다.

① 기도 확보 및 유지: 상기도 붕괴나 폐쇄 위험에서 환자의 기도를 기계적으로 열어둔다.

② 산소·마취가스 전달: 원하는 농도의 호흡 마취제와 산소를 안정적으로 공급할 수 있다.

③ 흡인 예방: 구토물, 침, 혈액 등의 하기도 흡인을 최소화한다.

④ 양압 환기 수행: 저환기 또는 무호흡 상황에서도 확실한 환기를 제공할 수 있다.

⑤ 모니터링 향상: 호기말 이산화탄소(ETCO$_2$), 기도 압력 등 객관적인 기도 파라미터 측정이 가능하다.

즉, 기관 내 삽관의 핵심 목표는 산소 공급, 기도 보호, 환기 제어의 세 가지로 요약할 수 있다.

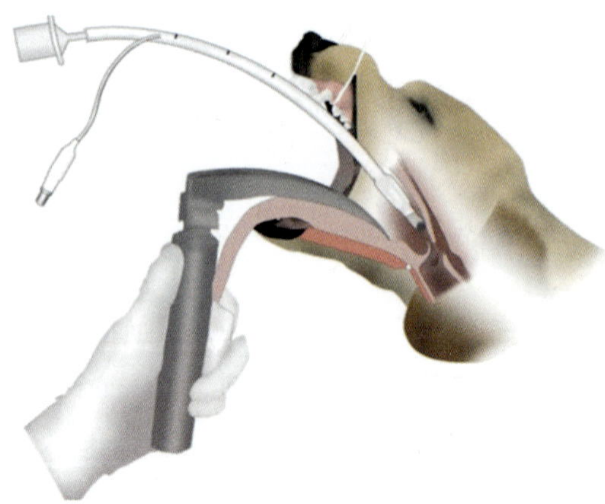

출처: Dog Tracheal intubation. YouTube.

[그림 5-2] 기관지 튜브 삽입 과정

(2) 삽관 준비물 및 장비

안전한 삽관은 철저한 준비에서 출발한다. 필요한 장비는 크게 기본 장비와 보조 장비로 구분된다.

① 기본 장비

가. 기관 내 튜브(ET tube): 환자 크기(내경 ID 기준)에 맞춰 다양한 기관 내 튜브를 준비한다. 커프형/무커프형, 방사선 불투과성 마커 여부도 확인한다.

나. 후두경(laryngoscope): 소동물에는 밀러(Miller) 또는 매킨토시(Macintosh) 블레이드를 사용하며, 광원과 배터리를 반드시 점검한다.

다. 윤활제: 멸균 젤을 사용하여 삽관 시 점막 손상을 줄인다.

라. 커프 주입기: 5~10mL 주사기와 커프 압력계(manometer)를 함께 사용하여 적절한 압력을 유지한다.

마. 고정재: 거즈, 테이프, 끈 등을 준비하고 치아와 피모를 보호할 패드를 함께 사용한다.

바. 흡인기와 카테터: 구강 및 기도 내 분비물이나 혈액을 제거하기 위해 반드시 준비한다.

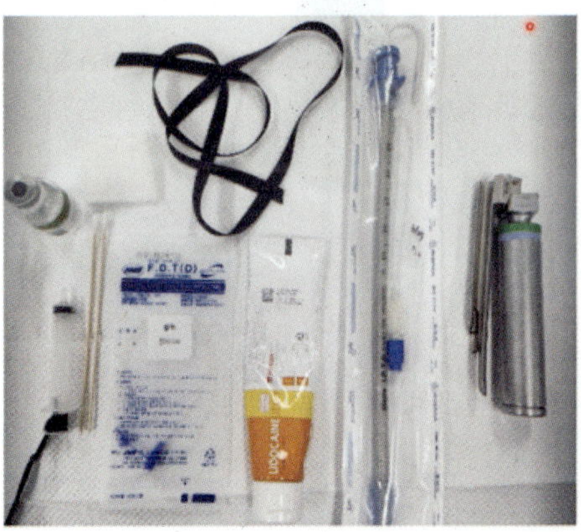

출처: 손원균 교수 YouTube. 소동물 수의 마취.

[그림 5-3] 삽관 준비물

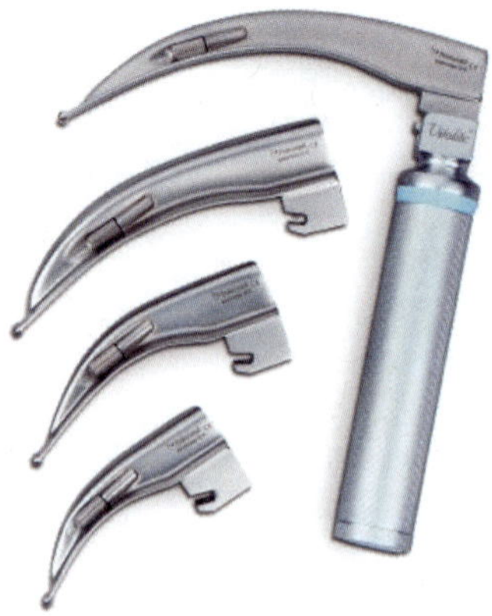

출처: 구글 이미지.

[그림 5-4] 후두경

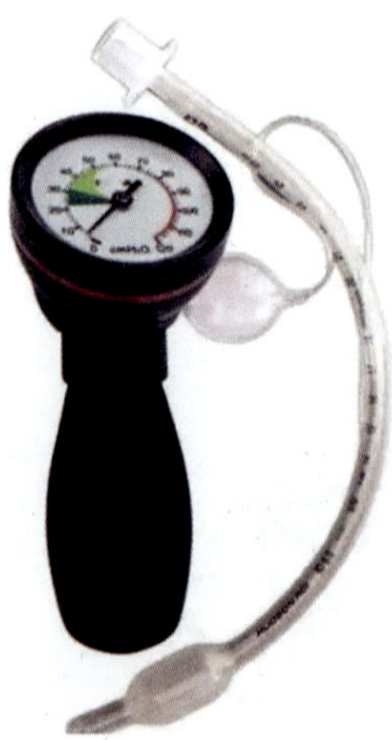

출처: AliExpress 이미지.

[그림 5-5] 기관 내 튜브 압력계

② 튜브 선택 원칙

가. 직경: 지나치게 크면 손상 위험이, 작으면 누출과 기계적 저항이 증가한다.

나. 길이: 분기부(carina)에서 1~3cm 근위부에 위치하도록 미리 측정한다.

다. 커프형 vs 무커프형: 성견과 성묘에서는 커프형을 권장하며, 미숙 동물이나 소형 개체에서는 무커프형이나 마이크로커프를 사용할 수 있다.

라. 항상 예상 크기와 함께 ±1단계의 작은 튜브와 큰 튜브를 동시에 준비하는 것이 원칙이다.

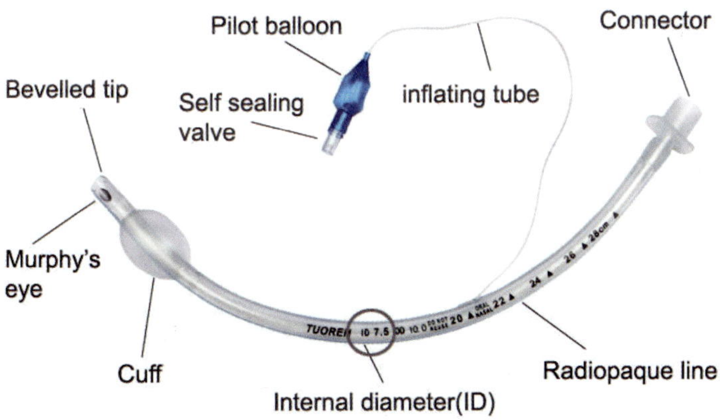

출처: 구글 이미지.

[그림 5-6] 기관 내 튜브 명칭과 구조

(3) 삽관 방법

① 환자 준비

가. 사전 산소화: 마취 유도 3~5분 전 100% 산소를 투여하여 저산소증을 예방한다.

나. 마취 유도: 의식 소실과 턱 이완, 삼킴 반사가 소실된 것을 확인한다.

다. 체위: 배측위 또는 측와위에서 두부와 경부를 신전시켜 성문 노출을 용이하게 한다.

라. 구강 정리: 혀를 부드럽게 전방으로 당기고, 이물질과 분비물을 제거한다.

② 단계별 삽관

가. 구강을 열고 후두경을 삽입하여 후두개(epiglottis)를 들어올린다.

나. 성대와 성문(glottis)을 확인한다.

다. 고양이는 후두경련 위험이 높으므로 2% 리도카인을 소량 점적 후 삽관을 시도한다.

라. 성대가 열리는 순간 튜브를 기관으로 진입시킨다.

마. 깊이를 조절하여 분기부에 닿지 않도록 한다.

바. 커프를 팽창시켜 기도 누출을 최소화한다(20~30cm H_2O 유지).

사. 마취 회로와 연결 후 환기 상태를 확인하고, 튜브를 거즈나 끈으로 고정한다.

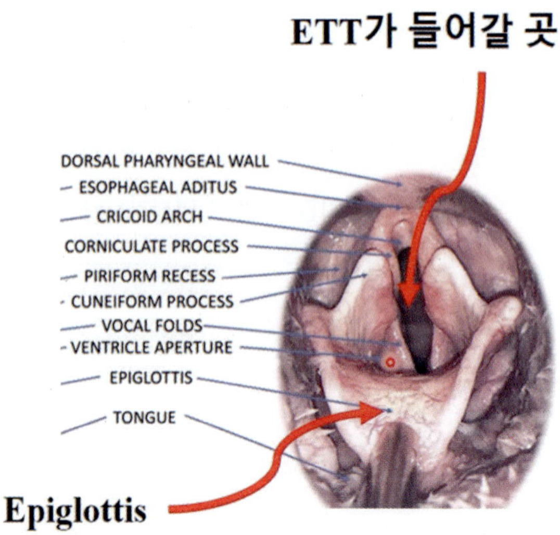

출처: 손원균 교수 YouTube. 소동물 수의 마취.

[그림 5-7] 삽관 시 성대와 후두개의 구조

③ 위치 확인

기관 내 삽관 후에는 반드시 올바른 위치에 튜브가 자리 잡았는지 확인해야 한다.

가. 먼저 흉곽의 대칭적인 상승 여부를 관찰하여 양측 폐가 고르게 환기되는지를 확인한다.

나. 이어서 청진기를 이용해 양측 폐에서 호흡음이 정상적으로 들리는지 평가한다.

다. 보다 신뢰할 수 있는 방법으로는 호기말 이산화탄소(ETCO$_2$) 파형을 확인하는 것이 있으며, 이는 삽관이 정확히 기관 내에 이루어졌음을 입증하는 가장 확실한 지표로 간주된다.

라. 호기 시 튜브 내에 맺히는 결로를 관찰하는 것도 보조적인 확인 방법이 된다.

마. 마지막으로, 환자의 체위를 변경한 후에는 튜브의 위치가 변동될 수 있으므로 반드시 재확인을 실시해야 한다.

(4) 안전 수칙과 합병증 예방

① 너무 깊게 삽입 시 한쪽 폐만 환기되어 저산소증 발생 가능성이 있으므로 반드시 삽입 깊이를 점검한다.

② 고양이는 후두경련 예방을 위해 리도카인 국소 적용과 부드러운 삽관이 필수적이다.

③ 단두종, 강아지, 비만 동물은 기도 협소 위험이 크므로 작은 튜브와 충분한 산소화가 필요하다.

④ 커프 압력은 반드시 측정하여 점막 손상을 방지해야 한다.

⑤ 응급 상황 시 재삽관 계획을 준비하고, 흡인기와 대체 산소 공급원을 항상 대기시켜야 한다.

(5) 삽관 후 관리

① 튜브 고정: 체위에 맞게 튜브를 안정적으로 고정하고 꺾임을 방지한다.
② 마취 중 관리: 체위 변경 시마다 튜브 위치와 커프 압력을 재확인한다.
③ 분비물 관리: 필요시 흡인하며, 항상 저압으로 시행한다.
④ 발관: 일반적으로 의식과 삼킴반사가 회복된 시점에서 발관한다.
⑤ 고양이는 조기 발관을 고려할 수 있으며, 단두종은 늦게 발관하는 것이 안전하다.

(6) 동물보건사의 역할

동물보건사는 삽관 준비부터 회복기까지 전 과정에 참여한다.

① 준비 단계: 환자 평가, 장비 점검, 튜브 크기 선택, 사전 산소화를 준비한다.
② 삽관 중: 시야 확보를 돕고 필요한 기구를 전달하며, 삽관 직후 커프 압력과 회로 연결을 확인한다.
③ 마취 중 관리: 활력 징후 모니터링, 체온 유지, 분비물을 제거한다.
④ 회복기: 발관 시기 보조, 기도 관리, 산소 보조, 기록 유지 등을 체크한다.

(7) 문제 발생과 대처 방법

기관 내 삽관 과정에서는 여러 가지 문제가 발생할 수 있으며, 이에 대한 적절한 대처가 필요하다.

① 먼저 성문이 잘 보이지 않을 경우에는 환자의 두부를 더 신전시키거나 외부 후두 압박(BURP maneuver)을 시행하여 시야를 확보한다.
② 삽관 시 튜브가 성대를 통과하지 못한다면 더 작은 직경의 튜브를 사용하거나 스타일렛의 곡률을 조정하여 삽입을 용이하게 한다.
③ 한쪽 폐에서만 호흡음이 들릴 경우에는 튜브가 과삽입된 상황을 의심해야 하며, 이때는 튜브를 조금씩 후퇴시켜 위치를 조정한다.
④ 마취 중 지속적인 누출음이 발생한다면 커프의 압력을 점검하고, 필요하다면 더 큰 직경의 튜브로 교체한다.
⑤ 호기말 이산화탄소(ETCO_2) 파형이 관찰되지 않을 경우에는 마취 회로가 분리되었는지 확인하고, 식도 삽관 가능성을 즉시 점검하여 조치를 취해야 한다.

2. 호흡 마취의 이해

1) 호흡 마취 이해의 중요성

호흡 마취기는 산소와 호흡 마취제를 정해진 농도로 환자에게 전달하고, 환자가 내쉰 가스에서 이산화탄소를 제거해 재활용하는 생리학과 공학이 결합된 시스템이다. 이 장치는 단순히 기화기를 켜고 회로를 연결하는 기계가 아니라, 가스 교환·부분압·유량·압력이 서로 영향을 주고받는 동적 구조로 이해해야 한다. 따라서 장치의 각 부품을 외워 나열하는 것보다 가스가 어떻게 이동하고, 어떤 변수에 의해 농도가 변하며, 그 변화가 환자의 마취 심도와 안전에 어떤 의미를 갖는지를 전체 흐름 속에서 파악하는 것이 핵심이다.

2) 호흡 마취의 목표

호흡 마취의 목표는 뇌의 마취제 부분압(P_brain)을 원하는 범위로 도달·유지하는 것이다. 실제 측정은 어려우므로 임상에서는 폐포(또는 호기말) 부분압(P_A 또는 ET)을 지표로 삼는다. 회로와 폐, 전신 조직은 모두 '용적/유량'의 관점에서 보면 세정(wash-in)·세척(wash-out)을 겪는 용기이며, 이때 속도를 결정하는 값이 시간상수(time constant)=용적/유량이다.

(1) 회로 시간상수: 회로 용량과 신선가스유량(FGF)에 의해 결정 → 초기 농도 상승 속도를 좌우한다.
(2) 폐 시간상수: 기능적 잔기량(FRC)과 폐환기량에 의해 결정 → 마취 유도·회복 속도를 좌우한다.
(3) 조직 시간상수: 조직 용적과 관류량에 의해 결정 → 근육·지방 축적과 늦은 회복에 영향을 준다. 따라서 초기에는 높은 FGF로 회로를 빠르게 채우고, 안정기에 들어서면 낮은 FGF로 절약·안정화를 도모한다.

3) 호흡 마취기의 종류와 회로 유형

호흡 마취기는 환자에게 산소와 마취제를 안전하고 정확하게 전달하기 위해 설계된 장치로, 회로 내에서 발생하는 가스의 재호흡 여부와 배출 방식에 따라 여러 가지 형태로 구분된다. 전통적으로는 개방형 혹은 비재호흡형(non-rebreathing), 반폐쇄형, 폐쇄형 혹은 재호흡형(rebreathing) 회로로 분류하며, 각각은 구조와 원리, 임상적 장단점에서 뚜렷한 차이를 보인다.

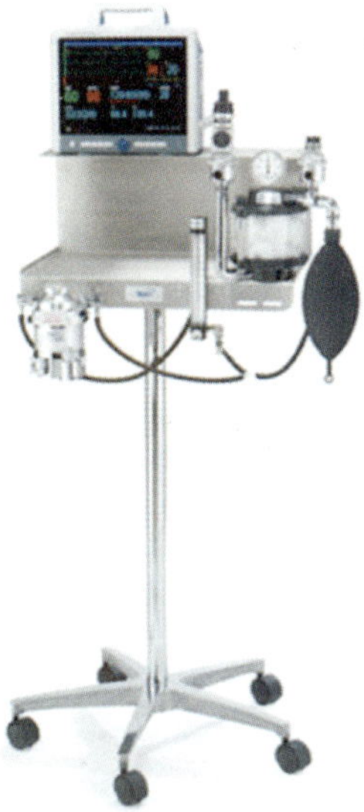

출처: 데일리 개원.

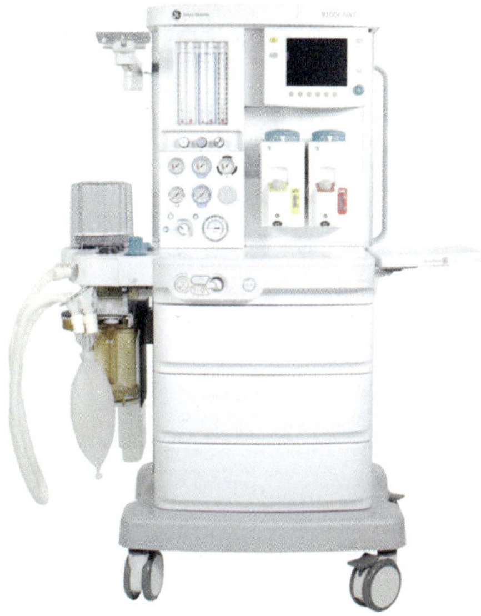

출처: 데일리벳.

[그림 5-8] 호흡 마취기

(1) 개방형(Open system) 혹은 비재호흡형(non-rebreathing)

개방형(Open system)은 환자가 흡입하는 가스가 대기와 직접 접촉하는 방식이다. 이 회로에서는 흡입된 가스가 전혀 재순환되지 않고 즉시 외부로 배출되기 때문에 구조가 단순하고 비용이 저렴하며 특별한 장치가 필요 없다. 그러나 마취제 농도를 정밀하게 조절할 수 없고, 배출된 가스가 작업 환경을 심각하게 오염시킨다는 문제점이 있다.

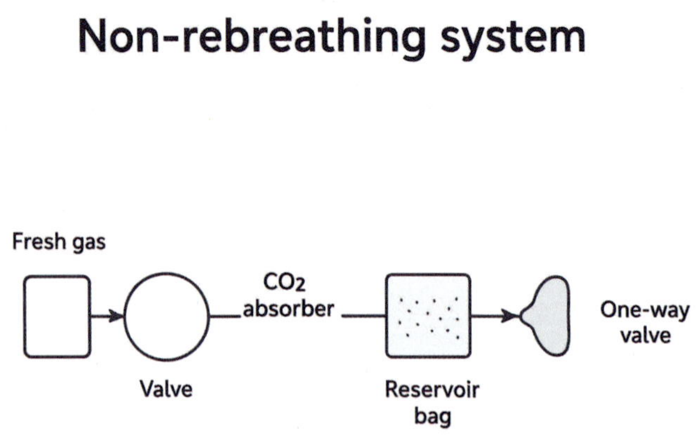

출처: ChatGPT.

[그림 5-9] 개방형 혹은 비재호흡형 회로

(2) 폐쇄형(Closed system) 혹은 재호흡형(rebreathing)

폐쇄형(Closed system) 회로는 환자가 호흡한 가스를 거의 전부 다시 환류시키는 방식이다. 이 과정에서 발생하는 이산화탄소는 소다라임(soda lime)과 같은 흡수제를 통해 제거되며, 환자가 소비한 만큼의 산소와 마취제만 최소량으로 보충된다. 가장 대표적인 예로는 서클 시스템(circle system)이 있다. 폐쇄형 회로는 신선가스 유량이 매우 적게 유지되므로 경제적이며, 마취제와 산소의 소모를 최소화할 수 있다. 또한 회로 내 가스의 온도와 습도가 보존되어 환자의 기도 점막 자극이 줄고, 장시간 마취 시 환자의 호흡기 안정성을 높일 수 있다. 하지만 구조가 복잡하여 세밀한 관리와 지속적인 모니터링이 필요하고, 초기 마취 유도 시 마취가스 농도의 상승이 느려 효과 발현이 늦어질 수 있다. 또한 회로 내부의 가스 농도 변화가 지연되므로 갑작스러운 심도 조절에는 불리하다는 단점이 있다.

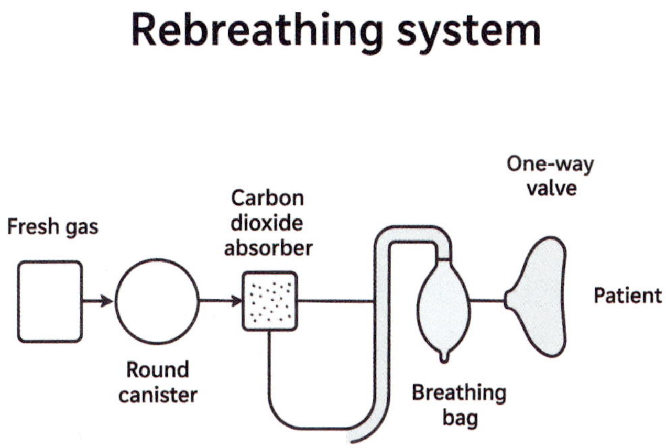

출처: ChatGPT.

[그림 5-10] 폐쇄형 혹은 재호흡형 회로

(3) 반폐쇄형(Semi-closed system)

반폐쇄형 마취 회로는 개방형과 폐쇄형 마취 회로의 특성을 절충한 방식이다. 이 회로에서는 산소와 호흡 마취제가 지속적으로 공급되며, 동시에 일부의 호기 가스가 배출된다. 즉, 환자가 호흡한 이산화탄소가 완전히 회수되어 흡입되는 것을 방지하기 위해 신선가스(fresh gas)의 공급량이 환자의 산소 소비량보다 많고, 흡기와 호기 가스가 혼합되지만 일정 부분은 배출되는 구조를 가진다.

이 회로에서 가장 중요한 특징은 환자의 호흡가스가 일부 재호흡(rebreathing) 되지만, 적절한 신선가스 유입과 이산화탄소 제거장치(흡수제)를 통해 안전하게 유지된다는 점이다. 따라서 마취제와 산소의 낭비가 줄어들면서도, 폐쇄형 회로보다 조절과 관리가 용이하다.

반폐쇄형 회로에서는 유량계(flowmeter)와 증발기(vaporizer)를 통해 정확히 조절된 농도의 산소 및 호흡 마취제가 공급된다. 또한 이산화탄소 흡수통(CO_2 absorber)이 있어 환자가 내뱉은 가스 중 이산화탄소를 제거함으로써 재호흡 시 과이산화탄소증(hypercapnia)을 방지한다. 그러나 신선가스가 항상 일정량 이상 공급되므로, 일부 가스는 배출밸브(POP-off valve)를 통해 외부로 버려진다.

이러한 구조적 특성 덕분에, 반폐쇄형 마취 회로는 마취 깊이의 조절이 빠르고 안정적이며, 수술 시간 동안 산소 공급이 안정적으로 유지된다. 또한 폐쇄형 회로에 비해 이산화탄소 축적 위험이 적고, 개방형 회로에 비해 마취제 낭비가 줄어 경제적이다.

다만, 신선가스 유량이 지나치게 낮으면 호기 가스가 충분히 배출되지 못해 이산화탄소가 축적될 수 있으므로, 적절한 유량 설정과 환자의 호흡 모니터링이 필수적이다. 따라서 반폐쇄형 시스템은 수의사의 경험과 장비 관리 능력에 따라 환자의 안전성과 마취의 질이 크게 좌우된다.

이처럼 개방형과 폐쇄형 마취 회로는 각각 뚜렷한 특성을 가지고 있으며, 역사적으로는 개방형에서 출발해 점차 발전하여 오늘날에는 주로 폐쇄형 회로가 임상에서 널리 사용되고 있다. 이를 이해하는 것은 단순히 장치의 분류를 아는 차원을 넘어, 가스 교환의 효율성과 환자 안전성을 고려한 마취 방법의 진화 과정을 이해하는 데 중요한 의미를 가진다.

4) 호흡 마취의 구성(Inhalation Anesthesia System)

(1) 호흡 마취기 구성 이해

호흡 마취는 산소와 휘발성 마취제를 일정한 농도로 혼합해 환자에게 전달하고, 환자가 내쉰 가스에서 이산화탄소를 제거한 뒤 필요한 부분은 다시 활용하는 일련의 공정이다. 이 과정은 단일 장비가 아니라 가스 공급부 → 기화부 → 환자측 회로(환기·재호흡·폐기) → 환자 인터페이스 → 모니터링·안전장치로 이어지는 시스템으로 이해해야 한다. 각 구성 요소의 기능과 상호작용을 이해하면 마취 심도의 조절, 합병증 예방, 약제·가스의 경제적 사용이 가능해진다.

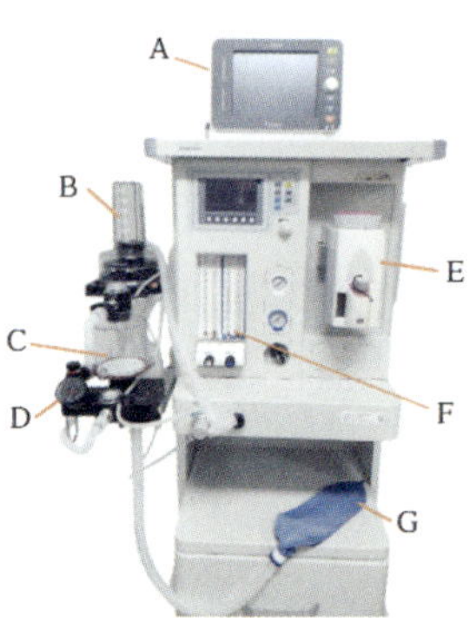

- A : 환자 감시 모니터
- B : 인공호흡기(ventilator)
- C : 소다라임
- D : 회로 내 압력계(pressure manometer)
- E : 기화기(vaporizer)
- F : 산소 유량계(flow meter)
- G : 호흡백 (rebreathing bag)
- H : 감압 밸브(pressure-reducing valve)
- I : 산소통 압력 게이지(tank pressure gauge)
- J : 산소통(oxygen cylinder)

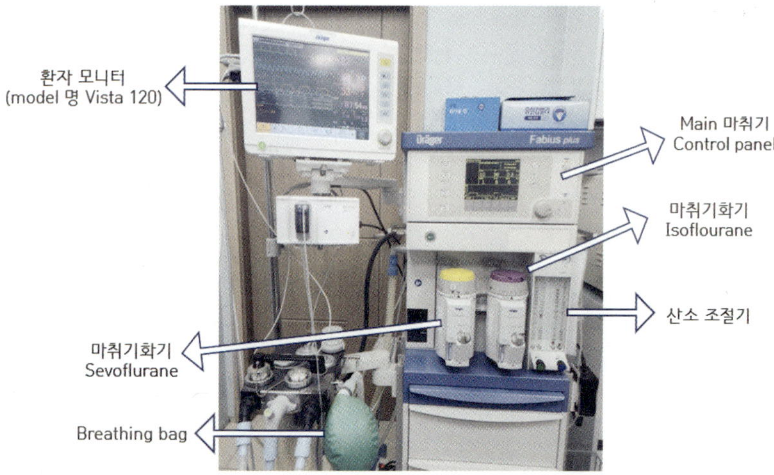

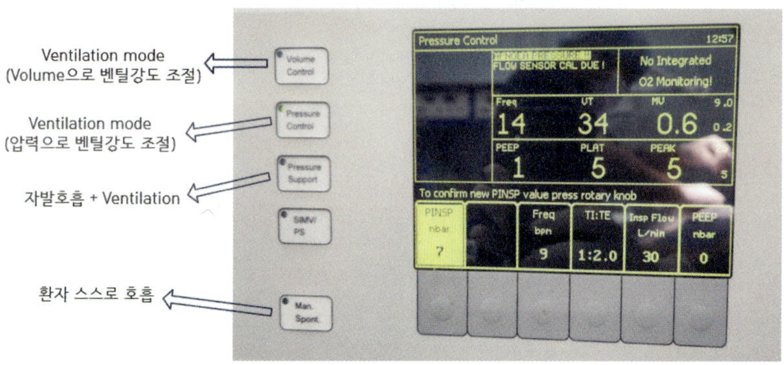

[그림 5-11] 호흡 마취기 구성

(2) 호흡 마취의 회로

호흡 마취 시스템의 가스는 보통 다음 순서로 흐른다. 고압 공급원(산소/아산화질소) → 압력조절기 → 유량계 → 기화기 → 신선가스 유입(FGF) → 환자측 회로(흡기·호기·CO_2 제거·저수백·APL 밸브) → 환자(기관 내 튜브/마스크) → 스캐빈징(폐기가스 처리). 이 전 과정에 걸쳐 압력계와 경보, 역류방지밸브, 저산소 보호장치 등이 안전망으로 배치된다.

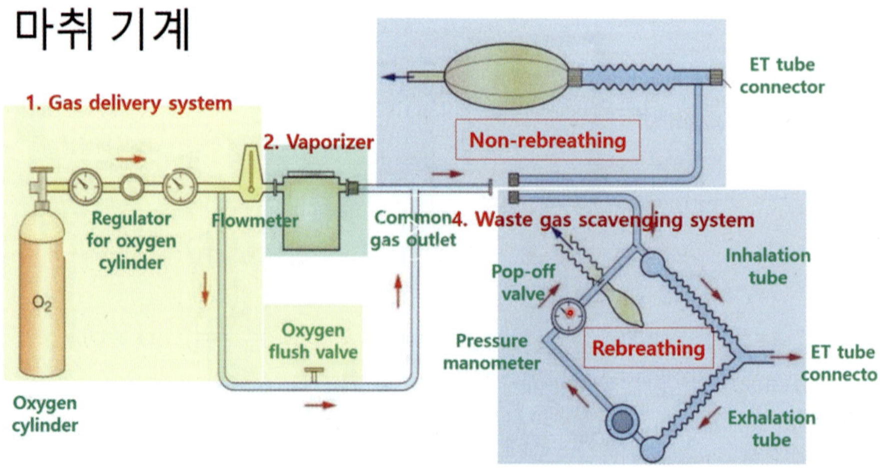

출처: 손원균 교수 YouTube, 소동물 수의 마취.

[그림 5-12] 호흡 마취기의 회로

(3) 가스 공급부: 안정적 '원료'의 시작

① 산소(O_2)와 아산화질소(N_2O) 실린더/중앙 배관

산소는 마취의 기본 운반 가스이자 생명 유지에 필수다. 실린더(고압 저장) 또는 병원 중앙 배관(중압 공급)에서 제공된다. 아산화질소는 보조 마취·진통 효과로 선택적으로 병용하지만, 저산소 혼합을 피하기 위해 항상 충분한 산소와 함께 사용한다. 각 공급원에는 내용물 압력을 읽는 압력계와 누출·혼입을 막는 전용 연결 규격이 있다.

② 압력 조절기(Pressure Regulator)

실린더의 고압 가스를 장비가 다룰 수 있는 저압(일반적으로 수십 psi 수준)으로 낮추는 장치다. 고압으로 인한 회로 손상과 환자 폐 손상을 예방한다. 일부 장비는 단계별(1·2차) 조절로 압력 변동을 더 작게 유지하며, 압력 저하나 공급 실패 시 작동하는 경보 장치가 포함될 수 있다.

③ 유량계(Flowmeter)

조절된 저압 가스를 분당 유량(L/min) 단위로 정밀 조절한다. 산소와 아산화질소 유량계는 보통 분리되어 있어 필요한 비율로 혼합할 수 있다. 유량은 환자 체중·회로 종류(재호흡/비재호흡)·마취 단계(유도/유지)에 따라 변화하며, 신선가스 유입량(FGF)은 회로 내 가스 교체 속도와 마취 심도 변화 속도를 좌우한다.

(4) 기화부

① 기화기(Vaporizer)의 역할

기화기는 액체 호흡 마취제(예: 이소플루란, 세보플루란)를 안정적으로 기체화하여 운반 가스와 혼합, 설정 농도로 출력한다. 대부분의 현대 기화기는 약제 전용(Agent-specific)이며, 온도·유량 변화에 대한 보정 기능을 갖추어 설정값과 실제 출력의 차이를 최소화한다.

② 설치와 취급

기화기는 보통 회로 외부(out-of-circuit)에 직렬로 장착된다. 장착·탈착 시 전용 커넥터로 오장착을 방지하며, 충전은 전용 포트로 누출 없이 수행한다. 기화기 기울임이 잘못된 약제 주입은 출력 오차와 환자 사고로 연결될 수 있어, 충전·점검은 표준작업절차(SOP)로 관리한다.

(5) 환자측 회로: 재호흡과 비재호흡, 그리고 핵심 부품

① 재호흡식(Circle) 회로의 구성과 작동

재호흡식 회로는 일방향 흡기·호기 밸브, 흡기/호기 호스, 이산화탄소 흡수 캐니스터, 저수 백(Reservoir bag), 팝오프(APL) 밸브, 압력계(Manometer)로 이루어진다. 환자가 내쉰 호기 가스는 호기 밸브를 지나 CO_2 흡수제를 통과하면서 이산화탄소가 제거되고, 남은 가스는 저수 백에 저장되었다가 흡기 밸브를 통해 다시 환자에게 돌아간다. 신선가스는 회로 내 특정 지점(FGF 포트)으로 지속 유입되어 산소와 마취제를 보충한다. 이 설계는 가스·열·수분 보존과 약제 절약에 유리해 중·대형 동물에서 표준으로 사용된다.

② 비재호흡식(Non-rebreathing) 회로의 개념

체중이 적게 나가는 환자는 회로 저항을 최소화하기 위해 비재호흡식 회로를 사용한다. 환자의 호기 가스는 흡수제를 거치지 않고 곧바로 배출되며, 충분히 높은 신선가스 유량으로 이산화탄소 재호흡을 방지한다. 구조는 단순하지만 가스·열·수분 손실이 크므로 환자 보온과 가습, 작업자 가스 노출 관리가 중요하다.

③ 이산화탄소(CO_2) 흡수 캐니스터

재호흡식의 심장부로, 소다라임 등의 흡수제가 충전되어 호기 중 CO_2를 화학적으로 제거한다. 흡수제의 색 변화, 경도 변화, 온기는 교체 시기를 가늠하는 단서가 되며, 교체·충전은 분말 비산과 누출을 방지하는 절차에 따라 시행한다.

④ 호흡 백과 팝오프(APL) 밸브

호흡 백은 환자의 흡기 요구량 변동을 흡수하고 수동 환기 시 손으로 압력을 가해 기체를 주입할 수 있게 한다. 팝오프(Adjustable Pressure Limiting, APL) 밸브는 회로 압력이 과도하게 상승하는 것을 방지하며, 남은 가스를 스캐빈징으로 보낸다. APL를 닫은 채 방치하는 실수는 압력 상승과 폐 손상으로 직결되므로,

수동·기계 환기 상황을 제외하고는 안전한 범위로 개방해 둔다.

(6) 환자 인터페이스: 기도를 안전하게 연결하는 법

① 기관 내 튜브(ETT)

기관 내 삽관은 기도를 직선 연결하여 산소·마취가스 전달과 양압 환기를 가능하게 한다. 튜브의 내경 선택은 누출과 저항의 균형을 고려하며, 커프 압력은 점막 손상을 피할 정도로만 유지한다. 삽관 깊이는 분지기관 삽입(편측 환기)과 탈락을 모두 피할 수 있도록 치아에서의 길이와 표지선을 기준으로 확인한다.

② 후두마스크(LMA)와 마스크 마취

후두마스크는 삽관이 어려운 경우 기도 확보의 대안이 되지만, 누출·흡인의 위험과 양압 환기 한계가 있다. 단순 마스크는 유도·짧은 처치에 활용되나, 정밀 마취 유지에는 삽관보다 불리하다.

(7) 환기 방식: 자발, 보조, 강제

환기는 자발 호흡 유지, 보조 환기(필요시 흡기 보탬), 강제 환기(기계 환기)로 구분된다. 소형 동물에서 기계 환기를 사용할 경우, 일회 호흡량과 호흡수는 환자의 체중·폐순응도·수술 상황에 맞춰 설정한다. 회로 압력은 폐 손상을 유발하지 않는 범위로 관리하며, 수술 중 체위 변화와 복강 내 압력 상승이 환기에 미치는 영향을 지속 관찰한다.

(8) 모니터링과 안전장치

① 산소화·환기 감시

맥박산소측정기는 동맥혈 산소포화도를, 캡노그래피는 호기말 이산화탄소($ETCO_2$)와 환기 상태를 실시간 보여준다. 기화기 농도 표시는 흡입·호기 마취제 농도 모니터와 함께 해석하면 마취 심도의 변화와 회로 문제(누출, 흡수제 고갈)를 조기에 파악할 수 있다.

② 압력·유량·누출 감시

회로 압력계는 과압을 즉시 알려주며, 전용 누출검사(Leak test) 절차는 수술 전 필수다. 저산소 혼합 방지를 위한 비례장치(프로포셔닝 장치), 산소 공급 실패 경보, 역류방지 체크밸브 등은 인적 오류와 장비 결함이 환자에게 미치는 영향을 크게 줄여준다.

(9) 스캐빈징: 보이지 않는 위험을 제거하기

폐기가스 처리장치는 환자와 작업자의 안전을 위해 필수다. 활성식(진공 보조) 시스템은 효율적 배출이 가능하고, 수동식(활성탄 카니스터·덕트)은 설치가 간편하다. 어느 방식이든 배출 경로의 막힘, 누출, 필터 포화 여부를 정기적으로 확인해야 한다.

(10) 수술 전 마취기 작동 흐름과 표준 점검

마취기는 동물 환자의 안전과 직결되는 장비로, 수술 전 반드시 정해진 순서에 따라 점검해야 한다. 사소한 누출이나 작동 불량도 심각한 저산소증이나 마취 불안정을 초래할 수 있으므로, 표준화된 점검 절차를 숙지하고 매 수술마다 실행하는 것이 중요하다.

① 실린더 및 배관 점검

먼저 산소 실린더의 잔량과 배관 압력을 확인한다. 산소 공급이 원활하지 않으면 호흡 마취 자체가 불가능하고, 환자의 생명에도 직접적 위험이 발생한다. 실린더 압력이 충분한지, 중앙 공급식 병원의 경우 배관 압력이 정상 범위(보통 50psi

전후)인지 반드시 점검해야 한다.

② 조절기 및 유량계 확인

다음으로 조절기(regulator)와 유량계(flowmeter)가 정상적으로 작동하는지 확인한다. 조절기는 고압의 산소를 안전한 압력으로 낮추어 주며, 유량계는 공급되는 산소의 양을 정확히 조절한다. 흐름이 원활한지, 눈금이 제대로 움직이는지, 밸브 조작이 부드러운지 확인해야 한다.

③ 기화기 점검

기화기(vaporizer)는 액체 상태의 마취제를 일정한 농도로 기화하여 환자에게 전달하는 장치다. 수술 전 반드시 약제가 충분히 충전되어 있는지 확인하고, 농도 설정이 정확한지 점검한다. 또한, 기화기 다이얼이 잠기지 않고 정상적으로 회전하는지도 중요하다.

④ 회로 조립 및 누출 검사

마취 회로를 정확히 조립한 뒤 누출검사(leak test)를 시행해야 한다. 이는 산소가 환자에게 전달되는 과정에서 외부로 새어나가지 않는지 확인하는 절차다. 보통 산소를 흐르게 한 후 저수백(reservoir bag)을 팽창시키고, 압력을 가한 상태에서 APL 밸브를 닫아 누출 여부를 확인한다.

⑤ 이산화탄소 흡수제 확인

호기 가스에서 배출되는 이산화탄소를 제거하는 흡수제(소다라임)의 상태도 반드시 확인한다. 색 변화가 나타나거나 단단하게 굳은 경우에는 교체가 필요하다. 흡수제가 포화되면 환자에게 고탄산혈증이 발생할 수 있어 위험하다.

⑥ 밸브와 저수백 작동 확인

APL 밸브, 저수백, 흡기·호기 밸브의 작동 여부를 확인한다. 저수백은 환자의 호흡량을 반영하므로 손상이나 누출이 없어야 하며, 밸브는 막힘 없이 원활히 작동해야 한다.

⑦ 모니터링 장비 점검

수술 중 환자 상태를 감시할 모니터링 장비도 사전에 반드시 점검한다. 심전도, 맥박산소포화도, 호기말 이산화탄소(ETCO$_2$), 혈압계 등의 전원을 켜고 센서가 정상적으로 작동하는지 확인한다.

⑧ 스캐빈징 시스템 확인

마지막으로 스캐빈징(scavenging) 장치의 흐름을 확인한다. 이는 사용 후 배출되는 마취가스를 제거하여 의료진의 노출을 줄이는 장치로, 작동 불량 시 작업 환경의 안전이 크게 저하될 수 있다.

(11) 수술 종료 후 점검 및 마무리

시술이 끝난 후에도 마취기는 적절히 관리되어야 한다. 회로는 즉시 세척하여 오염을 방지하고, 이산화탄소(CO_2) 흡수제의 교체 필요성을 평가한다. 저수백, 튜브, 마스크 등 소모품은 정리 및 멸균 과정을 거쳐 다음 사용을 준비한다. 또한, 사용한 약물의 양과 점검 내용을 기록으로 남겨야 추후 문제 발생 시 원인 추적이 가능하다.

3. 마취 모니터링의 중요성 및 방법

1) 마취 모니터링의 중요성 및 방법

수술 중 마취 환자의 모니터링은 환자의 안전을 보장하고 수술 성공률을 높이는 데 있어 필수적인 과정이다. 마취는 환자의 의식과 통증을 억제하는 동시에 생리적 기능에도 영향을 주기 때문에, 지속적인 감시를 통해 환자의 상태를 정확히 파악하고 변화에 신속하게 대응해야 한다. 특히 동물 환자는 의사 표현이 불가능하므로, 객관적 수치와 임상적 징후에 근거한 모니터링이 더욱 중요하다.

(1) 마취 모니터링의 목적

마취 모니터링의 목적은 환자의 생리적 항상성을 유지하는 것이다. 이를 위해 심혈관계, 호흡계, 체온, 마취 깊이 등 주요 지표를 지속적으로 확인해야 한다. 심혈관계 모니터링에서는 심박수와 심장 리듬, 혈압을 평가하여 저혈압, 부정맥 등 순환기계 이상을 조기에 발견할 수 있다. 호흡계는 마취 상태에서 가장 쉽게 영향을 받는 기관계로, 호흡수와 호흡 패턴, 호기말 이산화탄소($EtCO_2$) 농도, 산소포화도(SpO_2)를 측정함으로써 환기 상태와 산소 공급이 적절한지를 확인한다

(2) 체온 관리

체온 관리 또한 중요한 요소이다. 대부분의 동물은 마취 동안 체온이 쉽게 저하되며, 저체온은 회복 지연과 대사 저하, 면역 기능 저하로 이어질 수 있다. 따라서 직장 또는 식도 온도계를 이용하여 지속적으로 체온을 측정하고, 필요시 온열 장비를 사용해 정상 체온을 유지해야 한다.

(3) 마취 깊이의 평가

마취 깊이의 평가 역시 간과할 수 없는 부분이다. 안검 반사, 발바닥 압통 반사, 안구 위치, 근긴장도와 같은 임상적 징후를 통해 마취의 깊이를 판별할 수 있으며, 이는 환자가 과소 또는 과다 마취 상태에 빠지지 않도록 하는 데 중요하다. 적절한 마취 깊이는 환자가 통증을 느끼지 않으면서도 생명에 위협을 주지 않는 수준에서 유지되어야 한다.

(4) 마취 모니터링 장비와 활용

마취 모니터링에는 다양한 장비가 활용된다. 심전도(ECG)는 심장의 전기적 활동을 기록하여 부정맥을 감시하고, 맥박산소포화도계(Pulse oximeter)는 말초 조직의 산소포화도를 제공하여 저산소증을 조기 발견하게 한다. 혈압계는 평균동맥압을 측정하여 순환계 기능을 평가하며, 호기말 이산화탄소 측정기(Capnograph)는 환자의 환기 효율을 직접적으로 보여준다. 이러한 장비들은 임상적 평가와 함께 병행될 때 환자의 상태를 가장 정확하게 반영할 수 있다.

결론적으로, 마취 모니터링은 단순한 수치 기록이 아니라, 환자의 전신 상태를 종합적으로 이해하고 이상 소견을 신속히 파악하여 대응하는 과정이다. 철저한 모니터링은 마취 관련 합병증을 예방하고, 수술 중 안정적인 마취 유지와 안전한 회복을 보장하는 핵심 요소라 할 수 있다.

[표 5-3] 호흡 마취 시 환자 모니터링 항목(개 기준)

모니터 항목	정의	정상 범위(개)	해석 및 주의 사항
산소포화도 (SpO_2)	말초 혈액 내 산소화 정도를 반영(Pulse oximeter)	≥ 95%	90% 이하 시 저산소혈증 의심 → 즉시 산소 공급 확인 필요
호기말 이산화탄소 ($EtCO_2$) 분압	호기 끝에서 측정되는 이산화탄소(CO_2) 농도(Capnography)	35~45mmHg	50mmHg 이상: 저환기(Hypoventilation)/30mmHg 이하: 과환기(Hyperventilation)
흡입 산소 분율 (FiO_2)	환자가 흡입하는 산소 농도	≥ 95%(O_2 공급 시)	21%는 대기 중 산소 농도, 마취 중엔 높은 FiO_2 필요
호흡 마취제 농도 (Agent, %) 예: Isoflurane, Sevoflurane	기화기를 통해 공급되는 호흡 마취제 농도	Isoflurane: 1.3~2%(외과적 마취)/Sevoflurane: 2~3%	MAC 값 참고, 필요에 따라 조절
심박수(HR)	심장의 박동수(ECG, Pulse oximeter)	개: 70~120bpm(중형견 기준)	서맥(<60bpm), 빈맥(<160bpm) 시 원인 확인 필요
혈압(BP) 예: SAP, MAP, DAP	수축기(SAP), 평균(MAP), 이완기(DAP) 혈압	SAP: 90~140mmHg MAP: 70~120mmHg DAP: 60~90mmHg	MAP< 60mmHg 시 저혈압 → 수액/약물 필요
호흡수 (RR)	분당 호흡 횟수	10~20회/분	무호흡, 빈호흡 확인 필요
체온 (Temp)	환자의 체온(식도/직장 probe)	37.5~39.0℃	저체온(<37℃) 시 회복 지연, 부정맥 가능
기도압 (Paw)	환기 시 기도 내 압력	≤ 20 cmH_2O	20 이상이면 기도 폐쇄, 장비 이상 의심

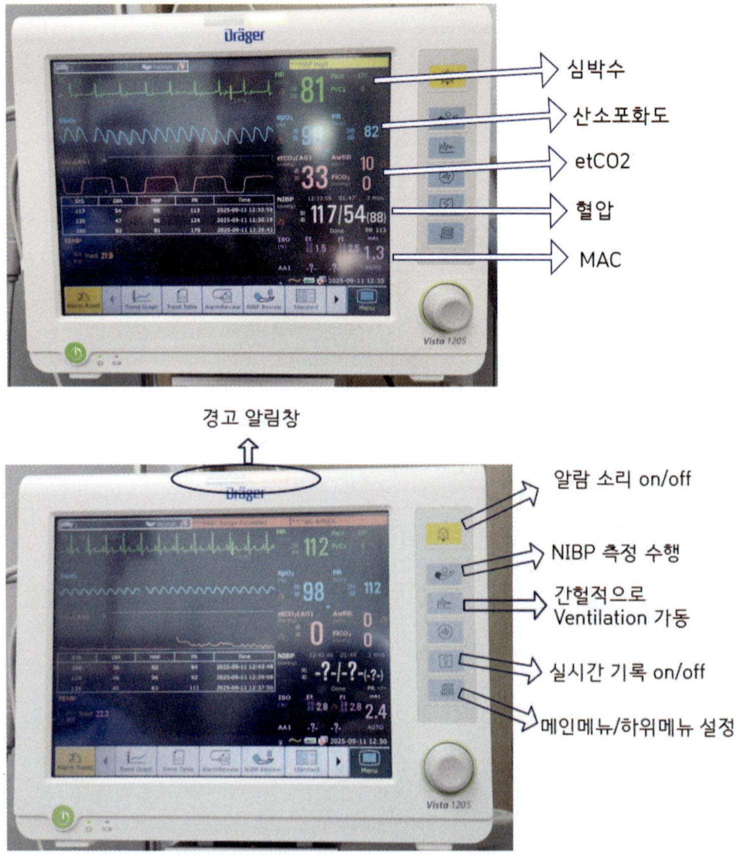

https://postfiles.pstatic.net/MjAxOTExMjZfMTgz/MDAxNTc0NzU2MjM0Njg2.2V_1Tjn3qctjGTxvZoWB5ZvUBtZRxTs_RghJkZ9Vd7Eg.d4aj9lgfAALYdySals1U1RNG8yeKWaEPDZJ9wd10uCcg.JPEG.skinrepair/1574756232964.jpg?type=w3840

[그림 5-13] 마취 모니터

2) 마취 중 비정상적 반응과 대응 방법

마취 과정에서 환자는 다양한 생리적 변화를 경험할 수 있으며, 이 중 일부는 생명에 위협을 줄 수 있는 비정상적인 반응으로 나타난다. 대표적인 이상 반응으로는 저혈압, 저체온, 무호흡, 서맥이 있으며, 이러한 상황이 발생했을 때 원인을 신속히 파악하고 적절한 처치를 실시하는 것이 중요하다.

(1) 저혈압(hypotension)

저혈압(hypotension)은 평균 동맥압이 60mmHg 이하로 떨어진 경우를 의미한다. 주요 원인으로는 호흡 마취제의 과용으로 인한 심근 수축력 저하와 혈관 확장, 출혈이나 탈수, 쇼크, 그리고 불충분한 수액 공급이 있다. 저혈압이 발생하면 우선적으로 호흡 마취제의 농도를 낮추어 심혈관 억제를 최소화해야 하며, 필요시 정맥 마취를 병행하는 방법도 고려할 수 있다. 또한 정맥 내로 적절한 수액을 공급하여 순환 혈량을 유지하고, 출혈이 원인일 경우에는 수혈을 실시해야 한다. 이러한 조치에도 불구하고 저혈압이 지속된다면, 도파민(Dopamine), 도부타민(Dobutamine), 에페드린(Ephedrine) 등의 혈압 상승 약물을 투여하여 혈역학적 안정을 도모한다.

(2) 저체온(hypothermia)

저체온(hypothermia)은 체온이 37℃ 이하로 떨어진 상태를 말하며, 특히 소형 동물에서 빠르게 진행된다. 저체온의 원인은 장시간의 마취 및 개복 수술로 인한 열 손실, 마취제로 인한 체온 조절 능력 저하, 그리고 저온의 수액이나 흡입 가스 공급 등이 있다. 이를 예방하고 교정하기 위해서는 보온 담요, 온열 패드, 온풍기와 같은 보온 장비를 적극적으로 활용해야 하며, 수액은 가온기를 통해 따뜻하게 공급하는 것이 바람직하다. 또한 수술실의 온도를 최소 22℃ 이상으로 유지하는 것이 중요하다. 저체온이 심할 경우에는 환자의 회복이 지연되고 부정맥의 위험성이 증가하므로 반드시 적극적인 체온 상승 조치가 필요하다.

(3) 무호흡(apnea)

무호흡(apnea)은 자발적인 호흡이 정지되거나 호기말 이산화탄소(EtCO_2)가 60mmHg 이상으로 상승한 상태를 의미한다. 원인으로는 마취 유도제의 과량 투여(예: 프로포폴, 알팍사론, 오피오이드), 호흡 마취제의 과도한 농도, 기도 폐쇄

(기관 내 삽관 튜브의 굴곡, 점액이나 분비물에 의한 폐쇄), 그리고 호흡 억제 약물의 병용 등이 있다. 무호흡이 발생하면 가장 먼저 기도가 개방되어 있는지를 확인하고, 필요시 기관 튜브를 흡인하거나 교체한다. 이어서 마취제 투여량을 줄이거나 중단하고, 환자가 자발 호흡을 회복할 때까지 앰부백(Ambu bag, 수동식 인공호흡기) 등을 이용하여 보조 호흡을 제공한다. 상황이 심각할 경우에는 100% 산소를 공급하며, 약물에 의한 호흡 억제가 원인일 때는 길항제 투여를 고려할 수 있다. 예를 들어, 오피오이드(Opioid)는 강력한 진통 효과를 가지나 중추성 호흡 억제를 유발할 수 있으며, 이로 인한 호흡 억제는 날록손(Naloxone)으로 길항할 수 있다.

(4) 서맥(bradycardia)

서맥(bradycardia)은 개에서 분당 심박수가 60회 이하, 고양이에서 100회 이하로 떨어진 경우를 말한다. 서맥의 원인에는 α2 작용제(Medetomidine 등)나 오피오이드와 같은 마취 약물의 투여, 기관삽관이나 안구 수술, 복부 견인 등으로 인한 미주신경 자극, 저체온, 고칼륨혈증 등이 있다. 대응 방법으로는 원인을 우선 교정해야 하며, 약물 투여를 중단하거나 체온을 회복시키고 수술 자극을 제거하는 것이 필요하다. 약리학적 처치로는 항콜린제인 아트로핀(Atropine)이나 글리코피롤레이트(Glycopyrrolate)를 투여하여 심박수를 회복시킬 수 있으며, 만약 α2 작용제에 의해 유발된 서맥이라면 길항제인 아티파메졸(Atipamezole)을 투여하는 것도 고려된다. 또한 전해질 불균형이 원인일 경우에는 반드시 교정해야 한다.

결론적으로, 마취 중 발생할 수 있는 저혈압, 저체온, 무호흡, 서맥은 환자의 생명을 위협할 수 있는 중요한 합병증이다. 따라서 원인을 신속히 파악하고 상황에 맞는 적절한 처치를 즉시 시행하는 것이 환자의 안전을 보장하고 합병증을 예방하는 핵심이라고 할 수 있다.

3) 마취 중 이상 반응과 원인

마취 중 환자에게 나타나는 생리학적 반응은 환자의 생명을 위협할 수 있으므로 철저한 모니터링과 조기 대응이 필요하다. 마취 중 이상 반응은 주로 순환기계, 호흡기계, 체온 조절 기전의 변화를 통해 나타나며, 원인을 정확히 파악하고 신속하게 대응하는 것이 환자의 예후에 결정적인 역할을 한다.

이상 반응은 크게 저혈압, 서맥, 빈맥, 무호흡, 저체온, 과호흡, 저산소혈증, 고탄산혈증 등으로 나눌 수 있다. 이러한 반응은 마취약제 자체의 영향, 마취 심도의 변화, 체위, 체액 상태, 기계적 문제(마취기, 호흡 회로 등), 환자의 기저 질환 등에 의해 발생한다. 따라서 수의사는 단순히 수치의 변화를 기록하는 것에 그치지 않고, 원인 분석 및 처치를 병행해야 한다.

[표 5-4] 마취 중 이상 반응과 원인

이상 반응	주요 원인	설명
저혈압 (Hypotension)	• 마취 약물(이소플루란, 세보플루란 등)에 의한 혈관 확장 • 체액 부족(탈수, 출혈) • 심근 억제	• 혈압이 정상치(개: 평균 동맥압 60mmHg 이상)보다 낮아질 경우, 조직 산소 공급이 불충분해지고 장기 손상 위험이 증가함
서맥 (Bradycardia)	• 마취 심도의 과도한 증가 • 미주신경 자극(안구 압박, 기관 삽관 자극 등) • 특정 약물(α2-작용제, 오피오이드)	• 개에서 분당 60회 이하의 맥박은 위험 신호임 • 심박 출량 감소와 함께 저혈압을 유발할 수 있음
빈맥 (Tachycardia)	• 통증 자극 • 마취 심도 불충분 • 저혈압에 대한 보상 반응 • 저산소혈증, 저혈당	• 심박수가 증가하면서 산소 소비량이 높아지고, 불안정한 마취 상태를 시사할 수 있음
무호흡 (Apnea)	• 마취 유도 약물(프로포폴, 티오펜탈) 과다 투여 • 호흡 중추 억제 • 기도 폐쇄 • 기계적 문제(튜브 꺾임, 마취기 오류)	• 환자가 자발 호흡을 하지 못하면 신속히 인공 환기(IPPV) 제공 필요

이상 반응	주요 원인	설명
저체온 (Hypothermia)	• 마취 중 체온 조절 기전 억제 • 수술실 저온 환경 • 개방된 체강을 통한 열 손실 • 수액 투여로 인한 체온 저하	• 개에서 직장 온도 37℃ 미만이면 저체온으로 분류함 • 회복 지연, 부정맥, 마취 약물 대사 저하 발생 가능
과호흡 (Hyperventilation)	• 얕은 마취로 인한 통증 자극 • 대사성 산증 보상 반응 • 기계적 환기 과도	• 호기말 이산화탄소($ETCO_2$)가 정상(35~45mmHg)보다 낮아짐 • 과도한 환기는 저탄산혈증을 초래
저산소혈증 (Hypoxemia)	• 산소 공급 장애 • 환기-관류 불균형 • 기도 폐쇄 또는 호흡 마취기 문제	• 산소포화도(SpO_2) 90% 이하일 때 발생 • 빠른 산소 공급 및 기도 확보 필요
고탄산혈증 (Hypercapnia)	• 저환기(호흡 저하, 기계환기 부족) • 마취 회로 이산화탄소(CO_2) 흡수제 고갈 • 호흡기계 질환	• 호기말 이산화탄소($ETCO_2$) 45mmHg 이상이면 고탄산혈증 • 호흡성 산증과 심혈관 억제 유발 가능

모니터링은 단순히 수치를 기록하는 것이 아니라, 환자의 생리적 반응을 해석하고 원인을 분석하는 과정이다.

이상 반응 발생 시 원인을 명확히 구분하고, 즉시 적절한 처치를 시행해야 안전한 마취 관리가 가능하다.

4) 마취 기록 및 법적 책임

(1) 개요

마취 기록은 수의학적 처치 과정에서 단순한 행정 절차가 아니라, 환자의 안전한 마취 관리와 합병증 예방, 의료진의 법적 보호를 위해 반드시 필요한 과정이다. 정확한 마취 기록은 환자의 상태를 객관적으로 남기는 중요한 자료로 활용되며, 추후 합병증 발생 시 신속한 대응의 근거가 된다. 또한 법적 분쟁이 발생했을 경우, 기록은 의료진의 과실 여부를 판단하는 핵심 증거로 사용되므로 임상 현장에서 매우 중요한 역할을 담당한다.

(2) 마취 기록의 필요성

마취 기록은 환자의 상태와 치료 과정을 시간순으로 체계적으로 남기는 과정을 의미한다. 이는 마취 전, 마취 중, 그리고 회복기의 상태를 모두 포함한다.

첫째, 기록은 환자 모니터링과 회복 관리의 평가에 직접적인 근거가 된다. 수의사는 환자의 활력 징후와 이상 반응을 기록함으로써 환자의 상태를 객관적으로 파악하고, 필요시 적절한 중재를 실시할 수 있다.

둘째, 기록은 의료진 간의 원활한 정보 공유를 가능하게 한다. 여러 의료진이 같은 환자를 돌보는 경우, 정확한 기록은 치료의 연속성과 일관성을 보장한다.

셋째, 마취 기록은 법적 분쟁이 발생했을 때 의료진을 보호할 수 있는 증빙 자료가 된다. 환자의 상태와 의료진의 처치 과정을 명확히 남김으로써 불필요한 오해를 줄이고, 법적 책임을 명확히 할 수 있다.

(3) 마취 기록 항목

마취 기록에는 반드시 포함되어야 할 여러 항목이 있다.

① 환자 정보

환자의 이름, 품종, 성별, 체중, 나이와 같은 기본 정보뿐만 아니라 과거 마취력, 동반 질환, 알레르기 여부를 기록해야 한다. 이러한 정보는 마취 계획 수립에 중요한 참고가 된다.

② 마취 전 평가

신체검사 소견과 혈액 검사, 영상 검사 등 진단 검사 결과를 기재하며, 이를 통해 환자의 전신 상태와 마취 위험도를 평가한다. 특히, 미국마취과학회(ASA) 신체 등급 분류는 마취 위험성을 객관적으로 판단하는 기준이 된다. 또한 금식 여부와 예정된 수액 요법 계획도 반드시 기록해야 한다.

③ 마취 전 처치

전처치 약물의 종류, 용량, 투여 경로 및 시간을 기록한다. 여기에는 진정제, 진통제, 항콜린제 등이 포함되며, 투여 약물의 종류에 따라 환자의 반응과 마취 심도가 달라질 수 있다.

④ 마취 유도 및 유지

마취 유도제, 호흡 마취제, 근이완제 등의 사용 약물과 투여 용량, 마취 시작 및 종료 시간, 마취 심도 조절 방법을 기록한다. 이는 수술 중 환자 안정성을 확보하기 위한 핵심 자료가 된다.

⑤ 모니터링 기록

심박수, 호흡수, 혈압, 산소포화도, 체온 등 활력 징후를 주기적으로 측정하고 기록해야 한다. 마취 중 발생할 수 있는 이상 반응과 그에 따른 조치 내용 역시 반드시 기재해야 한다.

⑥ 회복기 기록

각성 시간, 자발 호흡 여부, 의식 수준, 통증 상태 등을 포함하며, 필요시 추가 진통제 투여 여부를 기록한다. 또한 회복기 합병증(예: 무호흡, 구토, 서맥 등) 발생 여부와 이에 대한 조치도 빠짐없이 남겨야 한다.

(4) 기록 관리 실무

마취 기록의 가치는 정확성과 연속성에 있다. 따라서 다음과 같은 관리 원칙을 준수해야 한다.

① 작성 방법: 반드시 실시간으로 기록하며, 날짜와 시간을 명확하게 기재해야 한다.
② 보관 기간: 관련 법령에서 규정하는 보관 기간(보통 3~5년)을 준수해야 한다.
③ 디지털 기록: 최근에는 전자의무기록(EMR)을 통해 기록을 관리하는 경우가 많다. 이 경우 데이터 보안과 정기적 백업이 필수적이다.

마취 기록은 환자 안전과 치료 연속성을 보장하는 중요한 자료이자, 의료진의 법적 보호를 위한 핵심 근거이다. 체계적이고 정확한 기록은 환자의 합병증 예방과 신속한 대응을 가능하게 하며, 의료 분쟁을 예방하는 역할을 한다. 또한 마취 전 충분한 설명과 보호자의 서면 동의는 윤리적 책임을 다하는 수의사의 기본적 자세이다.

마취 기록지

■ 환자 정보

이름: ________ / 종: ________ / 품종: ________

나이: ________ / 성별: ☐ M ☐ F / 체중: ________kg

■ 마취 전 평가

ASA 등급: ☐ I ☐ II ☐ III ☐ IV ☐ V / 주요 질환: ______________

■ 투약 내역

전처치: ________ / 유도: ________ / 유지: ________

■ 마취 시간

유도 시작 __:__ / 삽관 __:__ / 마취 유지 시작 __:__

수술 시작 __:__ / 수술 종료 __:__ / 발관 __:__ / 회복 완료 __:__

■ 생리학적 모니터링 시간(10분 간격)

__:__ / __:__ / __:__ / __:__ / __:__ / __:__ / __:__ / __:__

심박수 (HR): ____ / 호흡수 (RR): ____ / 체온 (T): ____ / 산소포화도 (SpO_2): ____%

$ETCO_2$: ____mmHg / 혈압: 수축기 ____ / 이완기 ____ / 평균 ____

■ 이상 반응 및 대응

☐ 저혈압 → 조치: ____________ ☐ 저체온 → 조치: ____________

☐ 무호흡 → 조치: ____________ ☐ 서맥 → 조치: ____________

■ 회복기 평가

발관 시 반응: ☐ 원활 ☐ 어려움

회 복 정 도: ☐ 양호 ☐ 지연 ☐ 합병증 발생: __________

■ 기록자 이름: ________ / 서명: ________

[그림 5-14] 마취 기록지 예시

4. 마취에서 동물보건사의 역할

마취 과정은 수술을 안전하게 진행하기 위한 필수적인 절차로, 동물의 생명과 직결되는 민감한 과정이다. 따라서 수의사뿐만 아니라 동물보건사의 전문적 역할이 매우 중요하다. 동물보건사는 마취 전 준비 단계에서부터 마취 유지, 모니터링, 그리고 회복 단계에 이르기까지 전 과정에서 핵심적인 업무를 수행한다.

1) 마취 전(Pre-anesthetic) 관리

마취 전 단계에서 동물보건사는 환자의 전반적인 상태를 점검하는 역할을 맡는다. 우선 기본 활력 징후(체온, 맥박, 호흡수, 점막 색깔 등)를 확인하여 환자의 전신 상태를 평가하고, 마취 전 금식 여부 및 전반적인 컨디션을 확인한다. 또한 환자의 성격과 행동 특성을 고려하여, 공격성이 있거나 불안이 심한 동물의 경우 안전한 보정법을 적용해야 한다.

동시에 마취 및 수술에 필요한 장비가 정상적으로 작동하는지 점검하는 것도 동물보건사의 중요한 업무이다. 마취기, 산소 공급 장치, 인공호흡기, 흡인기, 모니터링 장치 등이 모두 정상적으로 작동하는지 확인해야 하며, 응급 상황에 대비한 약물(예: 에피네프린, 아트로핀)과 심폐소생 장비를 준비해 두어야 한다. 이러한 준비가 철저히 이루어져야만 마취 유도 및 수술 중 발생할 수 있는 예기치 못한 상황에 신속하게 대응할 수 있다.

2) 마취 유도 및 유지(Induction & Maintenance)

마취 유도 단계에서 동물보건사는 수의사가 안전하게 마취약을 투여할 수 있도록 환자를 적절히 보정한다. 정맥로 확보를 위해 정맥 카테터 삽입을 보조하고, 삽입된 카테터를 고정하여 약물 투여와 수액 치료가 원활히 이루어지도록 한다.

기관 내 삽관은 마취 과정에서 매우 중요한 절차로, 동물보건사는 삽관 기구를 준비하고 삽관 시 환자를 보정하여 수의사의 시야 확보를 돕는다. 삽관이 완료된 후에는 커프(cuff)의 압력을 확인하고, 기관 내 튜브가 적절한 위치에 고정되었는지 점검해야 한다.

마취 유지 단계에서는 마취 심도의 변화를 관찰하고 이를 수의사에게 보고하는 것이 중요하다. 산소 공급량과 호흡 마취제 농도를 수시로 확인하여 환자가 안정적인 마취 상태를 유지할 수 있도록 돕고, 동시에 수액 치료의 속도와 적절성도 점검한다.

3) 마취 중 모니터링(Intra-anesthetic Monitoring)

마취 중 환자의 안전을 보장하기 위해서는 지속적인 모니터링이 필수적이다. 동물보건사는 심박수, 호흡수, 체온, 혈압, 산소포화도, 점막색 등의 활력 징후를 주기적으로 확인해야 한다. 만약 저혈압, 부정맥, 청색증과 같은 이상 징후가 발견된다면 즉시 수의사에게 보고하여 신속한 조치가 이루어질 수 있도록 한다.

또한 마취 과정 전반에 걸쳐 마취 시간, 투여된 약물의 종류와 용량, 활력 징후의 변화 등을 기록지에 정확히 기재한다. 이러한 기록은 수술 중 환자 관리뿐 아니라 이후 회복 및 예후 평가에도 중요한 자료로 활용된다.

4) 마취 회복기(Post-anesthetic) 관리

마취 회복기는 환자가 자발 호흡을 회복하고 의식을 되찾는 단계로, 가장 위험한 시기 중 하나이다. 동물보건사는 환자가 스스로 호흡을 회복하더라도 일정 시간 동안 산소를 공급하며 기도의 개방성을 유지해야 한다. 동물이 깨어나는 과정에서 몸부림을 치거나 갑작스럽게 움직일 수 있기 때문에, 자해나 낙상이 발생하지 않도록 주의 깊게 보정해야 한다.

또한 마취 후 체온 저하가 흔히 발생하므로 담요나 보온패드를 이용하여 저체온을 예방해야 한다. 구토, 기도 폐쇄, 경련 등 응급 상황이 발생할 가능성도 있으므로 지속적인 관찰과 신속한 대응이 필요하다.

회복이 완료된 후에는 보호자에게 환자의 상태와 주의 사항을 설명하는 과정에서 수의사를 보조한다. 보호자가 퇴원 후 지켜야 할 관리법을 이해하고 실천할 수 있도록 안내하는 것도 동물보건사의 중요한 역할이다.

동물보건사는 마취 과정 전반에서 환자의 안전 확보자이자 수의사의 주요 협력자로서 중요한 역할을 담당한다. 환자의 상태를 세심하게 관찰하고, 이상 징후를 조기에 발견하여 보고하며, 수술과 회복이 원활히 진행될 수 있도록 보조하는 것이 핵심이다.

동물보건외과학

제6장

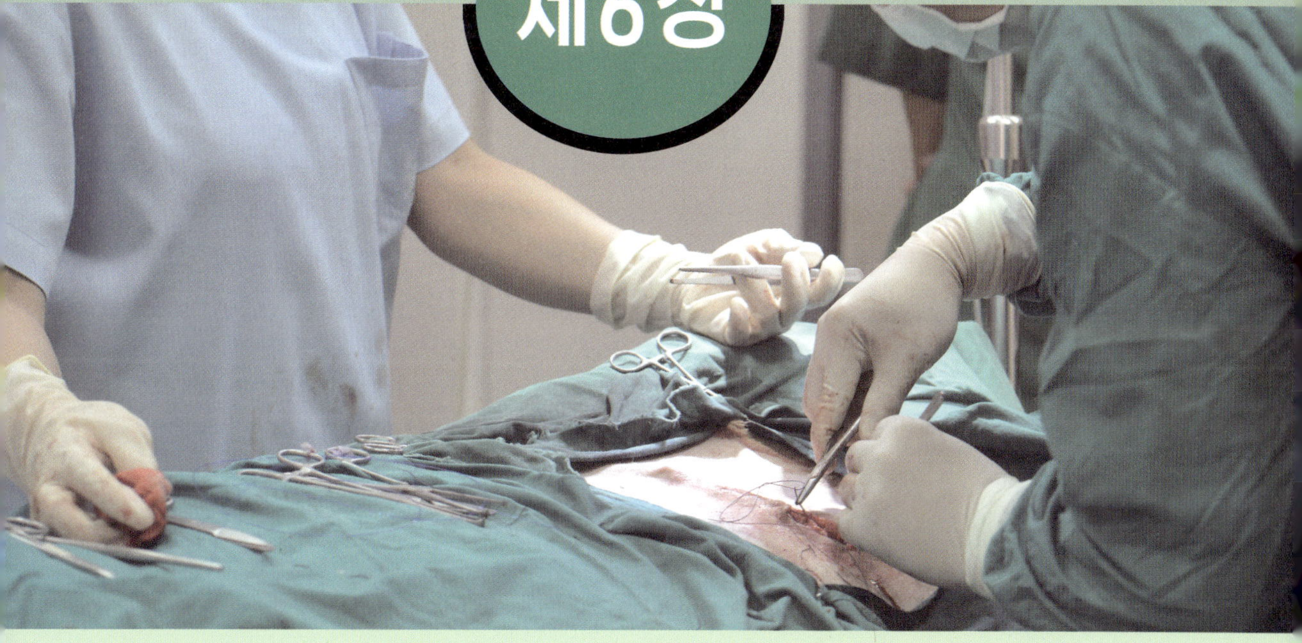

기본 수술 과정

1. 소화기 외과
2. 흉부 외과
3. 비뇨·생식기계 외과
4. 정형외과
5. 수술 보조

수술방에서 근무하는 동물보건사는 단순히 기구를 전달하거나 수술 환경을 보조하는 역할에 머무르지 않으며, 환자의 안전을 보장하고 수술이 원활하게 진행되도록 하기 위해 외과 수술의 기본적인 방법과 절차에 대한 명확한 이해가 반드시 필요하다. 수술은 일련의 단계적 과정으로 이루어지며, 팀으로 수행되는 과정이다. 따라서 팀원으로써 주어진 역할을 수행하기 위하여 수술 방법의 이해가 선행되어야 수술실 내 원활한 협력과 팀워크를 가능하게 한다. 또한 외과적 절차에 대한 지식은 단순한 보조 능력을 넘어, 수의사가 어떤 단계를 진행하고 있는지 이해할 때, 동물보건사는 그에 맞추어 필요한 기구와 소모품을 준비하고, 예기치 못한 상황에도 신속하고 정확하게 대응할 수 있다.

결국, 동물보건사가 외과 수술의 기본적인 방법과 순서를 숙지하는 것은 선택이 아닌 필수이며, 이는 환자의 안전, 수술 성공률, 진료 서비스의 질을 높이는 핵심 요소이다. 따라서 이 챕터에서는 수의 영역에서 일반적으로 시행되고 있는 분야별 수술 방법을 설명하려고 한다.

1. 소화기 외과

반려동물에게 수술이 필요한 소화기계 대표 질환은 다음과 같다.

- 급성 응급성 질환: 위확장-위염전증(GDV), 소화기 이물, 장중첩증, 장천공
- 만성 진행성 질환: 위, 소장, 직장 종양, 담낭 점액종, 담석증
- 항문/직장 질환: 항문낭 종양, 회음 탈장 등(수술적인 교정 필요)

1) 위(胃, Stomach) 수술 및 질환

(1) 위 절개술(Gastrotomy) 수술 방법

① 피부 절개(Skin incision)

- 개의 배를 위(VD)로 눕혀 마취 후 수술을 준비한다.
- 배꼽 부근을 기준으로 정중선(midline)을 따라 메스를 사용하여 피부를 한번에 절개한다.

② 복강 절개(Abdominal incision)

- 피부와 피하 조직을 통과하면 흰색의 백선(linea alba)이 확인된다.
- 전기수술도와 Metzenbaum scissors를 사용하여 백선을 절개해 복강을 노출한다.
- 복강을 열면 위, 장 등 장기가 보이므로 생리식염수에 적신 거즈로 보호한다.

③ 위 절개(Gastrotomy)

- 라운드 봉합사로 위 절개 부위 양측에 스테이 봉합을 하여 위를 잡아준다.
- 거즈를 위 주변에 깔아 오염을 막는다.
- 위의 혈관이 적은 부위(대만과 소만곡 사이)를 선택하여 절개한 후 내용물을 확인·제거한다.

④ 위 봉합(Gastric closure)

- 위 절개 부위를 이중 봉합으로 닫는다.
- 점막과 점막하층을 흡수성 봉합사로 단순 봉합(simple continuous or interrupted)한다
- 근육층과 장막층을 덮어 추가로 봉합(Lembert, Cushing 봉합)한다. → 누출을 방지한다.

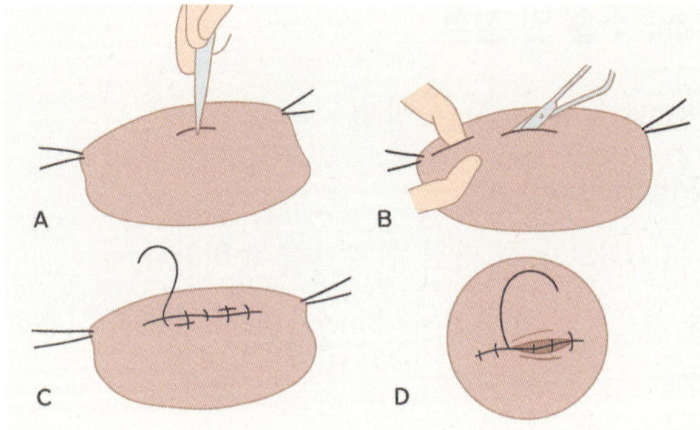

[그림 6-1] 위 절개술

▶ (A) 자입 절개한다. (B) 메첸바움 가위로 절개 부위를 확장한다. (C) 단순 봉합(simple continuous or interrupted)한다. (D) 이중 봉합으로 폐쇄한다.

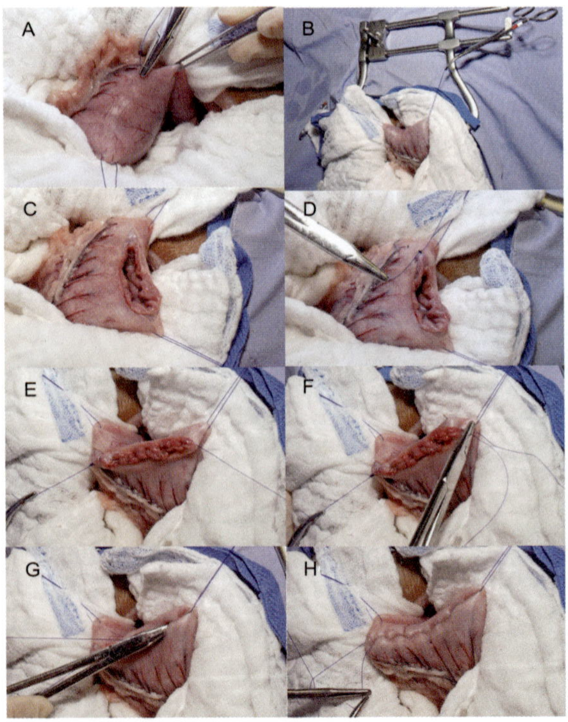

출처: Manual of small animal soft tissue surgery, Tobias.

[그림 6-2] 위 절개술 과정

▶ (A) 위를 노출 후 스테이 봉합을 한다. (B) 혈관을 피해 절개 부위 양쪽을 스테이 봉합하여 들어올린다. (C) 절개 후 점막이 노출된 모습. (D) 니들홀더로 한땀 고정 봉합한다. (E) 단순 연속 봉합한다. (F) 2열 봉합을 위한 매듭을 만든다. (G) 절개면이 내번되도록 이중 봉합한다. (H) 이중 봉합 매듭을 짓는다.

⑤ 복강 폐쇄(Abdominal closure)

- 복벽을 닫을 때는 반드시 백선(linea alba)를 정확히 찾아 봉합한다.
- 흡수성 봉합사로 단순 봉합(simple interrupted or continuous)한다.
- 절개 부위가 큰 경우 단순 봉합으로 추가 보강 봉합을 실시한다.

⑥ 피부 봉합(Skin closure)

- 피하 봉합은 절개 라인과 수평하게 흡수성 봉합사로 연속 봉합하여 피부가 밀착하도록 한다.
- 피부 봉합은 비흡수성 봉합사로 단순 봉합(simple interrupted)하고 추후 발사를 진행한다.

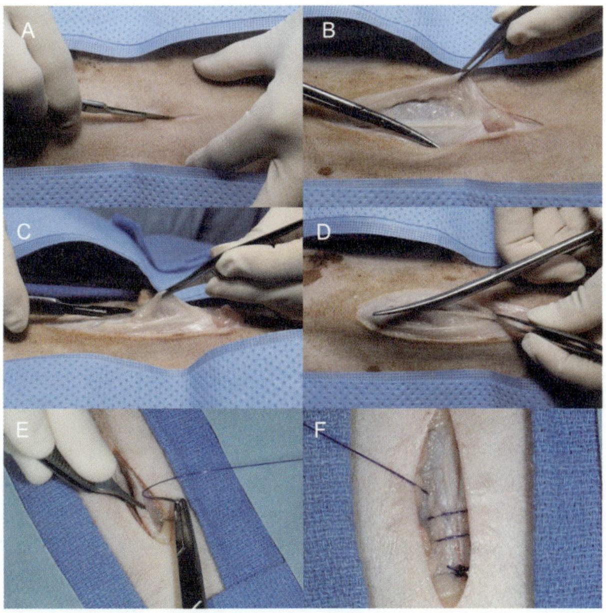

출처: Manual of small animal soft tissue surgery, Tobias.

[그림 6-3] 개복술 수술순서

▶ (A) 정중 피부를 메스를 이용하여 한번에 절개한다. (B) 듬성 분리하여 복벽의 백선을 확인한다. (C) 메스의 뒷면을 자입하여 작은 절개창을 만든다. (D) 가위로 절개창을 아래위로 확장한다. (E) 복벽을 포셉으로 확인하여 단순 연속 봉합한다. (F) 연속 봉합하여 복강을 폐쇄한 후 피하 조직과 피부를 봉합한다.

(2) 위확장-위염전증(Gastric Dilatation-Volvulus, GDV)

① 대형견에서 흔히 발생, 급격한 위 팽창과 회전으로 인한 응급 질환

② 임상 증상: 급성 복부 팽만, 호흡 곤란, 허탈, 쇼크

③ 수술 치료: 위 감압 후 위 고정술(gastropexy) 시행, 위의 유문부 근육층(seromuscular layer)만 절개하여 우측 13번 늑골 아래 복벽의 복직근 또는 늑골연 부위 seromuscular layer에 고정 봉합

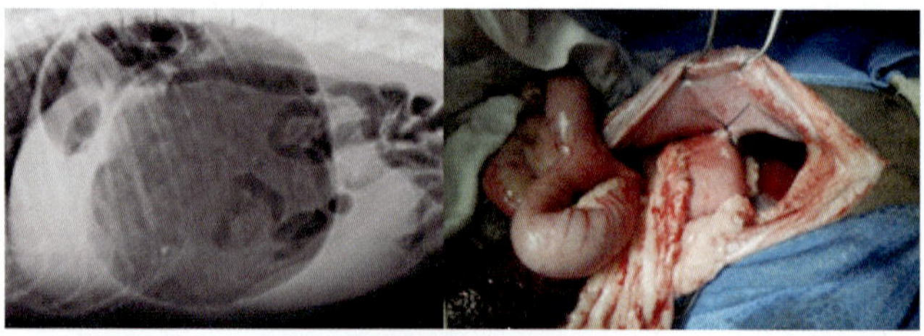

[그림 6-4] GDV 교정술

▶ 방사선상 팽창된 위(좌), 우측 복벽에 위고정술(우).

(3) 위 이물(Gastric Foreign Body)

① 장난감, 뼈, 돌 등 삼킴 → 위내 정체

② 임상 증상: 구토, 식욕 부진, 무기력

③ 수술 치료: 위 절개술(gastrotomy)

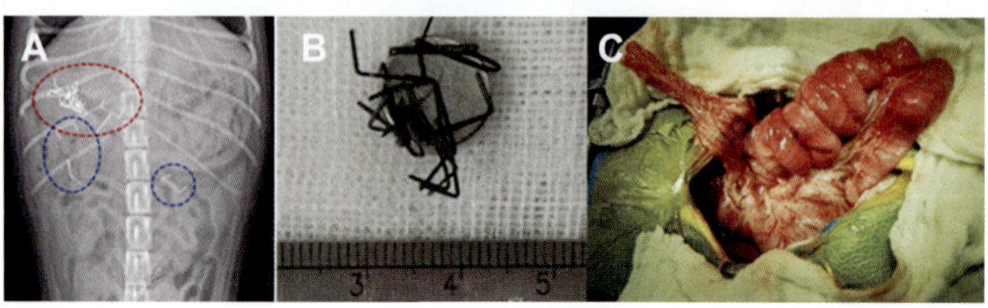

[그림 6-5] 소화관이물

▶ (A) 위내 스테이플러 이물 방사선 사진. (B) 수술 후 제거된 스테이플러 심. (C) 위 십이지장 선상 이물.

(4) 위 종양(Gastric Tumor)

① 선암종, 평활근종, 림프종 등

② 임상 증상: 만성 구토, 체중 감소, 식욕 부진

③ 수술 치료: 위 절제술(gastrectomy)

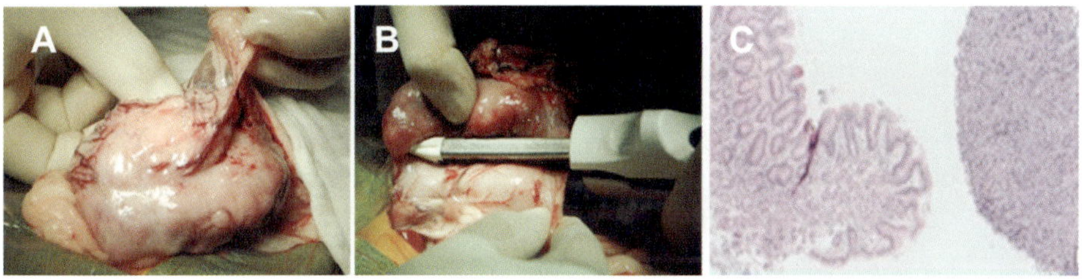

[그림 6-6] 고양이 위 암종(Gastric carcinoma)

▶ (A) 위 절개 후 위종양 노출. (B) GIA 스테이플러로 위 부분 절제술 실시. (C) 위암종 조직 검사.

2) 소장(Small Intestine) 질환

(1) 소장 이물(Intestinal Foreign Body)

① 가장 흔한 외과적 응급 질환 중 하나

② 임상 증상: 구토, 설사, 장폐색(변 배출 없음), 복통

③ 수술 치료: 장 절개술(enterotomy) 또는 장 절제 및 문합술(resection & anastomosis)

④ 장 절개술(enterotomy) 방법

- 정중선 개복(midline laparotomy)으로 복강 진입
- 장을 외부로 노출하고, 장 이물이나 병변 부위 확인
- 장 내용물이 수술 부위로 새지 않도록 거즈로 격리
- 장간막 반대측(anti-mesenteric border)에 절개를 가함
- 메스 또는 Metzenbaum 가위로 소심하게 절개

- 흡수성 봉합사로 단순 봉합(Simple interrupted) 또는 단순 연속 봉합(Simple continuous)
- 봉합 후 누출 여부 확인(leak test)

⑤ 장 절제 및 문합술(resection & anastomosis) 방법

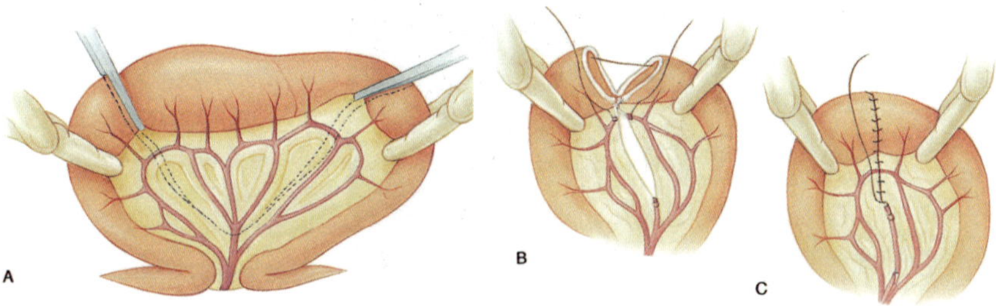

출처: ChatGPT.

[그림 6-7] 장 절제 후 장 문합술

▶ (A) 손가락을 이용하여 절제할 부위로 소화기 내용물과 출혈을 방지하기 위해 양손의 손가락을 이용해 들어올려 잡는다. (B) 절제된 장을 문합하기 쉽게 가깝게 붙여서 들어올려 수술자가 봉합할 수 있도록 한다. (C) 연속 봉합 및 단단 봉합으로 장을 문합한다.

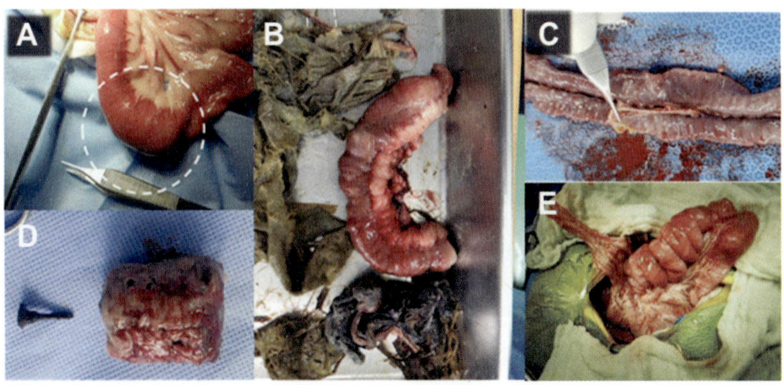

[그림 6-8] 소장이물

▶ (A) 소장폐색을 일으킨 소장 이물. (B) 소장폐쇄를 일으킨 섬유성 이물과 절제된 소장. (C) 선상 이물에 의하여 파열되어 절제된 소장. (D) A사진의 소장에서 제거된 옥수수와 금속 나사 이물. (E) 위와 십이지장에 걸쳐 있는 선상 이물.

(2) 장중첩증(Intussusception)

① 장의 한 부분이 인접 부위로 말려 들어감

② 임상 증상: 반복 구토, 혈변, 복통, 탈수

③ 수술 치료: 장 정복(reduction) 또는 절제 및 문합술

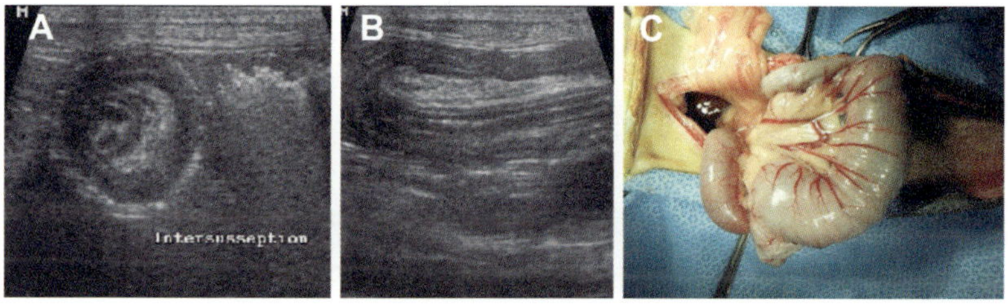

[그림 6-9] 장중첩증

▶ (A) 중첩된 소장의 가로 단면 초음파. (B) 세로 단면 초음파. (C) 개복술 후 노출된 중첩된 소장.

(3) 장 천공 및 허혈(Intestinal Perforation/Ischemia)

① 이물, 종양, 궤양, 중증 장염 등으로 발생

② 임상 증상: 복막염, 고열, 쇼크

③ 수술 치료: 응급 장 절제 및 문합술

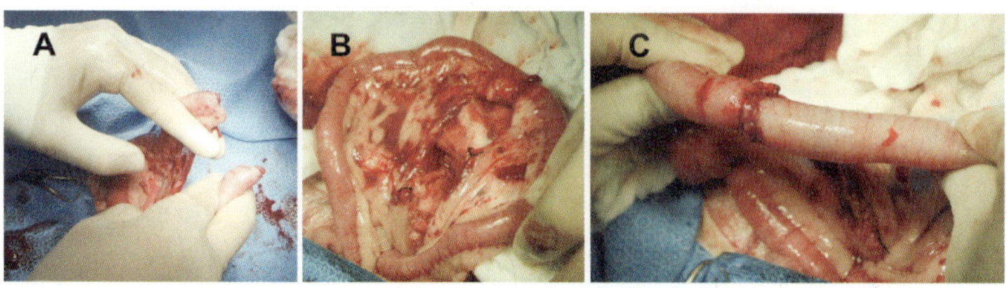

[그림 6-10] 소장 절제 후 문합

▶ (A) 검지와 중지를 이용하여 소장 파지. (B) 소장 문합후 장간막 문합 직전 모습. (C) 소장 문합 후 내용물 누출을 확인하기 위한 누출 시험(Leakage test).

3) 대장 및 직장(Large Intestine/Rectum) 질환

(1) 직장 종양(Rectal Tumor)

① 선종, 선암, 용종(polyp) 등

② 임상 증상: 혈변, 배변 곤란, 변비

③ 수술 치료: 직장 부분 절제술

4) 간 · 담도(Hepatobiliary) 질환

(1) 담낭 점액종(Gallbladder Mucocele)과 담석증(Cholelithiasis, Bile Duct Obstruction)

① 담낭에 점액이 축적되어 파열 위험, 담낭에 발생된 담석으로 담도폐쇄 발생

② 임상 증상: 구토, 황달, 복통, 무기력

③ 수술 치료: 담낭 절제술(cholecystectomy), 총담관 절개술 및 스텐트

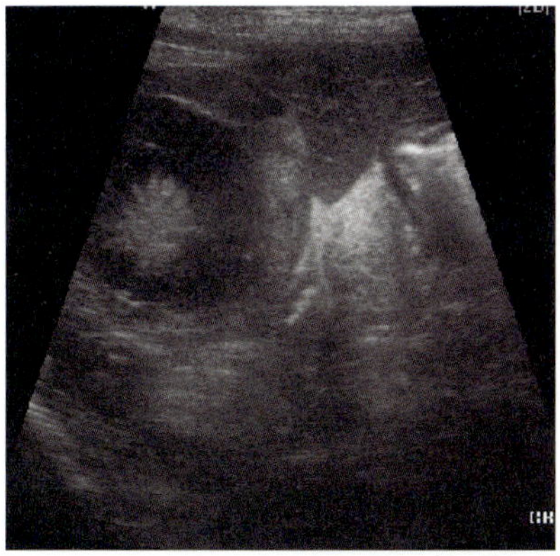

[그림 6-11] 담낭 점액종 초음파

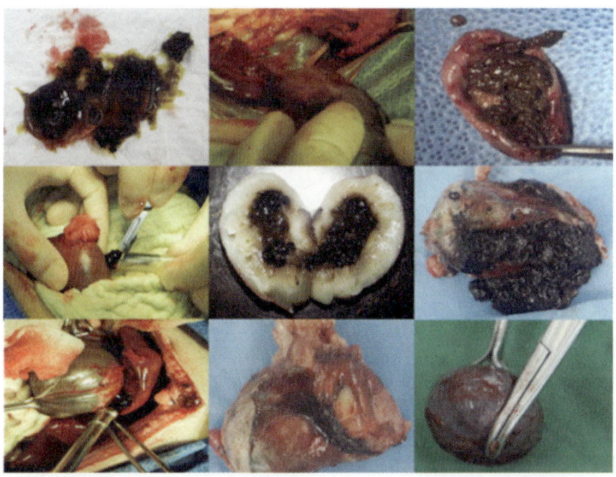

[그림 6-12] 담낭 질환으로 절제된 담낭, 담석

(2) 간 종양(Liver Tumor)

① 담석으로 담도폐쇄 발생

② 임상 증상: 무증상, 황달, 구토, 식욕 부진

③ 수술 치료: 간엽 절제술(liver lobectomy)

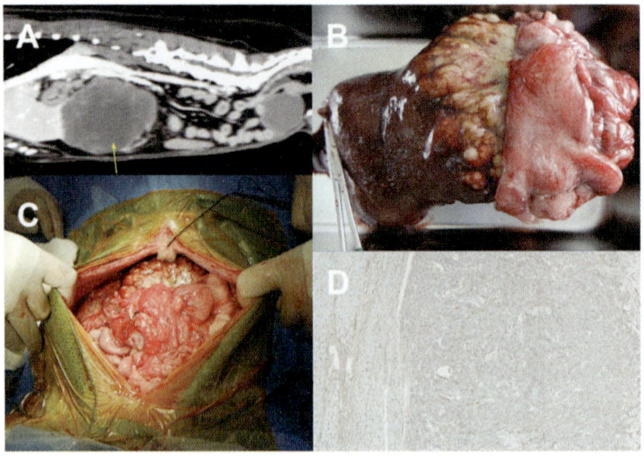

[그림 6-13] 개 대형간 육종

▶ (A) 수술 전 CT 영상. (B) 간엽과 함께 절제된 육종. (C) 개복 시 상복부 정중에서 확인되는 간육종. (D) 조직검사 결과.

5) 항문 및 직장부 질환

(1) 항문낭 종양(Anal Sac Adenocarcinoma)

① 항문 주위 종양으로 국소 침습적

② 임상 증상: 배변 곤란, 항문 주위 종괴, 림프절 전이

③ 수술 치료: 종양 절제술

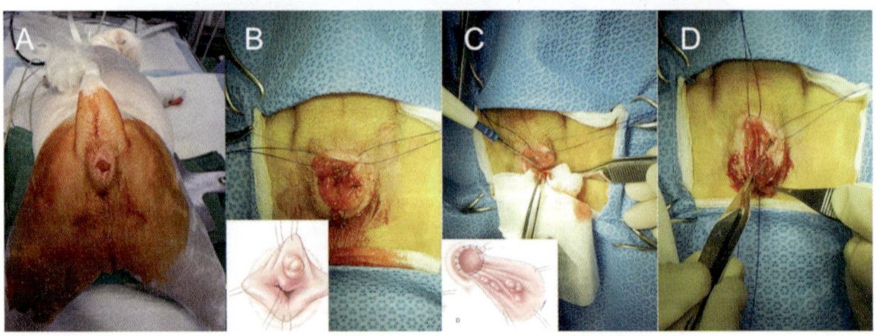

[그림 6-14] 직장 선종 절제술

▶ (A) 꼬리를 묶어 올려서 수술 부위를 소독한 모습. (B) 직장 점막을 노출하기 위해 봉합한 모습. (C) 전기수술도를 이용하여 절제하는 모습. (D) 수술 부위를 봉합하는 모습.

(2) 회음 탈장(Perineal Hernia)

① 주로 중성화되지 않은 노령 수컷 개에서 발생

② 임상 증상: 변비, 배변 곤란, 직장 탈출

③ 수술 치료: 회음 탈장 교정술

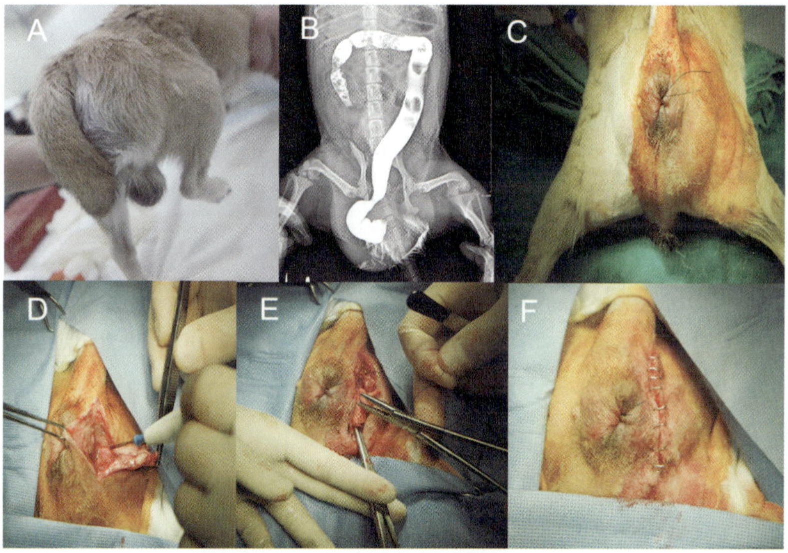

[그림 6-15] 회음부 허니아 교정술 수술 과정

▶ (A) 우측 회음부에 돌출된 허니아 육안 소견. (B) 수술 전 결장 바륨조영촬영으로 결장의 탈장 확인. (C) 술부 오염 방지를 위한 항문 주머니 봉합. (D) 항문 외측 절개. (E) 탈장된 결장과 지방을 환납시킴. (F) 절개 부위 봉합.

[표 6-1] 반려동물 소화기 외과 대표 수술 질환

구분	대표 질환	주요 임상 증상	수술적 치료
위(胃)	위염전증(GDV)	급성 복부 팽만, 호흡 곤란, 쇼크	위 감압, 위 고정술(gastropexy)
	위 이물	구토, 식욕 부진, 복통	위절개술(gastrotomy)
	위 종양	체중 감소, 만성 구토, 식욕 부진	절제술(gastrectomy)
소장	소장 이물	구토, 설사, 장폐색, 복통	장 절개술(enterotomy), 절제 및 문합술
	장중첩증	반복 구토, 혈변, 탈수	장 정복(reduction), 절제 및 문합술
	장 천공·허혈	복막염, 쇼크, 고열	응급 장 절제 및 문합술
대장·직장	직장 종양	혈변, 배변 곤란, 변비	직장 부분 절제술
간·담도	담낭 점액종, 담석증	구토, 황달, 복통	담낭 절제술(cholecystectomy)
	간 종양	무증상, 황달, 식욕 부진, 복통	간엽 절제술(liver lobectomy)
항문 및 직장부	항문낭 종양	배변 곤란, 항문 주위 종괴	항문낭 절제술
	회음 탈장	변비, 배변 곤란, 직장 탈출	회음 탈장 교정술

2. 흉부 외과

반려동물의 대표적인 흉부외과 질환은 흉강 이물, 횡격막 헤르니아, 늑골 골절·흉벽 손상, 폐엽질환(염전·종양), 기흉, 식도 질환(이물·협착), 심낭 질환(삼출·종양), 동맥관 개존증(PDA) 등이 있으며 외과적이 교정이 필요하다.

1) 흉강 내 이물(Thoracic Foreign Body)

① 이물(식물 씨앗, 뼈 조각 등)이 폐 또는 흉강 내로 유입

② 임상 증상: 기침, 호흡 곤란, 흉수 발생

③ 수술 치료: 흉강 절개술(thoracotomy) 후 이물 제거

2) 횡격막 허니아(Diaphragmatic Hernia) 심낭횡격막 허니아(Peritoneopericardial diaphragmatic hernia, PPDH)

① 교통사고나 외상에 의해 복부 장기가 흉강으로 전위

② 임상 증상: 호흡 곤란, 식욕 부진, 운동 불내성

③ 수술 치료: 횡격막 봉합술을 통한 장기 복원

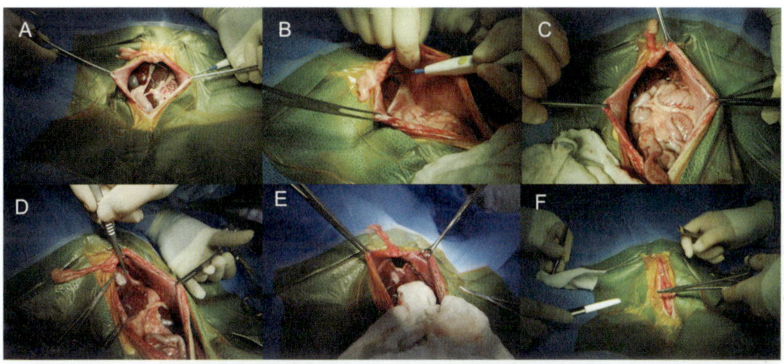

[그림 6-16] 횡격막 허니아 교정술 수술 과정

▶ (A) 복부를 정중절개하여 복벽을 밖으로 벌린다. (B) 파열된 횡격막을 확인한다. (C) 흉각으로 탈장된 장기를 복강으로 환납한다. (D) 파열된 횡격막을 봉합하기 위해 준비한다. (E) 횡격막을 비흡수성 봉합사로 봉합한다. (F) 일반적인 방법으로 복강을 닫는다.

3) 늑골 골절 및 흉벽 손상(Rib Fractures & Thoracic Wall Trauma)

① 교통사고, 낙상 등 외상 원인

② 임상 증상: 통증, 호흡 곤란, 개방성 기흉 가능

③ 수술 치료: 흉벽 재건술, 늑골 고정

4) 폐엽 질환(Lung Lobe Diseases)

① 폐엽 염전(Lung lobe torsion): 특히 deep chest 견종에서 호발하며, 우측 중간폐엽에서 호발한다. 퍼그, 페키니즈 같은 단두종에서는 좌측전엽에서 호발한다.

② 폐엽 종양(Lung tumor)

③ 수술 치료: 폐엽 절제술(lobectomy)

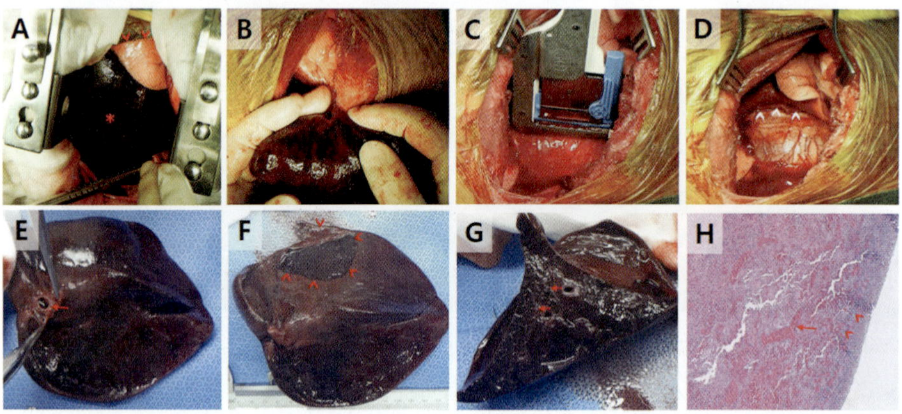

[그림 6-17] TA 스테이플러를 이용한 우측 폐 염전 중간폐엽 절제 수술 과정

▶ (A) 우측 4번, 5번 늑골 사이 개흉 후 리트렉터로 술야를 넓힌다. (B) 우측 중간 폐엽이 염전된 기시부가 보인다. (C) TA스테이플러를 이용하여 기시부를 봉합 절단한다. (D) 절제된 후 폐가 제거된 모습. (E) 절제된 폐의 기관지에 혈액이 가득 차 있다. (F) 절제된 폐엽이 괴사되어 장막이 분리되어 있다. (G) 폐 절단면에 혈액이 가득 차 있다. (H) 폐 조직 사진으로 출혈과 염증이 관찰된다.

5) 기흉(Pneumothorax)

① 자발성 또는 외상성 기흉

② 임상 증상: 호흡 곤란, 청색증, 운동 불내성

③ 수술 치료: 흉관 삽입(Chest tube placement), 재발하거나 원인 병변 존재 시 외과적 교정

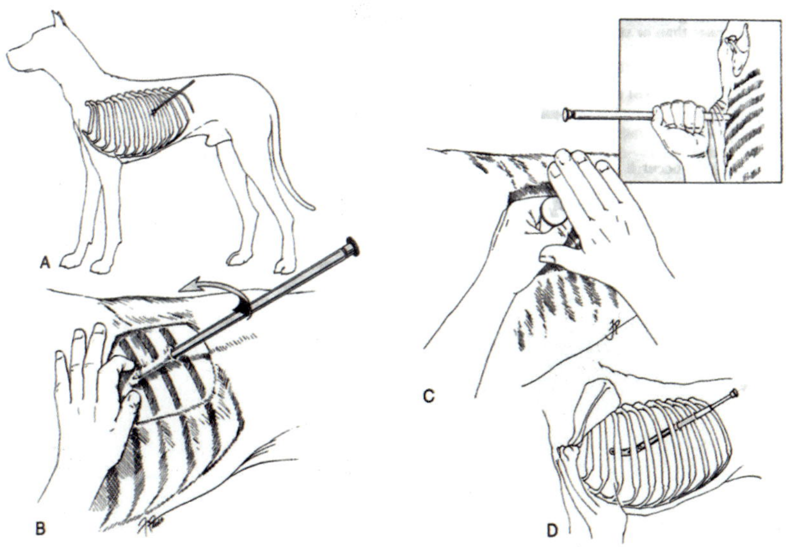

출처: Dr. Stephen Birchard blog.

[그림 6-18] 흉관 삽입 방법

▶ (A) 9번, 10번 늑간에 흉관을 장착한다. (B) 피부를 터널처럼 사용하기 위해 피부 절개는 2~3개 늑골 뒤쪽에서 집어넣는다. (C) 트로카를 이용하여 수직으로 늑간근을 뚫고 흉관을 삽입한다. (D) 심장의 아랫 방향으로 흉관이 꺾기지 않게 장착하여 고정한다.

6) 식도 질환(Esophageal Diseases)

(1) 식도 이물(Esophageal foreign body)

① 다양한 이물의 섭취에 의함

– 개: 인형, 섬유, 플라스틱, 금속, 닭뼈, 돼지뼈, 돌, 개껌류

- 고양이: 장난감, 털실 종류, 플라스틱 주로 섭취

② 임상 증상: 기관 압박 시 호흡 곤란, 침울, 식욕 부진

③ 수술 치료: 내시경을 통한 제거, 식도 파열 시 식도 절개술(esophagotomy)

- 부작용으로 식도 협착/이완 불능증 발생 시 → 식도 수술 또는 우회 수술 필요

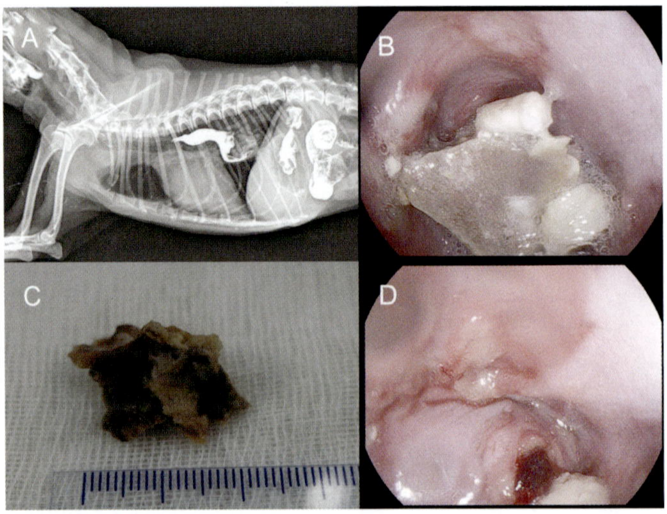

[그림 6-19] 내시경 유도 식도 원위부 닭뼈 이물 제거 모습

▶ (A) 외측 흉부방사선에서 심장 후방의 원위부 식도에서 조영제가 없는 부위에 이물이 관찰된다. (B) 내시경을 통해 이물을 확인한다. (C) 견인하여 제거된 닭뼈 이물 모습. (D) 이물이 제거된 식도에 염증과 출혈이 보인다.

7) 심낭 질환(Pericardial Diseases)

① 심낭 삼출(Pericardial effusion), 심낭 종양(hemangiosarcoma 등)

② 수술 치료: 심낭 절제술(pericardiectomy)

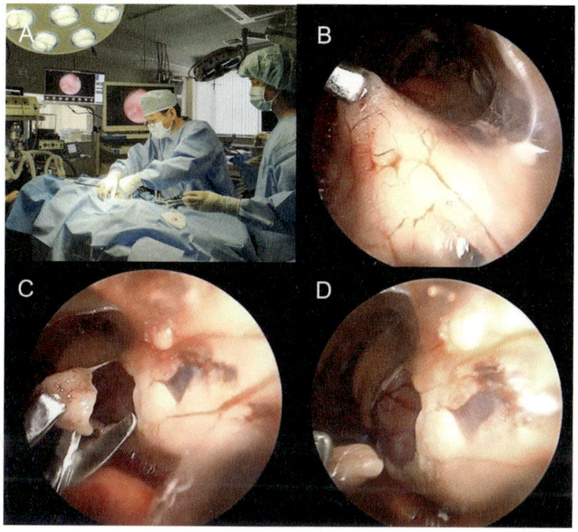

[그림 6-20] 흉강경을 이용한 심낭절제술 과정

▶ (A) 흉강경 준비. (B) 흉강경 포셉으로 심낭을 잡아 들어올린다. (C) 흉강경 가위로 심낭을 절제한다. (D) 절제된 심낭 아래 심장이 보인다.

8) 동맥관 개존증(Patent Ductus Arteriosus)

① 태생기에 폐동맥과 대동맥을 연결해 주는 혈관(동맥관, ductus arteriosus)이 출생 후에도 폐쇄되지 않고 남아있는 선천성 심장 질환으로, 동맥관이 닫히지 않아 대동맥 → 폐동맥으로 혈류 단락(좌 → 우 션트) 발생 → 폐혈류 증가 → 좌심방, 좌심실 과부하 → 심부전으로 진행

② 임상 증상: 지속적 '기계음(machinery murmur)' 심잡음(좌심 기저부, 심장 좌측), 호흡 곤란, 운동 불내성, 기침 → 진행 시 폐부종, 좌심부전, 성장 부진, 태생기 폐동맥 동맥관 개존으로 인한 지속적인 심잡음

③ 수술 치료

- 외과적 결찰(ligation): 개흉 후 동맥관 직접 결찰
- 중재적 시술(catheter-based occlusion, coil/Amplatz occluder): 최소침습적 방법, 최근 많이 이용

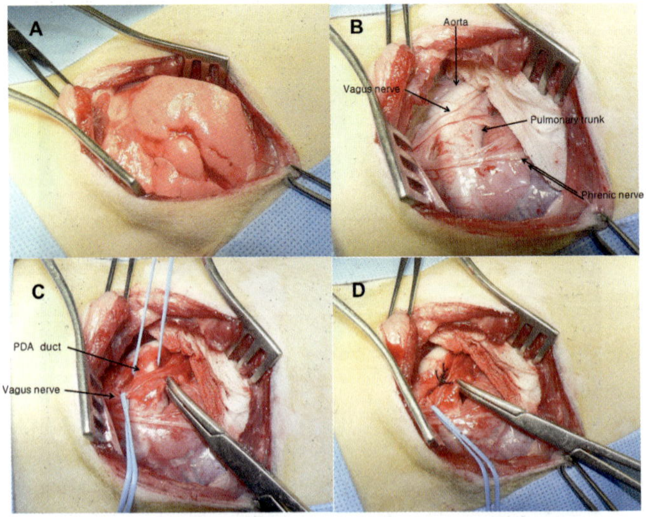

[그림 6-21] 동맥관 개존증 수술 과정

▶ (A) 늑간 절개를 통해 폐를 노출한다. (B) 젖은 거즈를 이용하여 폐를 후방으로 밀고 심장을 노출시킨다. (C) 미주신경 아래에 있는 동맥관을 분리한다. (D) 2-0 실크 봉합사를 이용하여 이중 결찰한다.

[표 6-2] 반려동물 흉부외과 대표 수술 질환

구분	대표 질환	주요 임상 증상	수술적 치료
흉강 이물	식물 씨앗, 뼈 조각 등 흉강 내 이물	기침, 호흡 곤란, 흉수 발생	흉강 절개술 후 이물 제거
횡격막 질환	횡격막 헤르니아	호흡 곤란, 식욕 부진, 운동 불내성	횡격막 봉합술
흉벽 손상	늑골 골절, 흉벽 외상	통증, 호흡 곤란, 개방성 기흉	흉벽 재건술, 늑골 고정
폐엽 질환	폐엽 염전, 폐엽 종양	호흡 곤란, 급성 호흡부전, 체중 감소	폐엽 절제술(lobectomy)
기흉	자발성/외상성 기흉	호흡 곤란, 청색증	흉관 삽입, 필요시 외과적 교정
식도 질환	식도 이물, 협착	연하 곤란, 구토, 침 흘림	식도 절개술, 교정 수술
심낭 질환	심낭 삼출, 심낭 종양	호흡 곤란, 복수, 허탈	심낭 절제술(pericardiectomy)
동맥관 개존증	동맥관 개존증	심잡음, 운동 불내성	PDA 결찰술

3. 비뇨·생식기계 외과

반려동물의 비뇨·생식기계 대표 외과 질환은 다음과 같다.

- 비뇨기계: 신장 결석/종양, 요관 결석, 방광 결석/종양, 요도 결석/협착
- 생식기계(암컷): 자궁축농증, 난소/자궁 종양
- 생식기계(수컷): 고환 종양, 잠복 고환, 전립선 질환 등이 있으며, 수술적인 치료가 필요하다.

1) 신장(Kidney)

(1) 신장 결석(Nephrolithiasis)

① 신장 내부(신우, 신배)에 결석(urinary stone, urolith)이 형성된 상태(칼슘 옥살레이트, 스트루바이트, 요산, 시스틴 등)

② 임상 증상

- 무증상인 경우가 많음(우연히 영상 검사에서 발견됨), 반복적 혈뇨, 빈뇨, 복통
- 결석 이동 시 요관폐색으로 급성 신부전, 통증을 일으킴
- 장기적으로 신장 기능 저하, 만성 신부전 가능

③ 수술 치료

- 내과적 치료: 요관 통과 유도(수액, 약물)
- 외과적 제거(내과적 치료 실패 시): 신절개술(nephrotomy), 요관 절개술(ureterotomy), SUB(Subcutaneous Ureteral Bypass) 기구 삽입, 신장 절제술(nephrotomy)등

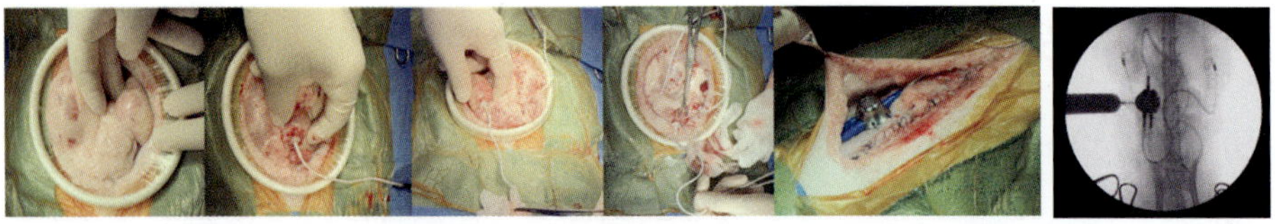

[그림 6-22] 요관 우회술(SUB) 수술 과정

▶ (1) O-ring리트렉터로 신장을 노출한다. (2) 왼쪽 신장의 아래쪽에 카테터를 넣고 글루로 접착한다. (3) 오른쪽 신장에 카테터를 넣는다. (4) 방광에 카테터를 넣고 주머니 봉합으로 고정한다. (5) 복벽에 포트를 고정하고 투시기를 사용하여 개통성을 확인한다.

(2) 신장 종양(Renal tumor)

① 개에서 발생하는 신장의 원발성 혹은 전이성 종양으로 원발성은 드물며, 가장 흔한 형태는 신세포암(Renal cell carcinoma)이며, 그 외에도 전이성 종양, 림프종, 혈관육종 등이 발생 가능

② 임상 증상: 무증상이 흔하며, 혈뇨, 복부 종괴 촉지, 체중 감소, 식욕 부진, 무기력, 구토 → 진행 시 전이로 인한 호흡 곤란, 신부전 증상

③ 수술 치료

- 편측 신장 절제술(Nephrectomy): 반대측 신장 기능이 정상일 경우 가장 효과적임

2) 요관(Ureter)

(1) 요관 결석(Ureterolithiasis)

① 신장과 방광을 연결하는 요관(ureter)에 결석이 걸린 상태로, 신장 결석이 이동해 요관을 막거나 요관 내에서 직접 결석이 형성될 수 있음

② 임상 증상: 완전 폐색 시 심한 복통, 구토, 식욕 부진, 혈뇨, 배뇨 곤란, 급성 신부전(무뇨, 핍뇨, 고질소혈증), 장기간 폐색 시 수신증, 신기능 저하

③ 수술 치료: 요관 절개술(ureterotomy), 요관 절제술(ureterectomy), 신장요관 절문합술(nephroureterectomy, 신장+요관 제거), SUB(Subcutaneous Ureteral Bypass) 장치 삽입(최근 선호)

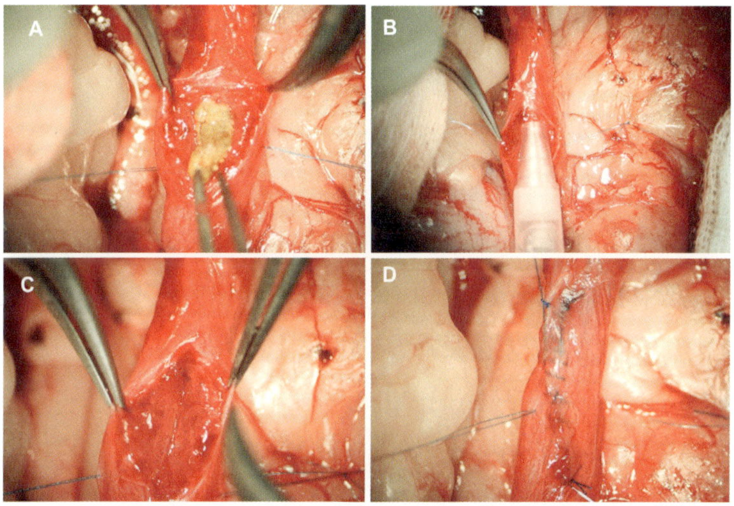

[그림 6-23] 요관 절개 요관 결석 제거술

▶ (A) 요관을 절개하여 결석을 제거한다. (B) 카테터로 요관을 세척한다. (C) 요관을 봉합한다. (D) 봉합 후 요관의 개통성을 확인한다.

3) 방광(Bladder)

(1) 방광 결석(Urolithiasis)

① 방광 내에 결석(urinary stone, urolith)이 형성된 상태(스트루바이트, 칼슘옥살레이트, 요산, 시스틴 등)

② 임상 증상

- 배뇨 곤란(dysuria), 빈뇨(pollakiuria), 혈뇨(hematuria), 배뇨 시 통증, 소변중단
- 반복되는 세균성 요로 감염이나 결석이 요도에 걸리는 경우, 급성 요도 폐

색, 무뇨로 응급 상황 발생 가능

③ 수술 치료

- 방광 절개술(cystotomy): 결석 직접 제거, 요도 폐색 시 응급 요도관 삽입 후 수술 고려
- 최신 대체법: 레이저 lithotripsy, 카테터 배출법(urohydropropulsion) 방광 절개술

(2) 방광 종양(Bladder tumor, TCC 등)

① 개 방광에서 발생하는 원발성 또는 전이성 종양으로, 가장 흔한 원발성 종양은 이행상피세포암(Transitional Cell Carcinoma, TCC)이고, 드물게 평활근종, 편평상피암, 전이성 종양도 발생함

② 임상 증상: 배뇨 곤란(dysuria), 빈뇨, 혈뇨, 방광염과 유사한 증상으로 오진되기 쉬움, 종양이 방광 삼각부(trigone) 부위에 잘 발생함, 요관·요도 폐색 동반 가능 → 진행 시 체중 감소, 무기력, 신부전 증상

③ 수술 치료

- 외과적 절제: 위치상(삼각부 발생) 완전 절제가 어려운 경우가 많음
- 내과적 치료: NSAID(piroxicam) → 종양 억제 효과, 항암 화학요법 병행 가능
- 중재적 시술: 요도 스텐트, 레이저 절제 → 배뇨 유지 목적

4) 요도(Urethra)

(1) 요도 결석(Urethrolithiasis)

① 요도 내에 결석이 걸려 소변 배출을 방해하는 상태로, 주로 방광 결석이 이동하여 요도에 걸리며, 수컷 개가 해부학적으로 요도가 좁아 발생률이 높음

② 임상 증상: 배뇨 곤란(dysuria), 배뇨 시 통증, 혈뇨, 소변이 조금씩 나오거나

아예 나오지 않는 요도 폐색(anuria/stranguria), 심한 경우는 급성 요독증, 신부전, 전해질 이상(고칼륨혈증) 발생해 생명 위협함

③ 수술 치료

- 응급 처치: 요도 카테터를 삽입해 결석 밀어넣기(retrograde urohydropropulsion), 전해질 교정 및 수액 요법
- 외과적 치료(내과적 처치 실패 시): 요도 절개술(urethrotomy) 또는 요도 조루술(urethrostomy, 주로 수컷에서 영구적 개구부 형성)

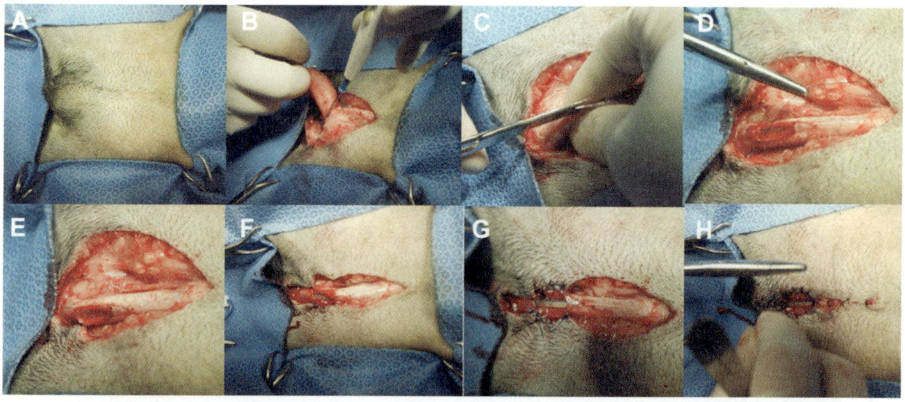

[그림 6-24] 영구적인 요도루 조성술(scrotal urethrostomy) 수술 과정

▶ (A) 수술 부위를 준비한다. (B) 음낭을 제거하고 지방을 제거한다. (C) 요도 카테터를 확인하여 요도를 절개한다. (D), (E), (F) 요도 점막과 피부를 봉합한다. (G) 1.5cm 정도의 요도 개구부를 만든다. (H) 나머지 절개부를 봉합한다.

5) 자궁/난소(Female Reproductive System)

(1) 자궁축농증(Pyometra)

① 중년~노령의 미중성 암컷 개에서 흔히 발생하는 자궁 내 세균성 화농성 염증으로, 발정 후 황체기(proestrus 이후)에서 프로게스테론의 장기 작용 → 자궁내막 증식 + 면역 억제 → 세균 감염이 원인이 됨

② 임상 증상

- 개방성(pyometra, open cervix): 외음부에서 고름 같은 분비물, 다뇨·다갈, 식욕 부진, 발열, 우울
- 폐쇄성(closed cervix): 분비물이 나오지 않아 진단이 늦음 → 급성 패혈증, 복부 팽만, 쇼크
- 전신 증상: 무기력, 구토, 설사, 탈수
- 진행 시: 패혈증, 신부전, 사망 위험

③ 수술 치료: 외과적 치료(표준 치료)인 난소자궁적출술(ovariohysterectomy, OHE) → 가장 확실하고 재발 방지 가능

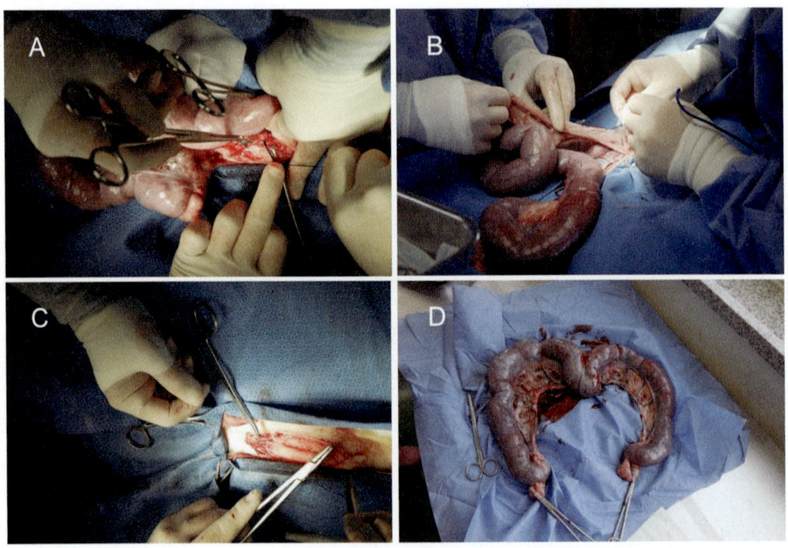

[그림 6-25] 자궁축농증 수술 과정

▶ (A) 개복하여 자궁을 견인하여 난소 동정맥을 결찰한다. (B) 자궁경을 노출하여 결찰한다. (C) 복벽과 피부를 일반적인 방법으로 봉합한다. (D) 절제된 양측 자궁뿔의 모습이다.

(2) 난소 종양(Ovarian tumor)

① 개의 난소에서 발생하는 원발성 생식기 종양으로, 주로 고령의 미중성 암컷에서 발생하며, 난소 상피종양(선종, 선암), 성숙기세포종양(과립막세포종, thecoma), 생식세포종양 등이 있음

② 임상 증상: 초기에는 무증상일 수 있으며, 이후 복부 종괴 촉지, 복부 팽만, 발정 이상(무발정, 발정 지속), 이상 출혈, 호르몬 분비 종양의 경우 유선 비대, 자궁축농증, 탈모, 골수억제 등 전신 증상 동반 가능 → 진행 시 복막 전이, 복수 발생

③ 수술 치료

- 외과적 절제: 난소자궁적출술(Ovariohysterectomy, OHE)이 외과적 표준 치료, 양이 양측성일 경우 → 양측 난소 + 자궁 절제, 전이 있거나 악성인 경우 → 예후 불량
- 항암 치료: 일부 난소암(예: 난소암, 과립막세포종 등)에 제한적으로 사용

6) 고환/전립선(Male Reproductive System)

(1) 고환 종양(Testicular tumor)

① 개에서 비교적 흔한 수컷 생식기 종양으로, 주로 중년~노령, 미중성 수컷에서 발생함

- 주요 종류: 세르톨리 세포종(Sertoli cell tumor), 간질세포종(Interstitial/Leydig cell tumor), 정세포종(Seminoma), 잠복 고환(cryptorchidism) 개체에서 발생 위험이 높음

② 임상 증상: 고환 비대 또는 비대칭

- 세르톨리 세포종: 에스트로겐 과다 분비 → 대칭성 탈모, 여성화 증후군, 전립선 비대, 골수 억제(빈혈, 백혈구·혈소판 감소) 가능

- 간질세포종: 보통 무증상, 드물게 안드로겐 과다
- 정세포종: 주로 무증상, 드물게 호르몬 이상

③ 수술 치료: 고환 절제술(castration)이 표준 치료, 조기 절제 시 대부분 예후 양호

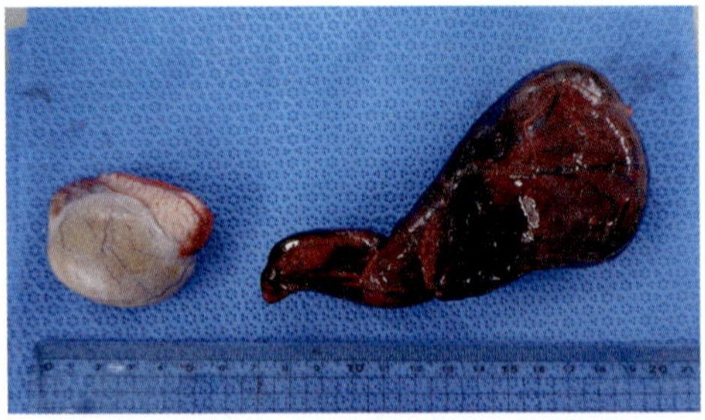

[그림 6-26] 절제된 고환 종양(좌)과 고환 염점(우)

(2) 잠복 고환(Cryptorchidism)

① 정상적으로는 태생기 고환이 복강 → 서혜관 → 음낭으로 내려와야 하는데, 출생 후 일정 시기에 음낭으로 이동하지 못하고 복강 또는 서혜부에 남아있는 상태로 선천성, 유전적 요인이 강함

② 임상 증상

- 무증상인 경우가 많아 우연히 신체검사에서 발견됨
- 양측 잠복 고환일 경우 불임
- 잠복 고환은 정상 고환보다 체온이 높아 정자 형성 억제, 종양 발생 위험(세르톨리 세포종, 세미노마)이 높음
- 서혜부에 위치 시 촉진 가능, 복강 내는 촉진 어려움

③ 수술 치료

- 불임·종양 위험 예방을 위해 양측 고환 제거술(castration) 권장
- 정상 위치 고환도 함께 제거해야 재발 및 종양 위험 예방 가능

(3) 전립선 질환(Prostatic disease-낭종, 종양, 농양 등)

① 전립선 낭종: 전립선 내 또는 주변에 액체가 고여 낭포 구조가 형성된 상태로, 선천성 또는 후천성(호르몬 불균형, BPH와 연관)임

② 전립성 종양: 개 전립선의 원발성 또는 전이성 종양으로, 가장 흔한 원발성 종양은 전립선 선암(Prostatic adenocarcinoma)이 있음

③ 전립선 농양: 전립선 내부에 세균 감염으로 고름이 고여 있는 상태로, 흔히 BPH나 낭종에 2차 감염으로 발생함

④ 임상 증상: 배뇨 곤란, 혈뇨, 빈뇨 등이 있을 수 있으며, 종양은 전이 시 골통증, 후지 파행, 체중 감소 등이 있을 수 있음

⑤ 수술 치료

- 낭종: 외과적 절제 또는 배액, 재발 방지를 위해 중성화 수술(castration) 병행
- 종양: 근본적 치료가 어려우며, 외과적 절제는 거의 불가능해 완화 목적의 NSAID(piroxicam), 항암 화학 요법, 방사선 치료를 실시함
- 농양: 수술적 배농(marsupialization, omentalization 등)과 광범위 항생제 투여, 중성화 수술 권장

[표 6-3] 반려동물 비뇨·생식기계 외과 대표 수술 질환

구분	대표 질환	주요 임상 증상	수술적 치료
신장	신장 결석	혈뇨, 복통, 신부전	신장 절개술(nephrotomy), 부분 절제술
	신장 종양	체중 감소, 혈뇨, 복부 종괴	신장 절제술(nephrectomy)
요관	요관 결석	무뇨/소변량 감소, 신부전	요관 절개술, 문합술, SUB 장치 삽입
방광	방광 결석	혈뇨, 배뇨 곤란, 빈뇨	방광 절개술(cystotomy)
	방광 종양(TCC 등)	혈뇨, 배뇨 장애	부분 방광 절제술
요도	요도 결석	배뇨 곤란, 혈뇨, 요폐	요도 절개술, 요도 조성술(urethrostomy)
	요도 협착/외상	배뇨 장애	요도 재건술
암컷 생식기	자궁축농증	다뇨 다갈, 구토, 질 분비물	난소-자궁 적출술(OHE)
	난소 종양	복부 종괴, 발정 이상	난소 적출술(ovariectomy/OHE)
	자궁 종양	복부 팽만, 질 분비물	난소-자궁 적출술(OHE)
수컷 생식기	고환 종양	음낭 종대, 무기력	거세술(castration)
	잠복 고환	복부/서혜부 종괴	복강 내 고환 적출술
	전립선 질환(낭종, 농양, 종양)	배뇨 곤란, 혈뇨, 배변 장애	전립선 수술, 배액술, 거세술 병행

4. 정형외과

반려동물에서 수술이 필요한 대표 정형외과 질환은 골절, 슬개골 탈구, 십자인대 단열(CCLR), 고관절 질환(이형성증, 탈구), 성장판 손상, 골종양 등이다.

1) 골절(Fractures)

① 외상이나 병적 원인으로 인해 뼈의 연속성이 부분 또는 완전히 파괴된 상태로, 교통사고, 추락, 교상, 병적(종양, 대사성 질환) 등이 원인

② 임상 증상: 국소적 통증, 종창, 변형, 기능 소실(체중 부하 불가), 파행, 비정상적인 운동, 골절 부위 마찰음(crepitus), 심한 경우 개방성 골절→출혈, 감염 위험

③ 수술 치료: 응급 처치로 안정화, 출혈 조절, 통증 관리, 핀, 플레이트, 외부 고정 장치(external fixator), 나사 등을 이용한 정복 및 고정

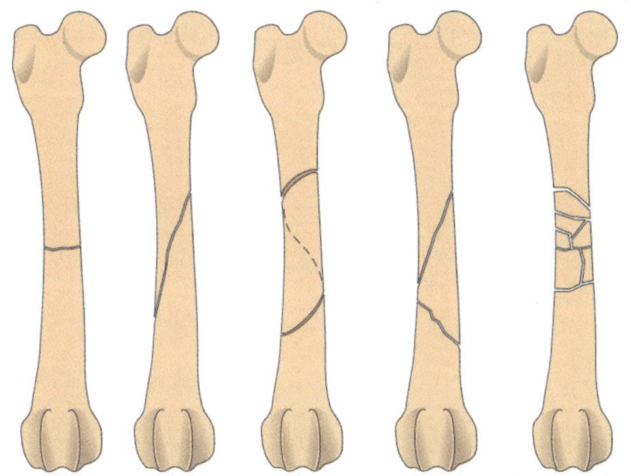

출처: Classification of fractures based on direction and number of fracture lines. Fossum. Fifth Edition. FIG. 32.3

[그림 6-27] 골절 방향과 골절 라인의 숫자에 따른 골절 분류 방법

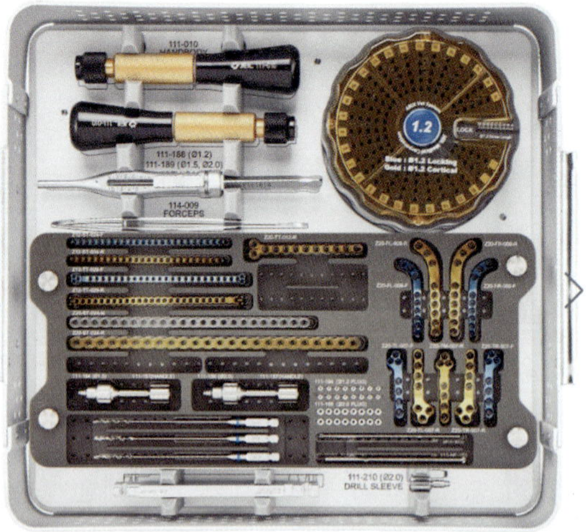

출처: 제일메디컬.

[그림 6-28] 골판과 골나사 기구 세트

2) 슬개골 탈구(Patellar Luxation)

① 슬개골(무릎뼈)이 대퇴골 활차구(trochlear groove)에서 정상 위치를 벗어나 내측 또는 외측으로 탈구되는 상태로, 소형견에서는 내측 탈구, 대형견에서는 외측 탈구가 흔함

② 임상 증상

- 간헐적 절뚝거림, 비정상적 보행 → 진행 시 지속적 파행, 관절염, 뒷다리 변형
- 탈구 등급(Grade I–IV)에 따라 임상 증상 다양

③ 수술 치료: 중등도~중증(Grade II 이상 + 임상 증상) 외과적 교정술 필요

- 활차구 깊게 만드는 활차구 성형술(trochleoplasty)
- 경골조면 전위술(tibial tuberosity transposition)
- 연부 조직 조정술(내측 지대 이완, 외측 지대 강화 등)

④ 재활 치료: 관절 관리 필수(특히 소형견 내측 탈구)

3) 십자인대 단열(Cranial Cruciate Ligament Rupture, CCLR)

① 개 무릎 관절(슬관절)의 전십자인대(CrCL)가 부분 또는 완전히 파열된 상태로, 슬개골 탈구와 함께 개에서 가장 흔한 후지 파행 원인 중 하나이며, 주로 외상, 비만, 퇴행성 변화 등이 원인

② 임상 증상

- 급성 파행: 체중 부하 불가, 다리 들고 있음
- 만성형: 간헐적 파행 → 점진적 악화, 관절염 동반
- 무릎 관절 불안정성: 전방전위 검사(cranial drawer sign), 경사대퇴골 압박시험(tibial thrust test) 양성
- 관절 종창, 통증, 근위축

③ 수술 치료: 외측 봉합술(Extra-capsular repair), TPLO(Tibial Plateau Leveling Osteotomy), TTA(Tibial Tuberosity Advancement)

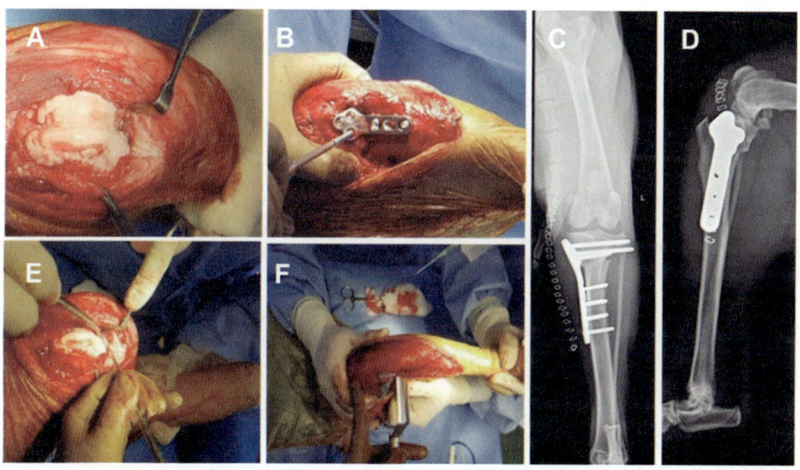

[그림 6-29] 전십자인대 단열 교정을 위한 TPLO(Tibial Plateau Leveling Osteotomy) 수술 과정

▶ (A) 무릎관절을 절개하여 십자인대와 반월판을 확인한다. (B) TPLO플레이트를 장착한다. (C) 수술후 방사선상 플레이트와 골나사를 확인한다. (D) 외측상에서 경골의 근위부가 회전된 것이 확인된다. (E) 남아있는 잔여 십자인대를 제거하는 모습. (F) 원형톱을 이용하여 근위부 경골을 절단하는 모습

4) 고관절 이형성증(Hip Dysplasia)

① 선천적·유전적 요인으로 인해 대퇴골두와 비구(acetabulum)의 적합성이 떨어져 관절이 느슨해지고, 점차 퇴행성 관절 질환(OA)으로 진행하는 질환

② 임상 증상: 절뚝거림, 기동성 저하, 통증

③ 수술 치료: 관절낭 절제술(FHO, Femoral Head Ostectomy), 인공 고관절 치환술(Total Hip Replacement, THR)

5) 고관절 탈구(Hip Luxation)

① 대퇴골두가 고관절(비구, acetabulum)에서 이탈된 상태로, 개에서 가장 흔한 관절 탈구 중 하나이며, 주로 교통사고, 추락, 외상으로 발생하며 고관절 형성부전(hip dysplasia)과 연관되기도 함

② 임상 증상

- 급성 파행 및 체중 부하 불가, 환측 다리 짧아짐, 외전·내회전 자세
- 촉진 시: 대퇴대전자(큰돌기) 위치 변화 → '삼각형 변형' 징후
- 통증, 근육 긴장, 보행 불가

③ 치료

● 비수술적 정복(Closed reduction)

- 전신 마취 후 탈구된 대퇴골두를 제자리로 맞춤, Ehmer sling 등 고정 적용 → 재탈구 위험 높음

● 외과적 치료(Open reduction):

- 관절낭 봉합(capsulorrhaphy) 나사·핀·와이어 이용한 안정화
- 대퇴골두 절제술(Femoral head ostectomy, FHO) → 재건 불가 시
- 인공 고관절 치환술(Total hip replacement, THR) → 대형견에서 선택적 치료(도수 정복 후 고정, 반복 시 FHO 또는 인공 고관절 치환술)

6) 골종양(Bone Tumors, 특히 Osteosarcoma)

① 개에서 발생하는 뼈의 원발성 또는 전이성 종양으로, 가장 흔한 형태는 골육종(Osteosarcoma, OSA)이 있으며, 특히 대형견, 장골 원위부(요골 원위, 상완골 원위, 경골 근위 등)에 호발

② 임상 증상: 파행, 절뚝거림(점차 진행성 악화), 국소적 종창과 통증, 병적 골절(pathologic fracture)

③ 수술 치료: 사지 절단술(Amputation), 종양 절제 및 항암 치료 병행

[표 6-4] 반려동물 정형외과 대표 수술 질환

구분	대표 질환	주요 임상 증상	수술적 치료
골절	장·단골 골절	외상, 절뚝거림, 통증	내고정술(금속판, 핀, 나사), 외고정술, 골수 내 고정
무릎 관절	슬개골 탈구	간헐적 절뚝거림, 비정상 보행	고정술, 활차구 교정, 경골 조정술
	십자인대 단열(CCLR)	급성 절뚝거림, 무릎 불안정성	외측 봉합술, TPLO, TTA
고관절	고관절 이형성증	기동성 저하, 통증, 절뚝거림	대퇴골두 절제술(FHO), 인공 고관절 치환술(THR)
	고관절 탈구	외상 후 절뚝거림	도수 정복 및 고정, FHO, THR
골종양	골육종(Osteosarcoma)	통증, 종창, 병적 골절	사지 절단술, 종양 절제 및 항암 병행

5. 수술 보조

동물보건사는 수술 전 준비 → 수술 중 멸균·비멸균 보조 → 수술 후 회복 관리 전 과정에서 핵심적인 역할을 담당하며, 이는 환자의 안전과 수술 성공에 직접적으로 기여한다.

1) 수술 전(Preoperative) 역할

(1) 환자 준비

- 환자의 체위 고정, 수술 부위 제모 및 소독, 활력 징후 확인, 수액·산소 공급 보조

(2) 수술실 준비

- 수술 기구, 소모품, 멸균포(drape) 세팅, 멸균 구역 설정 및 청결 유지, 수의사 지원
- 환자 모니터링 장비 연결(심전도, 산소포화도 등), 항생제·마취제 준비 및 기록 보조

2) 수술 중(Intraoperative) 역할

(1) 멸균 보조

- 멸균 가운·장갑 착용 후 수술 기구 전달, 흡인(suction), 지혈, 견인 등 1차 보조 역할 수행

(2) 비멸균 보조

- 모니터링 장비 관찰(심박수, 호흡수, 체온, 산소포화도), 수액 조절, 약물 추가 준비, 수술실 내 청결·안전 유지, 긴급 상황 대처, 심정지·저혈압 등 응급 상황 시 신속한 수의사 지원

3) 수술 후(Postoperative) 역할

(1) 환자 회복 관리

- 마취 회복 모니터링(호흡, 체온, 맥박, 통증), 산소 공급, 체온 유지, 수액 관리

(2) 상처 관리

- 수술 부위 드레싱, 소독, 배액관 관리

(3) 기록 관리 및 보호자 설명 보조

- 환자의 회복 상태, 투약 내역 기록, 수의사의 설명을 보조하여 보호자 이해 돕기

4) 전문적 역할의 의미

동물보건사의 수술 보조는 단순한 '도움'이 아니라 환자의 안전과 수술 성공률을 높이는 전문적 활동이다. 집도의가 집중적으로 수술을 수행할 수 있도록 지원하는 동시에, 환자의 생명을 지키는 또 하나의 안전망 역할을 수행한다. 따라서 동물보건사는 외과적 지식(수술 순서, 멸균 원칙, 기구 명칭, 응급 상황 대처)을 반드시 숙지해야 한다.

[표 6-5] 동물보건사의 수술 보조 역할

구분	주요 내용	세부 역할
수술 전(Preoperative))	환자 준비	체위 고정, 제모·소독, 활력 징후 확인, 수액·산소 공급
	수술실 준비	기구·소모품 세팅, 멸균포(drape) 준비, 청결 유지
	수의사 지원	모니터링 장비 연결, 약물 준비, 기록 보조
수술 중(Intraoperative)	멸균 보조	멸균 가운·장갑 착용, 기구 전달, 흡인·지혈·견인
	비멸균 보조	모니터링 관찰(심박, 호흡, 체온 등), 수액 조절, 약물 준비
	긴급 상황 대처	심정지·저혈압 등 응급 시 신속한 보조
수술 후(Postoperative)	환자 회복 관리	마취 회복 모니터링(호흡, 체온, 맥박, 통증), 산소 공급, 수액 관리
	상처 관리	수술 부위 드레싱, 소독, 배액관 관리
	기록·보호자 보조	회복 상태 기록, 보호자 설명 시 보조

제7장

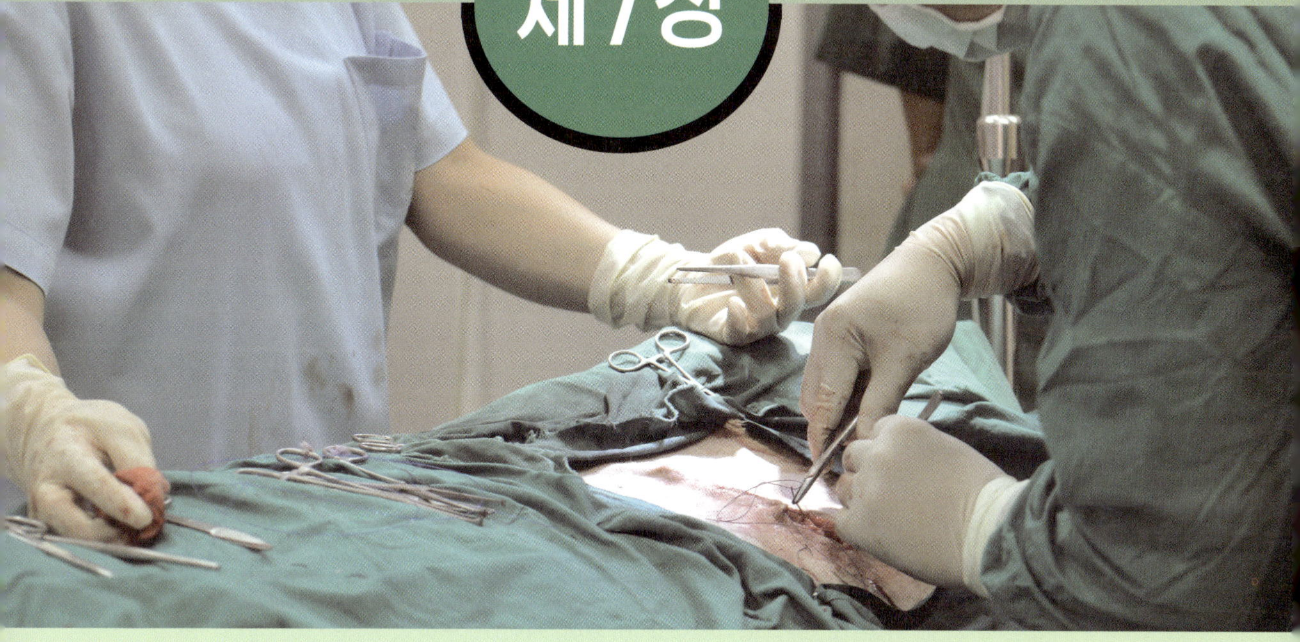

수술 후 동물 관리

1. 마취에서의 회복
2. 수술 부위의 관리
3. 통증 관리
4. 일반적인 수술 후 평가 사항

수술 후 관리(Postoperative care)는 환자의 빠른 회복과 합병증 예방을 위해 매우 중요하다. 수술이 성공적으로 끝났더라도 회복 과정에서 문제가 생길 경우 전반적인 예후가 나빠질 수 있다. 이 장에서는 마취 회복부터 통증 관리, 수술 부위의 관찰 및 일반적인 평가 사항까지, 동물보건사가 반드시 숙지해야 할 수술 후 관리의 핵심을 다룬다.

1. 마취에서의 회복

1) 회복기의 중요성

수술 직후 마취에서 깨어나는 시기인 회복기는 수술만큼이나 중요한 관리 단계이다. 수술 직후의 회복기는 마취와 수술이 만들어 낸 생리적 불안정성이 한꺼번에 표면화되는 시간대다. 호흡과 순환이 재정렬되는 동안 저환기·저산소증, 저혈압, 저체온, 구토·흡인, 흥분과 발악이 겹쳐 나타날 수 있으며, 이때의 판단과 처치는 예후를 좌우한다. 따라서 회복을 일반 병동의 한 켠에서 임기응변으로 관리하는 방식은 안전 여유가 좁고, 문제 인지와 개입이 늦어질 가능성이 크다. 마취와 관련하여 개와 고양이의 예후 불량 사례의 47~60%가 수술 후 마취 종료 3시간 이내 발생하였다(AAHA, 2020). 따라서 동물보건사는 이 시기에 동물을 세심하게 관찰하고, 빠르게 이상 징후를 파악해 조치를 취해야 한다.

2) 회복실의 준비

이 시기는 생리적으로 매우 불안정하며, 호흡 저하, 저체온증, 구토 및 흡인, 통증, 출혈 등 다양한 합병증이 발생할 수 있으므로, 신속한 대처가 필요하다. 따라서 마취 회복 시 발생할 수 있는 합병증의 모든 경우의 수를 대비할 수 있는 공간이 필요하다(별도의 공간을 마련하지 못하는 경우 수술실, 처치실 혹은 ICU를 아래와 같은 환경으로 조성하는 것이 필요하다).

조용하고 안락한 회복 환경 회복실은 우선 '조용하고 예측 가능한' 치유 환경을 제공해야 한다. 수술실과 분리된 저조도의 전용 공간은 소음과 과도한 자극을 줄여 각성 흥분과 자해 위험을 낮춘다. 밝은 조명, 소음, 차가운 환경 같은 환경적 스트레스는 불편감과 흥분을 유발하므로 피한다. 바닥은 미끄럼 방지 재질로 마감하여 기립·보행 재개 시 넘어짐을 방지하고, 다양한 장비들이 원활히 드나들 수 있도록 출입 폭과 동선을 확보한다. 이처럼 구조적 요소를 미리 설계해 두는 것만으로도 약물 추가 투여, 상처 보호, 재삽관 등 시간 민감적 처치의 실행 가능성이 크게 높아진다.

산소 및 마취가스 공급 회복실 설비의 핵심은 호기 마취가스와 산소를 다루는 능력이다. 잔류 마취가스는 환자와 인력 모두에 위해가 될 수 있으므로, 기계 환기 또는 국소 배기(scavenging) 시스템을 갖추고 배기구를 케이지 상부·후방에 배치해 동물의 호기 가스를 즉시 포집·배출한다. 산소는 전용 유량계가 부착된 출구 포트에서 안정적으로 공급하되, 케이지형 포트·ET Tube·마스크 등 환자에게 최대한 산소가 잘 공급될 수 있는 방식으로 선택한다. 장시간 산소 보조가 필요한 경우 점막 건조와 흡수성 무기폐를 예방하기 위해 가습을 병행하는 것이 바람직하다. 이러한 공조·산소 인프라는 회복기의 가장 흔한 위험-기도 부분 폐쇄와 산소화 저하-에 대한 1차 방어선에 해당한다.

[표 7-1] 적절한 산소 유량 지침

단계	산소 유량(O_2 Flow Rate)-재호흡 회로 기준
유도 단계 (마취 시작 후 초기 5~10분)	40~60mL/kg/min
유지 단계 (Maintenance)	20~40mL/kg/min
회복 단계 (Recovery)	40~60mL/kg/min
최소 유량(Minimum Flow)	계산한 유량이 500mL/min 이하이면, 500mL/min 사용

출처: Virginia Tech University.

체온 관리 체온 관리 역시 회복실이 반드시 해결해야 할 과제다. 마취로 억제된 열 조절 기능은 저체온을 유발해 회복 지연, 떨림에 따른 산소 소모 증가, 부정맥 위험을 높인다. 순환식 온수 담요와 강제 온풍 워머, 가온 수액 워머를 구비해 적극적 재가온을 시행할 수 있도록 준비한다. 적외선 램프를 사용하여 가온할 수 있으나, 직접 접촉을 피하여 실시한다.

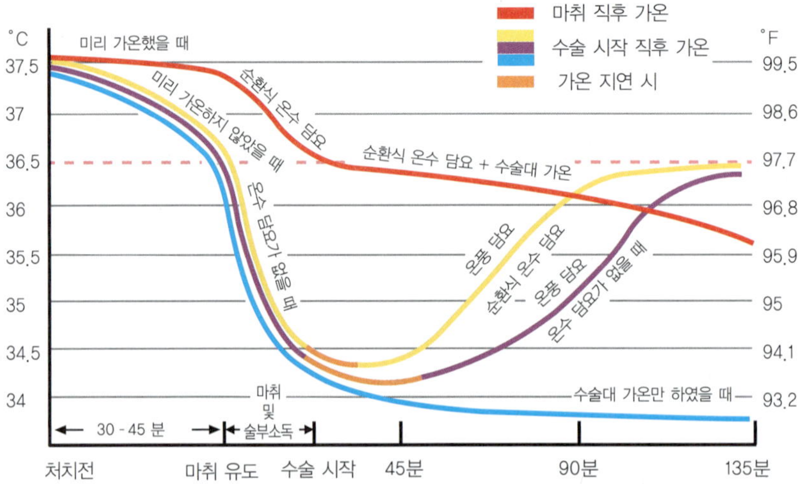

출처: Dunlop(2014).

[그림 7-1] 열 손실 방지 방법별 체온의 변화

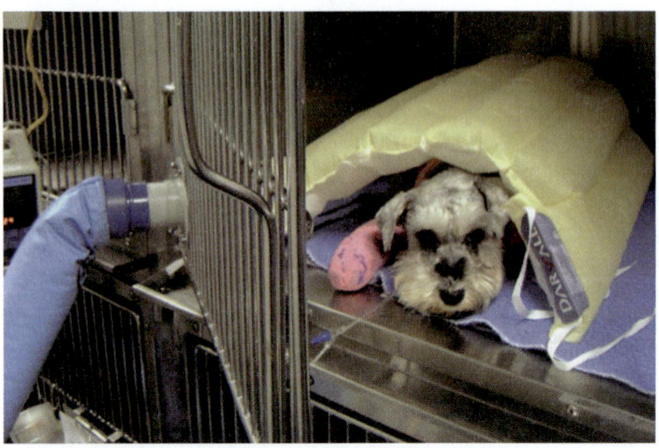

[그림 7-2] 온풍 담요를 활용한 체온 관리

응급 장비 및 약물 구비 맥박 산소계와 도플러 또는 오실로메트릭 혈압계, 심전도, 연속 또는 비연속 체온계는 기본 구성이며, 가능하다면 호기말 이산화탄소 모니터를 추가해 환기 상태를 정량적으로 파악한다. 안검반사와 안구 위치를 확인하기 위한 조명 펜은 간단하지만 각성 진행 판단에 유용하다. 응급 상황을 대비해 후두경(사이즈별 블레이드)과 재삽관용 기관 내 튜브를 즉시 집도할 수 있는 위치에 비치하고, 마취기 또는 백밸브 마스크, 흡인기, 그리고 에피네프린·아트로핀·역전제 등 필수 약제와 정맥로 소모품을 갖춘 응급 카트를 상시 점검 상태로 유지한다. 이러한 준비는 '기도 우선' 원칙을 실제 행동으로 연결해 주며, 저산소증·저환기·저혈압과 같은 회복기의 치명적 합병증에 대한 골든타임을 지켜준다.

3) 회복기의 단계별 모니터링 요소

마취 전 과정 어디에서나 합병증이 생길 수 있지만, 마취 관련 사망의 상당 비율(개·고양이 각각 약 47~60%)이 '수술 후 회복기'에 발생하며, 그중 대부분은 마취 종료 후 첫 3시간에 일어난다. 따라서 회복기 환자 관찰은 마취 유지 단계와 동일한 수준의 경계심으로 수행되어야 하며, 훈련된 인력에 의한 지속 모니터링이 필수적이다. 회복 중에는 심박수(HR), 호흡수(RR), 산소포화도(SpO_2), 혈압(BP), 체온을 계속 감시하고 기록한다. 환자는 의식이 또렷하고, 정상 체온을 회복하며, 보행이 가능해질 때(수술 전부터 보행 불가였던 환자는 예외)까지 면밀히 관찰한다. 최적의 회복 시간은 보통 마취 종료 후 10~30분으로 제시되지만, 실제 소요 시간은 환자의 건강 상태, 마취 기법(호흡 vs 주사), 마취 지속 시간, 체온 등에 따라 달라진다.

정맥 카테터는 필요시 진정제·진통제·소생 약물을 즉시 투여할 수 있도록 발관 후 생리 지표가 정상 범위로 돌아올 때까지 유지하는 것이 바람직하다. 발관(extubation)은 호흡수와 산소포화도가 정상 범위이고, 환자가 연하(삼킴) 반사로 기도를 충분히 보호할 수 있을 때 시행한다. 발관 직전에는 커프의 공기를 완전히 뺀 뒤 튜브를 제거한다. 다만 치과 처치나 비경 검사(코 내시경)를 받은 환자에서는 코끝을 등보다 약간 낮추고, 커프를 살짝 부풀린 채로 조심스럽게 발관하면, 혈전·잔여 분비물을 기관에서 끌어내 인두 쪽으로 모아 배출·삼킴되게 하여 흡인 위험을 줄일 수 있다.

■ 발관 방법

① 이소플루란 투여를 중단한다.
② 환자를 이동시키기 전, 히팅패드를 바닥으로 옮기고 환자를 그 위에 둔다.
(환자를 이동하기 전에는 반드시 환자를 산소 회로에서 분리할 것)
③ 호스에 있는 마취가스를 제거하기 위해 Flusing한 후 환자를 다시 산소에 연결한다. (산소 유량 조절)
④ 후두경(laryngoscope)을 이용해 인두(pharynx) 내 역류물(regurgitation)이 남아있는지 확인한다.
⑤ ET 튜브의 묶음을 풀어둔다. 단, 환자의 연하반사나 Tube를 씹기 전까지 커프(cuff)를 탈기하지 않는다.
⑥ 체온이 36.7℃ 이하라면 온풍 보온장치를 준비한다.
⑦ 환자의 연하반사가 생기면, 커프를 탈기시키고 부드럽게 발관(extubation)한다.
⑧ 발관 후 콧구멍에서 공기 흐름(airflow)이 정상적으로 있는지 확인한다.
⑨ 환자가 스스로 일어나 안정적으로 몇 걸음 이동할 수 있을 때까지 관찰을 지속한다.

회복기의 모니터링은 시간 경과에 따라 초점이 달라진다. 마취 중단 직후는 생리적 변화가 급격한 구간으로, 의식·호흡·순환·체온을 자주 집중 관찰한다(약 0~15분). 따라서 이 구간에는 가급적 자주(주로 매 분 간격) 의식·호흡·순환·체온 등 생체 지표를 체크하여야 한다. 15~60분에는 안정화 추세를 확인하며 10~15분 간격으로 간헐 모니터링으로 전환하고, 이후에는 합병증 신호(저산소증, 저혈압, 출혈, 저체온의 재발 등)가 없는지 30~60분 간격으로 추적한다. 이러한 단계적 접근의 목적은 위험 신호를 가능한 한 이른 시점에 포착하고, 기도 확보·산소 보조·재가온·진통 보정 등 표준화된 개입으로 예후를 향상시키는 데 있다.

특히 유심히 모니터링하여야 하는 지표는 다음과 같다.

- 의식 수준: 반응 자극(호명·가벼운 촉각)에 대한 반응, 머리 들기와 자세 유지, 연하·기침 반사, 안검반사와 안구 위치의 정상화로 각성 진행을 평가한다.
- 심박수/혈압: 심박수와 수축기 혈압은 마취 전 대비 ±20% 이내 변동이 이상적이며, 말초 맥박은 강하고 규칙적이어야 한다. SBP 〈 90mmHg 또는 맥박 미약·불규칙 시 즉시 원인 탐색과 처치를 시행한다.
- 체온: 35℃ 이상이면 떨림이 나타나지 않는 것이 일반적이며, 떨림이 관찰될 경우 능동 가온으로 교정한다. 저체온(예: 36.7℃ 미만) 역시 약물 대사를 늦춰 회복을 지연시키므로, 회복 전 과정에 걸쳐 가온이 필수적이다. 표면 가온은 저온 화상 위험이 있어 피부와 장비 사이를 반드시 한 겹 보호하고, 15~20분 간격으로 피부 상태와 체위를 바꿔 국소 과열·압박 손상을 막는다. α2 작용제 투여 환자는 말초 혈관 수축으로 표면 가온의 효율이 떨어져 가온 수액·체강 세척 같은 심부 가온을 병행하는 편이 낫다. 약효가 풀린 후 말초 재관류로 'Afterdrop'이 생길 수 있으므로 가온을 바로 끊지 말고 안정 구간까지 이어간다. 호흡 마취제의 말초 혈관 확장은 초기 저체온을 심화하므로 유도 전 Pre-warming과 수술 중 적극 가온이 효과적이다. 체온 상승은 시간당 0.5~1.0℃ 범위를 목표로 하여 과열·저온 화상을 예방한다.
- 산소포화도(SpO_2): 공기 호흡에서 ≥94%를 정상으로 판단하며, 점막이 연분홍색이고 CRT 1~2초이면 말초 관류가 적절함을 시사한다. 저하 시 기도 개방성부터 재평가하고 필요시 산소 보조를 시작한다.
- 각성 상태: 의식이 또렷하고 머리를 들 수 있으며, 삼킴이 가능하고 정상적인 안구반사를 보일 때 각성으로 간주한다. Jaw tone(깨무는 힘)이 정상화되면 각성 상태로 판단하며, 느슨하면 각성이 불완전한 상태로 본다.
- 호흡수/호흡 패턴/기도 개방성: 규칙적 자발 호흡, 흉복 호흡의 대칭, 상기도 잡음(협착음·천명) 유무를 본다. 회복 초기에는 호흡 억제가 비교적 흔하며, 그 결과 과이산탄산혈증(고탄산혈증)과 저산소혈증이 동반될 수 있다. 심한 고탄산혈증은 뇌기능 장애를 일으키고 호흡 정지로 이어질 수 있으므

로 주의해야 한다. 가능하다면 ETT(기관 내 튜브) 끝에 캡노그래프 어댑터를 연결한 상태로 발관 직전까지 환기 상태($ETCO_2$)를 추적하고, 산소포화도 측정은 회복 전 과정에서 지속 사용한다. 기도 폐쇄나 분비물 정체가 의심되면 즉시 자세 조정·흡인·산소 보조를 시행한다.

- 호기말 이산화탄소($ETCO_2$): 35~45mmHg 범위를 목표로 하며, 저환기(상승)·과호흡(저하)·기도 폐쇄(파형 변화)를 조기에 탐지한다. 무호흡이나 심한 저환기가 지속되면 재삽관과 양압 환기를 지체 없이 준비한다.
- 점막색/CRT/말초 관류: 창백·자주색·청색증은 저산소증·저관류의 신호다. CRT가 〉2초이거나 사지 냉감이 지속되면 순환 저하를 의심한다.
- 수술 부위/드레싱/배액관: 출혈·종창·발적·삼출물의 양·색·냄새 변화를 기록한다. 드레싱이 짧은 시간에 반복 침윤되면 압박 지혈과 추가 평가가 필요하다.
- 구토/흡인 위험: 구토·침 흘림·기침 지속 시 머리를 낮춘 측와위로 전환하고, 구강·인두 흡인을 시행하며, 항구토제·산소 보조를 고려한다.
- 수액·체액 균형: 주입 속도와 정맥로 개통성, 점막 습도·피부 탄력 등을 종합해 탈수·과수화 징후를 점검하고 필요시 처방을 조정한다.
- 배뇨·배변: 방광 팽만·무뇨·혈뇨 등 이상 소견을 확인한다. 마취 후 초기 무뇨는 흔하지만 12~24시간 지속 시 평가가 필요하다.
- 혈당(위험군에서): 소형·연령이 어린 개체·고양이·장시간 수술 환자에서 저혈당을 선별한다(의식 저하·발작 등 지연 회복의 원인).

4) 회복기에 나타날 수 있는 부작용들

마취에서 깨어나는 시간대는 생리적 변동이 가장 큰 구간으로, 불과 몇 분 사이에 기도 폐쇄, 저환기, 저혈압, 저체온이 겹쳐 악화될 수 있다. 따라서 각 합병증을 조기에 의심하고, 기도-호흡-순환-체온-통증 순으로 즉시 개입하는 것이 원칙이다. 수치는 참고 값일 뿐이며, 추세와 임상 징후의 조합이 최우선 판단 기준이다. 또한 모든 처치는 적절한 진통과 조용하고 따뜻한 환경을 전제로 할 때 가장 효과적이다.

(1) 마취와 관련된 합병증 및 조치

① 저체온증

회복 지연의 가장 흔한 원인이다. 마취로 열 생산이 줄고 말초 혈관 반응이 변하면서 심부의 열이 말초로 재분배된다. 떨림은 산소 소모와 통증 반응을 증폭시켜 저산소증을 유발할 수 있다. 열 손실은 두 단계로 발생하는데, 1차적으로는 열이 심부에서 피부로 전달되는 단계이며, 2차적으로는 대류, 복사 및 피부와 호흡기의 수분 증발을 통해 열이 외부로 손실되는 단계이다. 이 과정을 모두 차단하여야 성공적으로 열 손실을 방지할 수 있다. 체온이 36℃ 미만이면 저체온으로 간주하고 즉시 능동 가온을 시작한다. 순환식 온수 담요와 강제 온풍을 기본으로, 소형·저체온 환자에서는 가온 수액을 병행한다(37℃). 물을 채운 풍선이나 라텍스 장갑, 전자레인지로 데운 수액팩 등을 핫팩 대신 사용할 수 있다. 단, 이러한 온열 장비는 직접 접촉을 피하고 15~20분 간격으로 피부 상태와 체위를 재평가하여 저온 화상을 예방한다. 또한 가온하기 위한 물풍선, 수액팩, 핫팩 등이 식을 경우 반대로 환자의 열을 뺏아갈 수 있으므로 핫팩의 온도를 주기적으로 체크하여야 한다. 물풍선이나 라텍스 장갑 등으로 가온을 하였을 경우, 가열한 물이 새어나오게 되면 오히려 환자가 젖어 저체온증이 심화될 수 있으므로 샐 수 있는 위험이 있는 방법은 피하여야 한다. 전기 가온패드는 환자가 전선을 씹을 경우 감전의 위험이 있으니 각별히 유의하여야 한다. α2 작용제 투여 환자는 말초 혈관 수축으로 표면 가온의 효율이 떨어질 수 있으므로, 심부 가온(가온 수액/체강 세척)을 더 적극적으로 쓴다. 역전 직후에는 말초 재관류로 코어 체온이 다시 떨어지는 애프터드롭을 경계하여, 안정 구간에 들어갈 때까지 가온을 섣불리 중단하지 않는다.

② 각성기 섬망(Emergence delirium)

전신 마취에서 회복할 때 수술대 위에서 버둥거리거나 흥분의 징후를 보일 때가 있는데 이를 각성기 섬망이라고 한다. 이는 통증, 환경 스트레스, 약물 잔효가 얽혀 나타난다. 갑작스런 부분 의식 회복 후 무질서한 몸부림과 과호흡과 불안·발악 등 통증 징후와 동반될 수 있다. 환자가 심하게 몸부림을 칠 경우 수술 부위의 외상 및 봉합 부위가 터질 수 있다. 만약 입원장 내에서 섬망이 발생할 경우 두부나 피부 외상에서부터 심하면 골절까지도 발생할 수 있다. 또한 입원 중인 다른 환자에게도 불안을 야기할 수 있다. 조도와 소음을 낮추고, 방광 팽만·저체온·저산소 등 불안을 야기할 만한 요인을 먼저 교정하면 섬망 해소에 도움이 된다. 진정이 필요할 경우 진정제 투여를 할 수 있다.

③ 회복 시간 지연

회복 시간 지연은 약물 잔효, 저체온, 저혈당, 저환기/저산소, 저혈압이 대표적 원인이다. 우선 체온을 정상화하고, 혈당은 소형·연령이 어린 환자에서 반복 확인한다. $ETCO_2$·SpO_2·혈압을 종합해 환기·산소화·관류의 문제를 구분한다. 수치가 정상임에도 환자가 기운을 못 차리고 늘어져 있다면 저체온/저혈당/고탄산혈증을 의심할 수 있다.

④ 상기도 폐쇄

상기도 폐쇄는 발관 전후 가장 치명적이다. 혀 후방 낙하, 분비물 정체, 후두 부종, 고양이의 후두 경련, 단두종의 해부학적 협착이 흔한 원인이다. 갑작스런 흡기 노력 증가, 청색증, SpO_2 저하가 보이면 즉시 기도 확보를 위한 체위 조정을 실시하고, 구강·인두를 흡인하며 산소를 보조한다. 개선이 없거나 무호흡이 지속되면 재삽관과 양압 환기로 전환한다. 치과·비강 처치 환자는 코를 등보다 낮게 하고 커프를 약간 부풀린 채 발관하면 혈전·잔여물이 인두로 배출되어 흡인 위험을 줄일 수 있다. 단두종은 완전 각성·강한 기침/연하 반사가 돌아올 때까지 산소 보조를 유지한다.

⑤ 저산소증

저산소증은 회복 초기에 흔하다. SpO_2는 공기 호흡에서 94% 이상을 목표로 하되, 수치가 떨어지면 먼저 기도 개방성을 확인한다. 저환기($ETCO_2$ 상승)와 산소화 문제($ETCO_2$ 정상이지만 SpO_2 저하)를 구분하고, 각각 양압 환기와 FIO_2 상승·폐포 확장(체위 조정·기침 유도·부드러운 흉부 타진)으로 접근한다. 센서 오류(저관류·저체온·움직임)에 주의하여 센서 부위를 따뜻하게 바꾸거나 도플러·임상 소견으로 교차 확인한다.

⑥ 통증 관리

통증은 회복 실패의 숨은 요인이다. 숨이 차 보이는 과호흡, 빈맥·혈압 상승, 불안·경계, 상처 부위를 집요하게 핥거나 물어뜯는 행동은 사실은 통증의 신호일 수 있다. 통증 완화를 위하여 진통제를 적극 사용하는데, 오피오이드·NSAID·국소 마취제·NMDA 길항제 등 다중 기전을 조합한다.

⑦ 고체온증

과도한 가온, 발열 반응, 스트레스·흥분, 드물게 약물 이상 반응 등으로 발생한다. 체온이 39.5℃ 이상이면서 불안·호흡 증가가 동반되면 가온을 즉시 중단하고, 실내를 시원하게 유지하며 복부·사지 말단의 온열 자극을 제거한다. 감염·염증성 발열이 의심되면 CBC, 감염 징후, 상처 상태를 함께 본다. 빠른 냉각은 떨림을 유발할 수 있어 진정·진통 보정을 병행한다.

⑧ 혈역학적 불안정성

저혈압·빈맥, 때로는 반동성 고혈압·부정맥으로 나타난다. 수축기 혈압 80mmHg 미만 또는 평균 동맥압(Mean Arterial Pressure, MAP)이 60mmHg 미만이 지속되면 저관류로 간주하고, 드레싱·배액의 출혈 여부를 확인하면서 수액 반응성을 평가한다. 반응이 미흡하면 진통 보정, 마취 잔효 조정, 필요시 혈압 상승제(수의사 처방)를 고려할 수 있다. 고양이는 과대 수액에 취약하므로 소용량·

반복 평가 원칙을 지킨다. 부정맥이 동반되면 전해질·산소화·산-염기 상태를 함께 교정한다.

(2) 수술과 관련된 합병증

① 출혈(Hemorrhage)

출혈은 외부와 내부로 나뉜다. 외부 출혈은 드레싱의 빠른 침윤, 케이지 바닥의 혈흔으로 포착되며, 압박 지혈과 원인 부위 재평가가 우선이다. 내부 출혈은 창백한 점막, 냉감, 느린 모세 혈관 재충전 시간(CRT〉2초), 빠르고 약한 맥박, 복부 팽창·통증, 호흡 증가, 혈압 저하로 의심한다. PCV/총단백의 추세, 복부·흉부 초음파(FAST)가 진단에 유용하다. 지혈 실패가 의심되면 빠르게 외과와 상의하여 재수술·지혈 강화 여부를 결정한다. 수액은 관류 회복을 목표로 최소한으로 적정하고, 필요시 수혈을 검토한다.

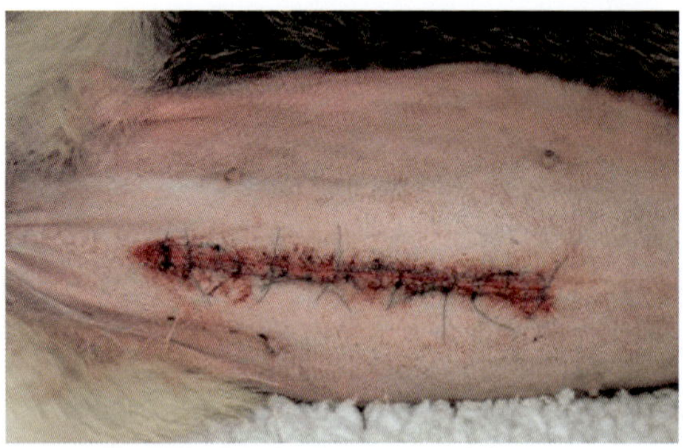

출처: Vetsurgeryonline.com

[그림 7-3] 출혈(Hemorrhage)

② 장액종(Seroma)

움직임이 많은 피부 아래 조직액이 모여있는 것이다. 수술 부위의 사강(dead space)과 과도한 활동, 배액 관리 미흡이 원인이다. 부드럽고 압통이 거의 없는 종창으로 나타나며, 감염 징후(열감·발적·통증·혼탁 분비물)가 없다면 대부분 압박 드레싱과 활동 제한으로 호전된다. 큰 장액종은 무균적 흡인을 고려하지만, 반복 흡인은 감염 위험을 높이므로 빈도와 적응증을 신중히 잡는다. 배액관이 있는 경우에는 배액량·성상의 감소 추세를 확인하며, 입구 주변 피부의 침윤·누공·악취가 생기지 않도록 매일 세정·드레싱을 교체한다.

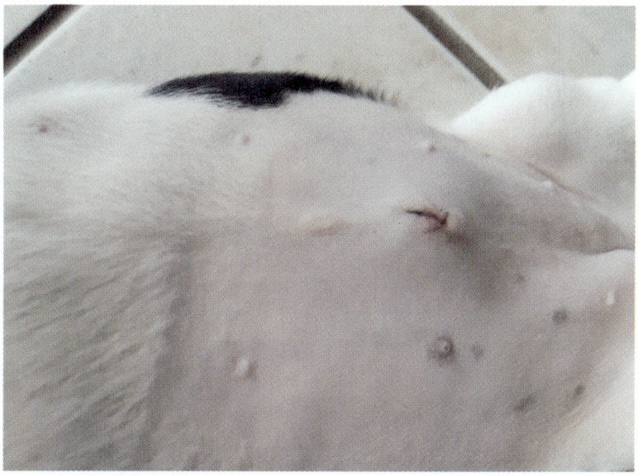

출처: Dogdiscoveries.com

[그림 7-4] 장액종(Seroma)

③ 열개(Dehiscence)

봉합선의 기계적 실패(초기 72시간) 또는 감염·조직 허혈·과긴장·스테로이드·영양 불량 등의 전신 요인으로 발생한다. 국소 통증 증가, 발적·부종, 분비물 변화, 걸을 때 상처가 '잡아당겨지는' 느낌을 호소하는 보호자 보고가 단서가 된다. 창상 열림이 확인되면 우선 멸균 거즈로 덮어 2차 손상을 방지하고, 통증을 조절한 뒤 외과와 협의하여 재봉합·배액·세척 계획을 세운다. 장기 돌출은 응급 상황으로, 장기를 생리식염수에 적신 멸균 거즈로 덮고 즉시 재수술을 준비한다. 열개 예방의 핵심은 긴장 분산 봉합·사강 최소화·적절한 배액·활동 제한·영양·혈당 관리이다.

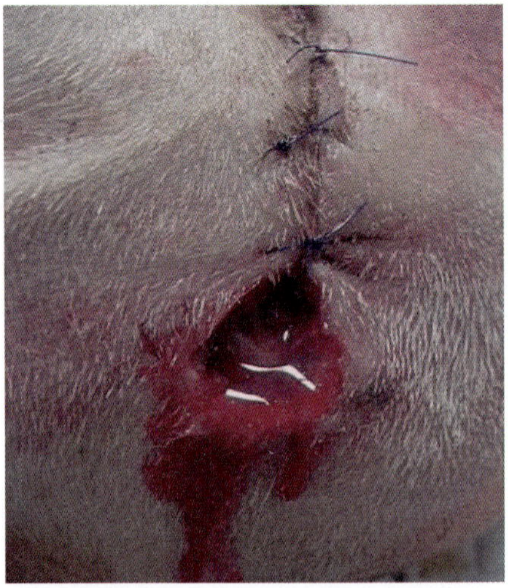

출처: Vetsurgeryonline.com

[그림 7-5] 열개(Dehiscence)

④ 감염

표재성(피하), 심부(근막·근육), 기관강·장기 감염으로 분류된다. 보통 수술 후 3~7일 사이에 발적, 열감, 통증, 종창, 악취·혼탁 분비물이 나타나며, 전신 반응이 동반되면 발열·무기력·식욕 부진이 동반된다. 관리의 원칙은 배농과 세척의 확보이며, 필요시 배양 및 감수성 검사를 통해 항균제를 표적화한다. 봉합사 반응이나 이물 반응이 의심되면 원인 제거가 근본 치료다. 예방은 무균 술기, 적절한 항생제 예방 투여(적응증·타이밍·기간), 사강 최소화, 드레싱 표준화, 보호자 교육이 핵심이다. 보호자에게는 발적·열감·통증·부종·악취·분비물 색 변화가 보이면 즉시 내원하도록 안내한다.

2. 수술 부위의 관리

수술 후 상처가 잘 아물고 합병증 없이 회복하려면, 국소 상처만 들여다보는 수준을 넘어 감염 통제, 체액과 배액의 균형, 기구 유지, 배뇨·영양 같은 전신 관리가 함께 맞물려야 한다. 이 장에서는 그중에서도 항생제 사용 원칙, 배액관 운용, 정맥 라인과 요도 카테터 유지, 그리고 초기 영양 전략을 핵심 축으로 정리한다. 창상 드레싱·붕대법·창상 화상은 8장에서, 물리 치료는 9장 재활 파트에서 따로 상세히 다룬다.

1) 항생제

수술 후 항생제는 '늘 주는 약'이 아니라 수술 오염도와 환자 위험도에 따라 최소 기간으로 쓰는 도구다. 원칙은 명확하다. 사실은 청결(clean) 수술은 대부분 예방적 항생제가 과도하게 들어갈 필요는 없다고도 한다. 마취 유도 전과 절개 직전 짧은 예방 투여만으로 충분하다. 청결–오염(clean–contaminated) 수술(장관·요로·호흡기 개방 등)에서는 절개 30~60분 전 1회를 기본으로 하고, 수술 시간이 길거나 출혈·세척량이 많으면 약물의 반감기에 맞춰 수술 중 재투여를 고려한다. 오염(contaminated)·감염(Dirty) 수술은 이미 치료(therapeutic) 영역이므로 배농·세척·배액을 우선 확보한 뒤 시작·유지한다. 중요한 점은 배액관이 들어갔다고 해서 기계적으로 항생제 기간을 늘리지 않는 것이다.

약제 선택은 가능한 좁은 스펙트럼에서 시작해, 원칙적으로는 환부·기관별 예상 병원체와 지역 내 내성 양상을 반영하여야 한다. 피하지방·근막 수준의 표재 수술에서는 피부 정상균총을 겨냥한 1세대 세팔로스포린 계열이 흔히 1차 선택이고, 장관·담도 개방 등 혐기 위험이 높다면 혐기성 세균을 커버할 수 있는 항생제를 보강한다. 수술 후 발열·통증·종창·삼출의 추세가 호전되지 않거나 악취·혼탁 분비물이 동반되면 배양과 감수성 검사를 통해 치료를 표적화하고, 경구 전환이 가능해지면 스텝다운한다. 기간은 가능한 짧게 가져가는 것이 원칙이며, 발열과 국소 징후가 가라앉고 혈액 검사·배액 추세가 안정되면 중단 시점을 고려한다. 설사·식욕 부진·구토 등 약물 부작용과 장기 사용에 따른 장내 미생물 교란을 보호자까지 포함하여 미리 설명하고 모니터링한다.

2) 배액(Drain)

배액은 사강(dead space) 최소화와 체액 축적·감염 예방을 위한 수단이다. 혈청·림프·세척액이 고이는 공간을 비워주면 창상 열개와 장액종, 세균 증식의 토양이 줄어든다. 배액은 크게 수동 배액(Passive drains–Penrose 등)과 능동 배액(Active drains–Jackson–Pratt 등)으로 나뉜다. 수동식은 구조가 단순하고 설치가 쉽지만 외부로 개방되어 있어 역행 감염과 피부 농양 위험이 높다. 능동식은 감염 위험이 낮고 배액량 정량화가 쉬우며 활동성 환자에서도 관리가 용이하다. 가능한 한 밀폐식 음압 배액을 우선 고려하고, 출구는 봉합선과 다른 별도의 작은 절개로 빼 감염 경로를 분리한다.

일상 관리는 청결·기록·고정이 핵심이다. 배액구 주변 피부는 하루 1~2회 희석 소독액으로 부드럽게 닦아 피부 침연을 막고, 저장 용기(벌브·백)는 멸균 상태를 유지한 채 정해진 시간(예: q8~12h)마다 비우고 총량·색·냄새를 차트에 적는다. 초기에는 선홍→장액혈성→담황 장액성으로 변하는 것이 전형적이며, 갑작스런 혼탁·악취·혈액성 증가는 경고 신호이다. 배액을 흔들거나 역류시켜 루멘으로 공기·세균을 밀어 넣는 행동은 절대 하지 말아야 할 행위이다. 드레싱은 젖으면 즉시 교체하고, 환자가 핥거나 잡아당기지 못하도록 엘리자베스 칼라를 반드시 착용시킨다.

제거 시점은 배액량과 임상 소견의 조합으로 정한다. 일반적으로 배액량이 뚜렷한 하강 추세를 보이고 담황 장액성으로 맑아지며, 창상의 종창·통증이 가라앉으면 제거를 고려한다. 병원마다 기준이 조금씩 다르지만, 체중과 상처 규모를 고려해 하루 총량이 매우 적은 수준으로 떨어지고(예: 소형 환자에서 하루 수 mL 수준) 24~48시간 추세가 안정되면 충분한 경우가 많다. 5일 이상 장치의 장기 유지는 감염 위험을 높이므로, 특별한 사유가 없다면 조기 제거가 원칙이다. 제거 후에는 출구가 자연 배액되도록 밴드로 가볍게 압박해 사강을 줄여 주고, 하루 이틀 거즈 교체로 피부 분비물을 관리한다.

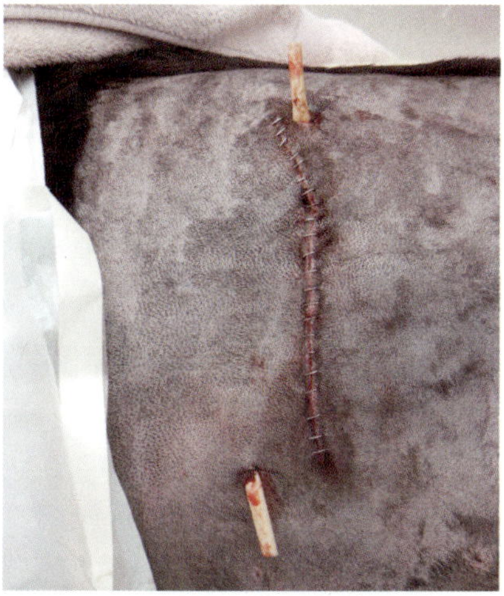

출처: veterinarypracticenews.com

[그림 7-6] 수동 배액관인 펜로즈 드레인(Penrose Drain)

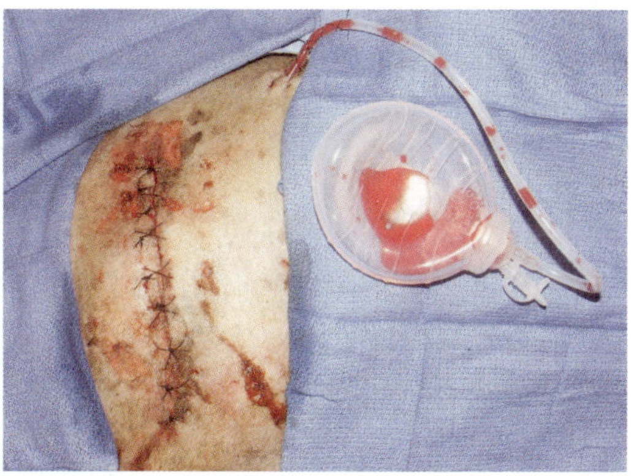

출처: veterinarypracticenews.com

[그림 7-7] 능동 배액관인 잭슨프랫 드레인(Jackson-Pratt Drain)

[표 7-2] 수동 배액법과 능동 배액법의 비교

항목	능동 배액(Jackson-Pratt)	수동 배액(Penrose)
배액 경로	튜브 내부에 남음	배액관 외부로 배출
작동 기전	Bulb에서 발생한 음압	중력
배액구 위치	배액 관리와 환자 편의에 가장 적절한 위치로 설정 가능	복측·하방 의존 부위(중력 배액 유리)
배액량 모니터링	정량화 용이	정량화 어려움
배액 성상 모니터링	색·점도 평가 용이, 세포 검사/배양용 비교적 깨끗한 검체 채취 가능	드레싱에 흡수·탈수되고 피부 상재균 오염으로 평가·검체 채취 어려움
상행 감염 위험	낮음(폐쇄계)	높음(개방계)
상처 완전 봉합 필요 여부	O	X
사강 붕괴·조직 밀착 유지 능력	우수: 능동 흡인과 배액으로 달성	보통: 배액 제거만으로 달성
피부 자극	배액이 내부에 머물러 피부 접촉 적음	상처 배액으로 피부 침윤·미란 위험

3) 정맥 라인 카테터

정맥 카테터는 수액·약물·긴급 투여의 생명줄이지만, 잘못 관리하면 카테터 관련 혈류 감염(CRBSI)과 정맥염, 조직 외 유출을 유발한다. 삽입은 완전한 무균술기로 시행하고, 적절한 길이와 게이지를 선택해 한 번에 안정적으로 거치한다. 고정은 움직임에 의한 혈관 자극을 최소화하도록 버터플라이 테이핑 + 투명 드레싱을 기본으로 하고, 라벨에 삽입 시각·용도(수액/약물/TPN/혈액)를 명확히 적는다. TPN이나 고삼투·혈관 자극 약물은 가능하면 전용 라인을 사용해 섞임·침착·혈관염을 줄인다.

유지 관리는 눈 → 손 → 기록 순으로 반복한다. 매 교대마다 삽입 부위를 홍반·종창·열감·통증·삼출로 점검하고, 드레싱이 젖거나 들뜨면 즉시 교체한다. 라인은 정기적 플러시(멸균 생리식염수)로 개통성을 유지하되, 불필요한 헤파린 사용은 피한다. 주입 중인 약물의 혼합/적합성을 확인하고, 백·세트 교체 주기를 지킨다. 혈액 채취는 가능하면 전용 채혈 라인을 쓰고, 부득이하게 카테터를 통해 채혈했다면 충분한 폐기량(discard) 후 시행한다. 통증·발열·발한·원인 불명의 저혈압이 생기면 카테터 합병증을 가장 먼저 의심한다. 정맥염 의심(삽입부 통증·줄기 모양 홍반·발열) 시 즉시 중지·제거하고 다른 부위로 교체하며, 조직 외유출이 생기면 주입을 즉시 멈추고 카테터를 교체하거나 제거한다. '정해진 날짜가 됐으니 무조건 교체해야 한다'는 관행보다, 임상적 필요성과 삽입부 상태에 근거해 가능한 한 빨리 제거하는 것이 감염을 줄이는 데 효과적이다.

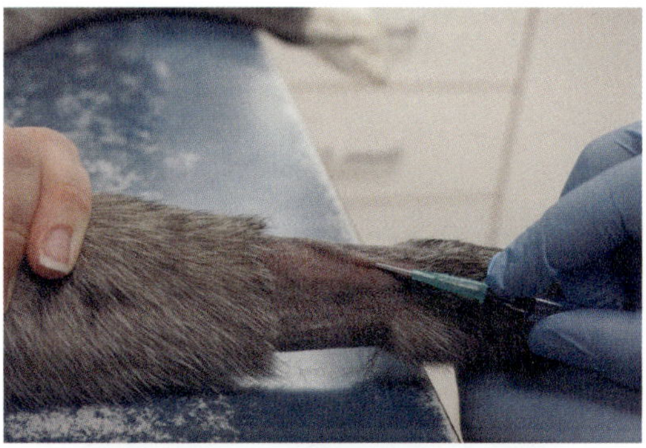

출처: vetgirlontherun.com

[그림 7-8] 정맥 라인 카테터의 삽입

4) 요도 카테터

요도 카테터는 배뇨 보조와 방광 휴식을 위한 중요한 도구지만, 상행성 감염과 요도 손상의 부작용이 있다. 완전 무균 삽입, 폐쇄 수집 시스템 유지, 필요 기간 최소화의 세 가지 원칙을 준수해야 한다. 삽입 후에는 카테터를 안정 고정하고, 요배액 라인에 꺾임·당김이 없도록 체위와 침상 주변을 정리한다. 소변 주머니는 환자보다 항상 낮게 유지하고, 채취 포트를 통해서만 샘플을 뽑는다(백을 열거나 라인을 분리하는 행동은 금지). 포트 채취 시 소독→무균 주사기를 습관화한다. 외부 요도(음문·포피) 부위는 하루 1~2회 부드러운 세정으로 분비물·오염을 제거해 피부염을 예방한다.

소변 출력은 회복기의 순환·신장 지표다. 일반적으로 1~2mL/kg/시간을 목표로 하되, 수액 처방과 질환에 따라 목표가 달라질 수 있다. 무뇨·소변 흐름 급감, 혈뇨·악취가 나타나면 재폐색·감염·카테터 문제를 의심한다. 발열·백혈구 증가·농뇨·세균뇨가 동반될 때에는 배양을 통해 표적 치료한다. 조기 제거가 감염을 줄이는 최선의 방법이며, 자발 배뇨·잔뇨량 감소·통증 조절이 확보되면 즉시 제거를 고려한다. 제거 후 초기에는 빈뇨·혈뇨가 일시적으로 나타날 수 있음을 보호자에게 설명하고, 배뇨 관찰·모래통 위생 같은 가정 관리 포인트를 상세히 안내한다.

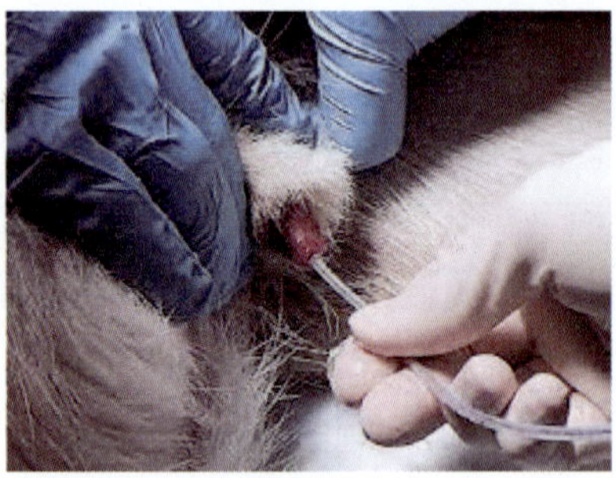

출처: cliniciansbrief.com

[그림 7-9] 수컷 개의 요도 카테터 삽입

5) 영양 공급

영양은 상처 치유와 면역, 진통 요구량, 재원 기간을 좌우하는 숨은 변인이다. 마취·수술 후 12~24시간이 지나도 자발 섭취가 미미하거나 구토가 반복되면 체계적인 영양 계획을 세운다. 의식·연하반사·구토 여부를 확인한 뒤, 소량의 물→소화 쉬운 식이로 분할 급여를 시작한다. 고양이는 24~48시간 무섭취만으로도 지방간 위험이 커지므로 특히 서둘러야 한다. 자발 섭취가 어렵다면 비강-식도 튜브(NE), 식도관(E-tube), 위관(G-tube) 등을 선택해 통증·불안 조절과 함께 급여를 개시한다. 기계적 환기·중증 구토·장폐색 등 경장 금기 상황에서는 정맥 영양(부분/전부)을 고려하되, 감염과 대사 합병증 위험을 팀이 숙지하고 라인 전용화를 지킨다.

에너지 목표는 휴식기 에너지 요구량(RER)을 기준으로 단계적으로 증가한다. 재급식 증후군을 예방하기 위해 저인산혈증·저칼륨혈증·저마그네슘혈증을 모니터링하고, 고위험군에서는 감속 시작과 전해질 보정을 병행한다. 메스꺼움·구토는 수의사 처방 아래 항구토제·위장관 운동 촉진제로 관리하고, 불충분한 진통이 식욕을 억제하지 않도록 통증 관리를 수반한다. 필요시 식욕 촉진제를 사용하되, 기저 질환(간·신장·심장)에 따른 금기·용량 조정을 준수한다. 보호자 교육에는 급여량·횟수·관 세척·역류·누출 시 대처를 포함해 사진과 체크 리스트로 남겨, 가정에서도 재현 가능하게 만든다.

3. 통증 관리

수술 후 통증 관리는 회복의 질을 좌우하는 핵심 축이다. 통증은 단순히 불쾌한 감각에 그치지 않고, 교감신경 활성화와 염증 매개물 증가, 수면 박탈과 식욕 저하, 면역 억제를 통해 상처 치유를 늦추고 합병증을 증가시킨다. 동물보건사는 통증을 조기에 인지하고 예측적으로 차단해야 한다.

이 장에서는 진통제의 종류와 사용 및 부작용, 그리고 모니터링에 대해 간략이 다룬다. 물리 치료 등 비약물적 방법은 재활 파트에서 별도로 상세히 서술한다.

1) 비스테로이드성 소염진통제(NSAID)

NSAID는 수술 후 통증 관리에서 기초적인 약물군으로, 염증 매개물질인 프로스타글란딘 합성을 억제하여 통증, 부종, 발열을 완화한다. 주 작용 기전은 사이클로옥시게네이스(COX) 효소의 억제를 통해 COX-1 또는 COX-2 경로에서 프로스타글란딘 생성을 감소시키는 것이다.

NSAID 투여는 절개 30~60분 전 또는 수술 직후 시작하는 것이 일반적이나, 저혈압, 탈수, 실혈 등으로 인한 신장 저관류가 우려되는 경우에는 순환이 안정된 이후에 투여하는 것이 안전하다.

- 금기 및 주의 대상
  - 급성 신장 저관류(저혈압, 쇼크, 중증 탈수)
  - 진행성 신장 질환, 간 질환
  - 위궤양 또는 위장관 출혈 병력
  - 항응고제 복용 중인 환자
  - 스테로이드제와의 병용
  - 다른 NSAID와의 병용(교체 시 약물 세척 기간 필요)

- 이외에도 ACE 억제제, 이뇨제와 병용 시 신장 관류 저하 위험이 있으므로 주의가 필요

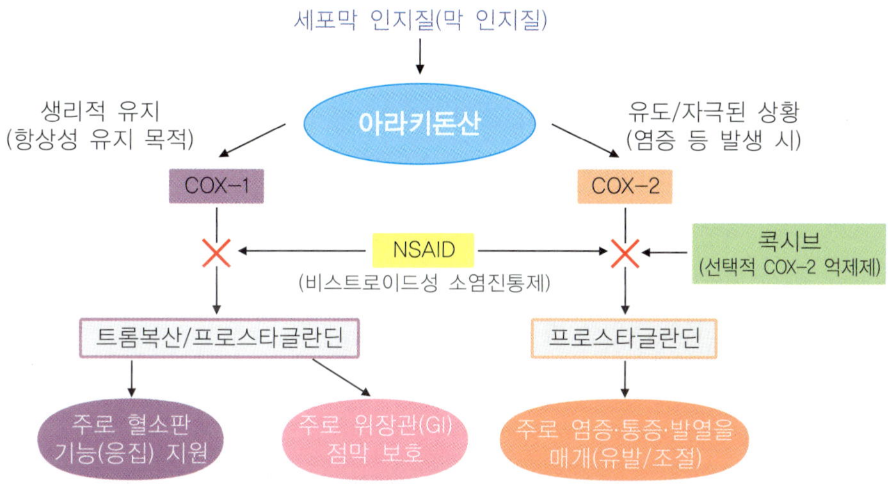

[그림 7-10] NSAID의 COX 저해 기전

2) 오피오이드(Opioid)

오피오이드는 μ, κ, δ 수용체에 결합하여 중추신경계에서 통증 전달과 인지를 억제한다. 급성 수술 후 중등도~중증 통증 조절에 매우 효과적이며, 단기간 고용량 사용이 가능하다는 장점이 있다. 그러나 호흡 억제, 서맥, 구토, 배뇨 지연, 변비, 과흥분(특히 고양이) 등의 부작용에 유의해야 한다.

(1) 투여 기간

가능한 최소 기간 사용이 원칙이다. 대부분의 급성 수술 후 통증은 1~3일 내에 충분히 조절되며, 통증과 부종이 소실되고 활동성이 회복되면 투여를 중단한다.

(2) 주요 모니터링 사항

① 호흡수와 호흡 패턴

오피오이드 및 일부 진정제 병용 시 호흡 저하가 가장 먼저 문제될 수 있으므로, 회복 초기에는 자발 호흡의 규칙성·깊이·노력성을 시진·촉진으로 확인하고, 동시에 SpO_2와 $ETCO_2$를 연속 감시한다. SpO_2는 산소화 상태(저산소증) 선별에, $ETCO_2$는 환기 상태(저환기·고탄산혈증) 평가에 유리하다. RR 저하(또는 무호흡), 노력성 호흡, $ETCO_2$ 상승 추세가 보이면 즉시 기도 개방성 확보(턱·설골 전방견인, 경부 신전, 체위 조정)→산소 보조→필요시 양압환기의 순으로 개입한다. 센서 오류(저체온·저관류·움직임 인공물)를 배제하기 위해 센서 위치 교체·보온·다지표 교차 확인을 병행한다.

② 심혈관계-혈압, 맥박

오피오이드·진정제는 서맥을, 혈관 확장 약제·호흡 마취 잔효는 저혈압을 유발할 수 있다. 맥박질(강도·규칙성)과 혈압을 정기 측정하고, 저혈압·서맥이 동반되면 먼저 통증·저체온·저혈량 등 가역 요인을 교정한다. 이후에도 지속 시 약물 용량 조정·간격 연장 또는 기전이 다른 진통 수단으로의 전환을 고려한다. 부정맥이 관찰되면 전해질·산소화·산-염기 상태를 함께 재평가한다.

③ 위장관 및 비뇨기계

오피오이드 투여 환자에서는 구토·식욕 부진·변비·요정체가 예상 가능한 부작용이다. 식후 투약 원칙을 안내하고, 반복 구토 시 약 중단 및 상담을 명시한다. 변비 예방을 위해 수분 섭취·식이섬유 조절을 권하고, 장기화 시 완화 전략을 적용한다. 방광 팽만은 통증·흥분을 악화시키므로, 배뇨 간격을 점검하고 필요시 훈련된 인력이 부드러운 배뇨 보조를 시행한다. 혈뇨 지속·무뇨가 의심되면 즉시 평가한다.

④ 행동 변화

불안·과흥분·섬망은 통증 조절 실패, 저산소증, 약물 잔효 등 원인이 교차한다. 통증이 적절히 조절되었음에도 흥분이 지속되면 소량 진정제의 병용을 고려한다. 모든 관찰과 개입은 시간-약물-반응의 연속성으로 기록하고, 교대 시 즉시 보고 기준(호흡 저하, 지속 저혈압, 반복 구토, 배뇨 불가 등)을 명확히 인계한다.

4. 일반적인 수술 후 평가 사항

● 수술 후 환자 평가(Assessing the postoperative patient)

수술 후 통증 조절의 성패는 이미 수술 이전에 얼마나 선제적으로(예방적으로) 진통이 확보되었는지와 밀접하게 연결된다. 유해 자극이 가해지기 전부터 적절한 진통 전략이 작동할수록, 회복기에는 적은 추가 약물로도 안정된 통증 조절이 가능하다. 따라서 마취 유도부터 봉합 종료까지 구축한 진통 수준을 회복기에도 끊김 없이 유지하도록 설계하는 것이 기본 목표가 된다.

이상적인 회복은 조용하고 안정적인 상태에서 이뤄진다. 환자는 과도한 움직임이나 비정상적인 자세, 지속적 발성 등 명백한 고통 신호 없이 깨어나야 하며, 수술 직후 '통증이 있어 보인다'는 이유만으로 추가 약을 요청해야 하는 상황은 원칙적으로 발생하지 않도록 관리한다. 그럼에도 어떤 환자에서는 적절한 초기 진통에도 불구하고 통증이 새로 생기거나 지속될 수 있는데, 이러한 진통 방어선의 돌파를 breakthrough pain이라 하며, 즉시 추가 진통 개입의 대상이 된다.

회복 초기에 관찰되는 안절부절·초조는 통증일 수도, 불안/각성기 섬망(emergence delirium)일 수도 있다. 둘을 구분하는 것은 중요하다. 일반적으로 통증이 주된 경우 차분한 음성으로 말을 걸거나 부드럽게 쓰다듬으면 일시적 완화가 관찰되며, 상호작용이 중단되면 다시 불편 행동이 나타난다. 반대로 불안·섬망이 주된 경우에는 접촉이나 안심시키는 행동으로 호전되지 않는 양상을 보인다. 감별이 어렵다면 통증 조절을 우선 강화하되, 반응이 미흡하면 불안·섬망 가능성을 함께 평가한다.

정상 회복으로 전환하면 행동의 변화가 가장 민감한 통증 지표가 된다. 이 때문에 입원 시점에 전신 신체검사와 함께 평소 기질·행동 특성을 기록해 두는 작업이 중요하다. 호기심이 많고 외향적인 개체인지, 낯가림이 있는지 등 개별적인 특징을 파악해 두면, 수술 후 변화가 통증에 의한 것인지 성격 차인지를 구분하는 데 도움이 된다. 같은 선제진통·같은 수술을 받더라도 환자마다 통증 수준이 다른 경우가 흔하다. 예를 들어, 고령 개에서 기저 관절염·체위 변화가 동반되면 단순 연부 조직 수술이라도 젊은 개보다 통증 부담이 더 클 수 있다. 또한 통증 표현이 적은(참아내는) 개체도 있어, 표현이 약하다고 불이익을 주지 않도록 평가 체계를 유지하는 것이 중요하다.

심박수·호흡수 증가 같은 생리 지표는 회복 환자에서 통증 또는 스트레스의 보조 단서가 될 수 있다. 그러나 이러한 수치만을 근거로 진통 결정을 내려서는 안 된다. 행동 변화와 촉진 반응을 함께 해석해 객관성을 높이는 접근이 필요하다. 즉, 생리 지표는 보완 정보로 활용하고, 관찰·상호작용·촉진을 포함한 구조화된 평가를 표준으로 삼는다.

실무에서는 표준화된 통증 점수 체계를 사용해 일관된 판정을 내린다([그림 7-11], [그림 7-12] 참조). 좋은 평가 도구는 ① 생리적 소견, ② 시술 특성상 예상되는 통증 강도, ③ 행동·자세·표정, ④ 현재 치료에 대한 반응 등이다. 이를 간결하지만 포괄적으로 반영한다. 병원 내에서는 척도를 정해 통증 평가 절차를 수립하고, 진통의 임계값을 명확히 정해두면 판단의 변동성을 줄일 수 있다.

평가는 최소 2시간 간격으로 수행하며, 회복 초기의 불안정 구간(예: 첫 1~3시간)에는 더 짧은 간격으로 재평가한다. 점수나 임상 소견의 변화에 따라 투여 약물·용량·경로를 조정하고, 개입 후에는 반응 확인 재평가를 반드시 연결한다. 이러한 주기적 평가-개입-재평가의 고리를 통해 통증을 선제적으로 눌러 돌파 통증 발생을 최소화한다.

동물보건사는 수술 후 관리의 주관찰자이다. 독자적으로 처치 권한이 제한될 수 있으나, 객관적 지표(심박수·호흡수·섭취량·행동 변화)와 이미 시행된 처치 및 반응의 요약을 균형 있게 제시하면, 수의사가 추가 진통을 신속히 결정하는 데 큰 도움이 된다. 더불어 진통제 약리와 모니터링 변화를 이해하고, 새로운 진통 전략을 제안할 때 예상되는 간호 포인트(예: 호흡 감시 강화, 배뇨 확인, 진정 평가)를 함께 설명하면 팀 협업이 원활해진다. 궁극적으로 통증 관리는 팀의 책임이며, 수의사는 동물보건사의 세밀한 관찰과 기록에 의존해 적절한 진통 요법의 시기·강도를 조정한다. 체계적 협업이 환자에게 최종적 이득을 제공한다는 인식을 팀이 공유해야 한다.

■ 수술 후 환자 상태 체크 리스트에 포함되어야 하는 권장 지표 및 항목

- 술부 상태, 호흡, 심박, 바이탈, 반응, 활력, 의욕, 식욕, 음수, 배변·배뇨량
- 수액의 종류 및 투여량
- 주사 및 투여 약물 처치(SID, BID, CRI)
- 수술 후 검사 결과

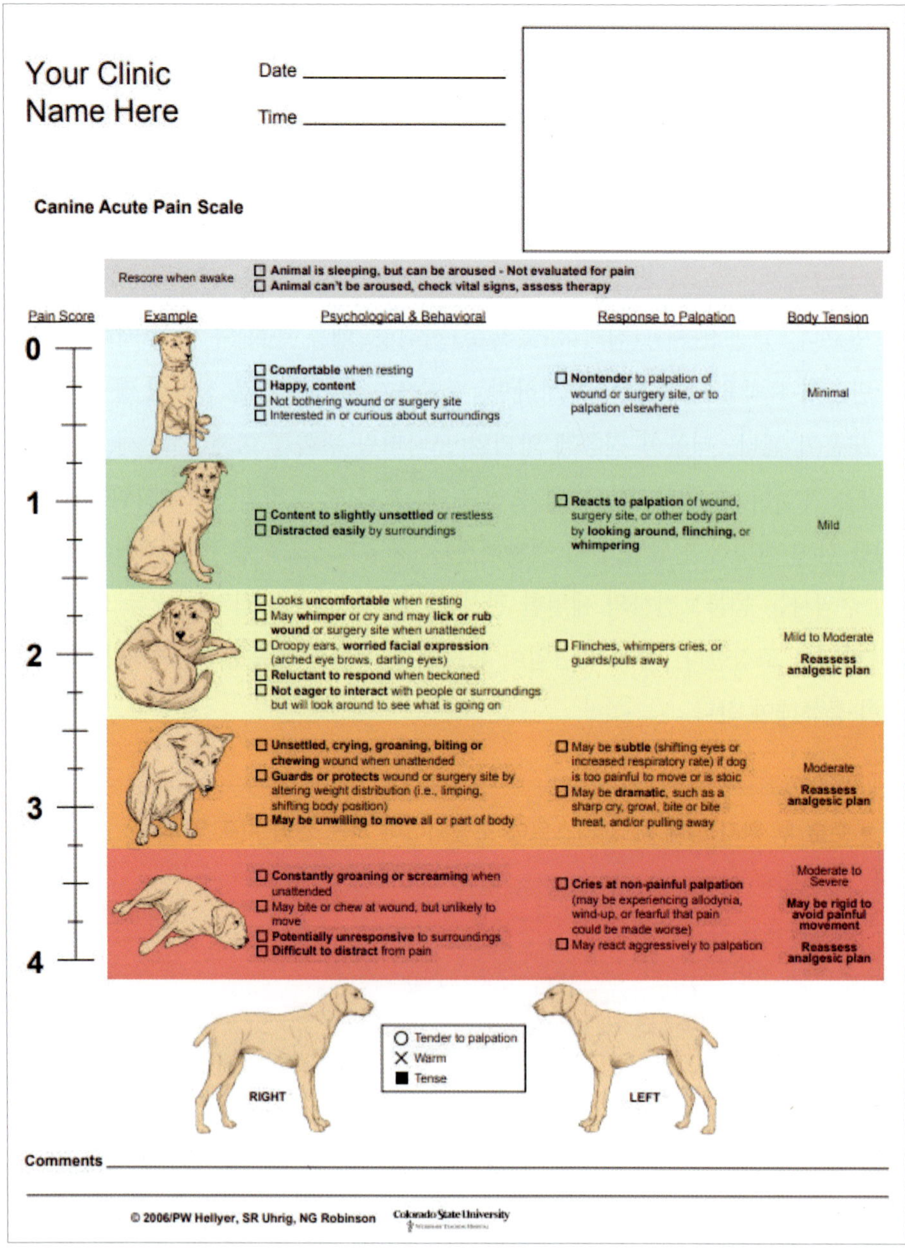

Your Clinic Name Here

Date ______________

Time ______________

Canine Acute Pain Scale

Rescore when awake

- ☐ **Animal is sleeping, but can be aroused - Not evaluated for pain**
- ☐ **Animal can't be aroused, check vital signs, assess therapy**

Pain Score	Example	Psychological & Behavioral	Response to Palpation	Body Tension
0		☐ **Comfortable** when resting ☐ **Happy, content** ☐ Not bothering wound or surgery site ☐ Interested in or curious about surroundings	☐ **Nontender** to palpation of wound or surgery site, or to palpation elsewhere	Minimal
1		☐ **Content to slightly unsettled** or restless ☐ **Distracted easily** by surroundings	☐ **Reacts to palpation** of wound, surgery site, or other body part by **looking around, flinching,** or **whimpering**	Mild
2		☐ Looks **uncomfortable** when resting ☐ May **whimper** or cry and may **lick or rub wound** or surgery site when unattended ☐ Droopy ears, **worried facial expression** (arched eye brows, darting eyes) ☐ **Reluctant to respond** when beckoned ☐ **Not eager to interact** with people or surroundings but will look around to see what is going on	☐ Flinches, whimpers cries, or guards/pulls away	Mild to Moderate **Reassess analgesic plan**
3		☐ **Unsettled, crying, groaning, biting or chewing** wound when unattended ☐ **Guards or protects** wound or surgery site by altering weight distribution (i.e., limping, shifting body position) ☐ **May be unwilling to move** all or part of body	☐ May be **subtle** (shifting eyes or increased respiratory rate) if dog is too painful to move or is stoic ☐ May be **dramatic**, such as a sharp cry, growl, bite or bite threat, and/or pulling away	Moderate **Reassess analgesic plan**
4		☐ **Constantly groaning or screaming** when unattended ☐ May bite or chew at wound, but unlikely to move ☐ **Potentially unresponsive** to surroundings ☐ **Difficult to distract** from pain	☐ **Cries at non-painful palpation** (may be experiencing allodynia, wind-up, or fearful that pain could be made worse) ☐ May react aggressively to palpation	Moderate to Severe **May be rigid to avoid painful movement** **Reassess analgesic plan**

RIGHT LEFT

- ○ Tender to palpation
- X Warm
- ■ Tense

Comments ______________

출처: 콜로라도주립대학교.

[그림 7-11] 개의 통증 평가표

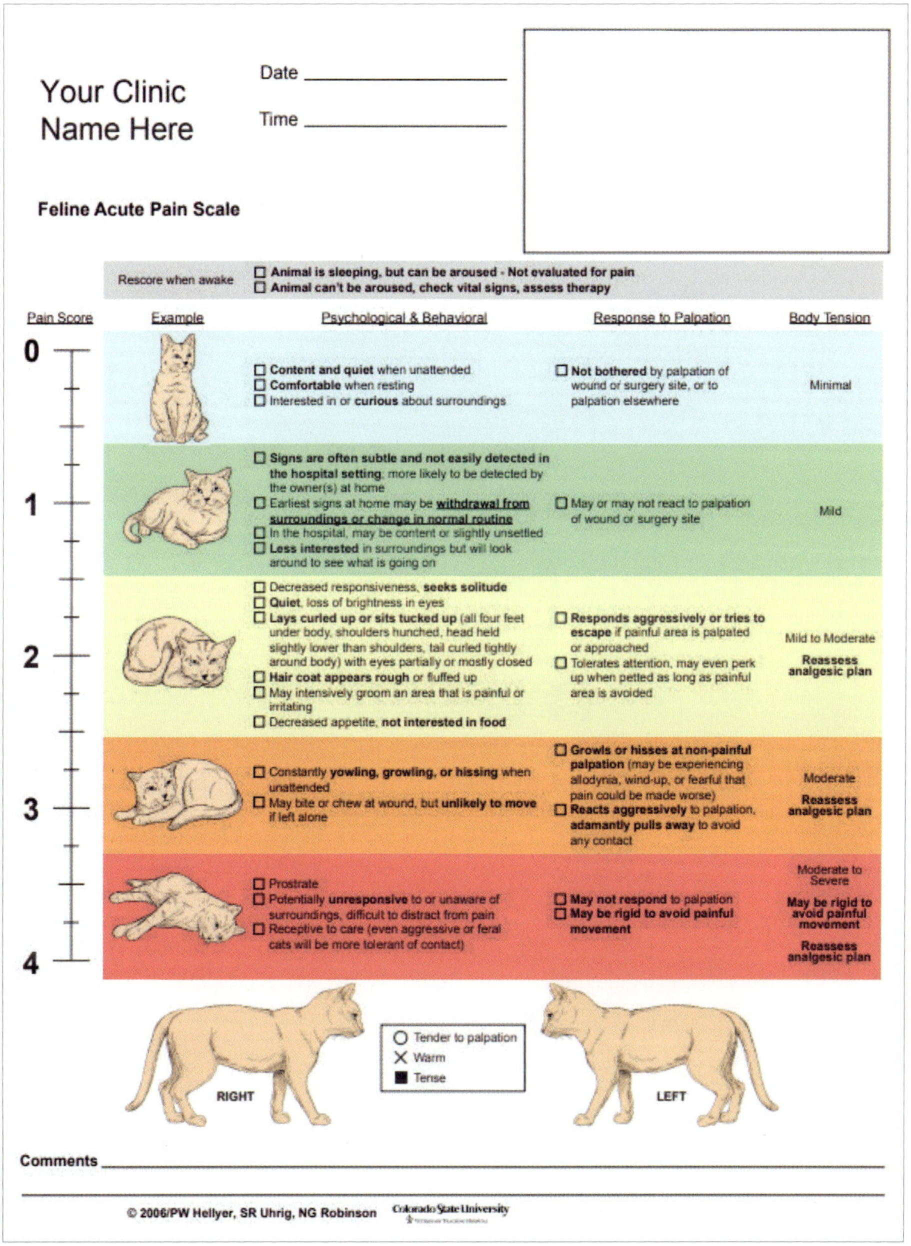

Your Clinic Name Here

Date ____________

Time ____________

Feline Acute Pain Scale

Rescore when awake
- ☐ **Animal is sleeping, but can be aroused - Not evaluated for pain**
- ☐ **Animal can't be aroused, check vital signs, assess therapy**

Pain Score	Example	Psychological & Behavioral	Response to Palpation	Body Tension
0		☐ **Content and quiet** when unattended ☐ **Comfortable** when resting ☐ Interested in or **curious** about surroundings	☐ **Not bothered** by palpation of wound or surgery site, or to palpation elsewhere	Minimal
1		☐ **Signs are often subtle and not easily detected in the hospital setting**; more likely to be detected by the owner(s) at home ☐ Earliest signs at home may be **withdrawal from surroundings or change in normal routine** ☐ In the hospital, may be content or slightly unsettled ☐ **Less interested** in surroundings but will look around to see what is going on	☐ May or may not react to palpation of wound or surgery site	Mild
2		☐ Decreased responsiveness, **seeks solitude** ☐ **Quiet**, loss of brightness in eyes ☐ **Lays curled up or sits tucked up** (all four feet under body, shoulders hunched, head held slightly lower than shoulders, tail curled tightly around body) with eyes partially or mostly closed ☐ **Hair coat appears rough** or fluffed up ☐ May intensively groom an area that is painful or irritating ☐ Decreased appetite, **not interested in food**	☐ **Responds aggressively or tries to escape** if painful area is palpated or approached ☐ Tolerates attention, may even perk up when petted as long as painful area is avoided	Mild to Moderate **Reassess analgesic plan**
3		☐ Constantly **yowling, growling, or hissing** when unattended ☐ May bite or chew at wound, but **unlikely to move** if left alone	☐ **Growls or hisses at non-painful palpation** (may be experiencing allodynia, wind-up, or fearful that pain could be made worse) ☐ **Reacts aggressively** to palpation, **adamantly pulls away** to avoid any contact	Moderate **Reassess analgesic plan**
4		☐ Prostrate ☐ Potentially **unresponsive** to or unaware of surroundings, difficult to distract from pain ☐ Receptive to care (even aggressive or feral cats will be more tolerant of contact)	☐ **May not respond** to palpation ☐ **May be rigid to avoid painful movement**	Moderate to Severe **May be rigid to avoid painful movement** **Reassess analgesic plan**

RIGHT　　LEFT

○ Tender to palpation
X Warm
■ Tense

Comments ____________

출처: 콜로라도주립대학교.

[그림 7-12] 고양이의 통증 평가표

동물보건외과학

제8장

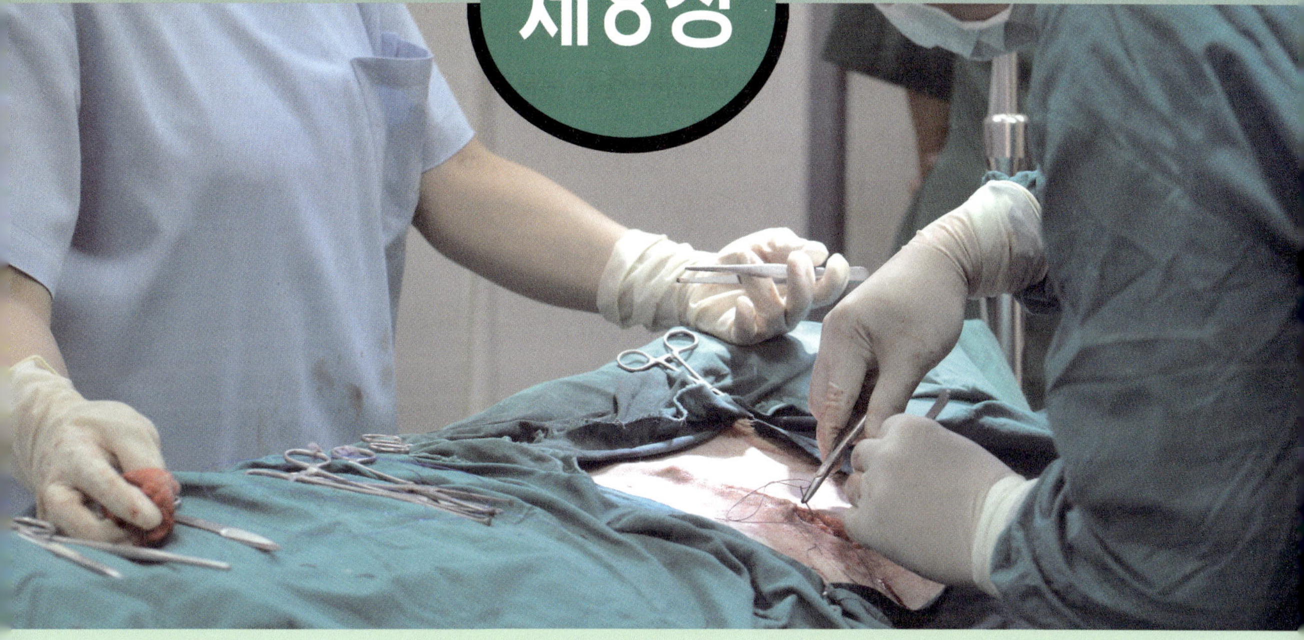

외과 동물의 관리

1. 창상의 종류 및 관리
2. 화상
3. 붕대법

1. 창상의 종류 및 관리(Types and Management of Wounds)

1) 창상(Wounds)

창상은 외상이나 의료적 처치로 인해 피부와 그 아래 조직의 연속성이 손상된 상태를 의미하며, 손상 범위와 형태는 매우 다양하다. 동물 환자는 찰과상부터 화상, 심하게 오염된 열상까지 다양한 유형의 상처로 내원하며, 이러한 상처의 기본적인 처치 절차는 동일하나 이후의 치료 방법은 손상 원인과 오염 정도에 따라 달라진다. 단순 열상, 교상, 곤충 및 뱀에 의한 상처 등은 각각의 병태생리에 맞춘 개별적 접근이 필요하다. 상처의 상태에 따라 배액관(drains), 붕대(bandages), 외부 고정 장치(external coatation) 등이 적용될 수 있으며, 동물보건사는 환자의 상처를 매일 혹은 그보다 짧은 주기로 평가하고 적절히 관리하는 핵심 역할을 수행한다.

2) 창상의 종류(Wound Classification)

창상은 여러 기준에 따라 분류할 수 있으며, 보편적으로 합의된 단일한 분류 체계는 없다. 임상에서는 개방성 여부, 손상 원인, 오염 정도 등을 기준으로 상처를 나누어 이해한다. 어떤 기준을 사용하더라도 중요한 것은 임상 병력과 신체검사를 통해 손상의 원인과 손상 범위(피부, 피하 조직, 깊은 구조물 포함)를 정확히 파악하는 과정이다. 원인과 손상 범위가 명확해지면 발생 가능한 합병증을 예측할 수 있으며, 이에 따라 가장 적절한 치료 방침을 선택할 수 있다.

(1) 개방창상과 폐쇄창상

① 개방창상

피부가 손상되어 피부 아래 조직이 외부에 직접 노출된 상태를 의미한다. 원인과 손상 형태에 따라 조직 손상 범위와 감염 위험이 크게 달라지며, 적절한 세척·괴사 조직 제거·보호 처치가 기본이 된다.

- 외과적 절개부(Surgical Incision)

의도적으로 절개한 상처로, 일반적으로 무균 상태에서 수술을 위해 만들어지는 상처이다. 절개는 깔끔하고 예측 가능한 경계선을 가지며, 적절한 봉합과 관리하에 감염 위험이 낮고 치유도 빠른 편이다.

- 열상(Laceration)

날카롭지 않은 물체나 충격에 의해 피부가 찢기며 생기는 상처이다. 가장자리가 불규칙하고 조직이 손상되어 있어 감염 위험이 높으며 종종 피하 조직이나 근육까지 손상이 확장된다. 낙상이나 문틈, 교통사고 등에서 발생할 수 있으며 철저한 세척, 괴사 조직 제거, 1기 유합 또는 오염이 심하면 2차 또는 지연 봉합이 고려될 수 있다.

- 찰과상(Abrasion)

피부의 표면층이 마찰이나 긁힘에 의해 벗겨진 상태이다. 깊지는 않지만 넓은 부위에 걸쳐 통증이 동반될 수 있으며, 2차 감염의 위험이 존재한다. 도로 바닥 등에 긁히거나 마찰로 인하여 손상이 발생할 수 있고, 이물 제거, 항생제 연고 도포, 비점착성 드레싱으로 보호해야 한다.

- 박리, 결출상(Avulsion)

피부 또는 조직 일부가 외부 힘에 의해 완전히 또는 부분적으로 떨어져 나간 상태이다. 조직의 괴사가 동반될 수 있으며, 때로는 외과적 재건이 필요할 수 있다. 문에 끼이거나 물리면서 피부가 잡아당겨지면서 병변이 발생할 수 있다.

• 탈장갑 손상(Degloving Injury, 벗겨진 상처)

피부가 손가락을 장갑 벗기듯이 피하 조직으로부터 광범위하게 분리된 상태이다. 주로 자동차 사고 등의 심한 외상에서 발생할 수 있고, 대규모 조직 괴사와 감염의 위험이 매우 높다. 적극적 병변 절제와 장기적인 상처 관리, 피부 이식 등의 치료가 필요할 수 있다.

• 전단 손상(Shearing Injury)

강한 마찰력으로 인해 피부가 뜯기거나 벗겨지는 상처이다. 교통사고나 넘어짐에서 발생할 수 있다.

• 천공상(Puncture Wounds)

뾰족한 물체나 송곳니 등에 의해 깊게 찔린 상처이다. 겉으로는 작아 보이지만 내부에 깊은 조직 손상과 감염 위험이 크며, 특히 물림 상처는 봉합보다는 배농이 우선 고려된다. 내부 구조에 손상이 있는 경우 오염과 감염으로 병변이 더 커지거나 진행될 수 있으며 외과적으로 탐색 및 세척 등이 필요할 수 있다.

• 화상(Burns)

고온, 화학 물질, 전기적 등 다양한 원인으로 조직 손상이 발생할 수 있다. 화상 병변은 초기보다는 시간이 지나면서 병변이 더 확장되고 심해질 수 있다.

• 욕창(Pressure sores)

장시간 동일 자세 유지로 인한 지속적인 압박이 혈류를 차단하여 조직 괴사를 일으킨 상태이다. 특히 노령 동물이나 움직임이 어려운 신경계 환자에서 발생할 수 있다. 이의 경우 자주 환자 자세를 변경해 주고 패딩을 보강해 주는 등의 방법이 필요하다.

• 깁스 및 붕대 관련 상처(Cast-and Bandage-Related Wounds)

부적절한 고정으로 인해 생긴 피부 압박 손상이나 마찰 손상이다. 장기간의 부적절한 착용 시 욕창처럼 진행될 수 있다.

② 폐쇄창상

상처 피부가 파괴되지 않고 피부 이하 조직지 외부에 직접 노출되지 않은 경우를 말한다. 주로 단순한 둔성 외상 등에 의해 유발될 수 있다.

• 좌상(Contusion, 타박상)

피부가 찢어지지는 않았지만 외부 충격으로 인해 혈관이 파열되면서 피부 아래에 출혈이 생기는 상태이다. 일반적으로 멍(bruise)으로 표현되며, 통증과 부종을 동반한다.

• 혈종(hematoma)

조직 내에 혈액이 고여 주머니처럼 부풀어 있는 상태이다. 귀 혈종(Aural hematoma)이 대표적인 예로, 반복적인 긁힘이나 흔들림으로 인해 발생할 수 있다.

• 압박 손상(Crush Injury)

강한 압력에 의해 조직이 눌리며 발생한 손상으로, 표면은 비교적 멀쩡해 보여도 근육, 혈관, 신경 등이 손상될 수 있으며, 종종 괴사가 동반된다.

• 수종(Hygroma)

주로 큰 개에서 뼈 돌출 부위(예: 팔꿈치)에 반복적인 압박이 가해지며 생긴 체액 주머니이다. 감염되지 않는 경우 보존적 치료로 관리되지만, 만성적이거나 감염 시 외과적 처치가 필요할 수 있다.

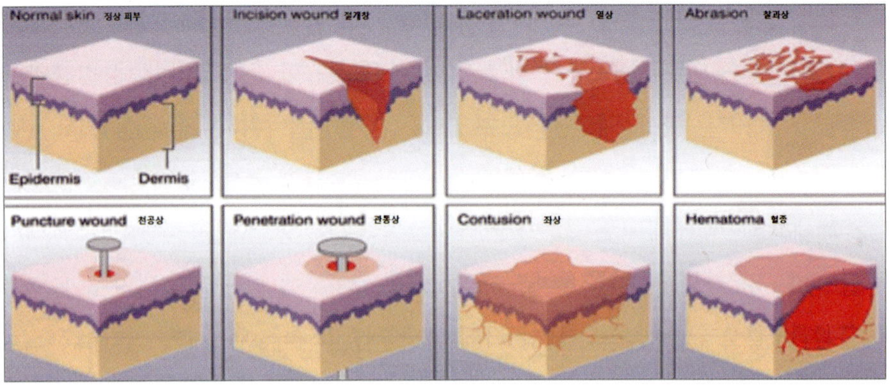

출처: linkedin.

[그림 8-1] 창상 유형을 보여주는 그림

(2) 시간 경과 및 오염 정도에 따른 분류

① 시간 경과에 따른 분류

- Class 1 상처는 0~6시간 이내의 상처로 오염이 거의 없는 경우이며, 대부분의 외과적 상처가 여기에 해당한다.
- Class 2 상처는 6~12시간 사이의 상처로 오염이 비교적 많으나 아직 감염은 많지 않다.
- Class 3 상처는 12시간 이상 경화한 심하게 오염된 상처를 의미한다.

그러나 이 분류법은 막 생긴 외상성 상처라도 이미 심하게 오염된 경우, 다른 동물에게 물리거나 교통사고 직후인 경우, 새로운 상처임에도 오염도가 높은 경우에는 적절하지 않다.

② 오염 정도에 따른 분류

이 분류에 따르면 상처는 신선 상처(clean), 신선–오염 상처(clean–contaminated), 오염 상처(contaminated), 감염 상처(infected)의 네 가지로 나뉜다.

- 신선 상처, 신선창(clean wound)은 완전한 무균 상태에서 만들어진 외과적 상처를 말한다. 예를 들어, 거세나 난소자궁적출술처럼 감염되지 않은 부위에서 메스를 이용해 절개한 수술 부위가 이에 해당된다.
- 신선–오염 상처, 신선–오염창(clean–contaminated wound)은 위장관, 호흡기계, 비뇨기계처럼 내부에 세균이 존재하는 장기와 접촉하게 되는 수술 부위에서 발생하는 상처이다. 이 경우 상처에 소량의 오염이 있지만 제거가 가능하며, 감염 가능성도 비교적 낮다. 또한, 외상성 상처라 하더라도 세척(lavage)과 괴사 조직 제거(debridement)를 철저히 시행한 후에는 신선–오염창으로 분류될 수 있다.
- 오염 상처, 오염창(contaminated wound)은 외부에서 이물질(예: 흙, 풀, 아스팔트 등)이 유입되었거나, 위장관 내용물이 많이 흘러나온 경우, 또는 조직이 괴사한 경우처럼 심한 오염이 존재하는 상처를 의미한다. 동물 싸움으로 인해 물린 상처나 구강 내 상처도 이 범주에 포함되며, 특히 입안은 구강 세균총에 의해 처음부터 바로 오염된 상태로 간주된다.
- 오염 상처, 감염창(infected wound)은 염증 반응이 뚜렷하게 나타나며, 상처 부위에 다량의 세균(조직 1g당 100,000개 이상의 세균)이 존재하고, 고름(pus)이나 괴사된 조직이 동반된다. 외상성 상처든 외과적 상처든 초기 치료가 충분하지 않거나 아예 치료가 이루어지지 않으면 이러한 감염 상태로 진행될 수 있다.

창상을 오염 정도에 따라 분류하는 것은 수의사가 봉합 여부를 판단하거나 항생제 사용, 배액관 설치, 드레싱의 빈도 및 방식 등을 결정할 때 매우 실용적인 기준이 된다. 치료 계획 수립뿐 아니라 예후를 예측하고 감염을 예방하는 데에도 이 분류는 핵심적인 역할을 한다.

3) 창상 치유 단계(Phases of Wound Healing)

창상 치유는 손상된 조직이 복구되거나 콜라겐 등의 성분으로 대체되는 생리학적 과정이다. 상처 발생 직후부터 시작되며, 상피 회복, 혈관 신생, 세포 유주, 조직 재생 등이 동반된다. 이 과정은 염증기, 이물 제거기, 복구기(증식기), 성숙기의 4단계로 구분되며, 여러 단계가 동시에 진행되는 동적 과정이다. 초기 3~5일은 염증기와 이물 제거기가 주도하는 지연기로, 상처가 뚜렷이 악화되지 않는다. 치유는 개체의 상태, 상처 특성, 외부 요인에 의해 영향을 받는다.

- 염증기(Inflammatory Phase)에서는 상처 발생 직후 출혈이 시작되며, 혈관 수축 후 확장으로 섬유소와 응고인자가 상처 부위로 누출된다. 혈병(blood clot)이 형성되어 상처를 안정화하고, 가피가 생겨 보호한다. 혈소판, 대식세포, 호중구 등이 사이토카인과 성장인자를 분비해 염증을 유도하고, 백혈구가 괴사 조직을 제거한다. 이 과정은 약 5일간 지속된다.
- 이물 제거기(Debridement Phase)에서는 호중구와 단핵구(대식세포로 전환)가 상처 부위로 이동해 괴사 조직, 세균, 이물질을 제거한다. 대식세포는 콜라겐 분해 효소와 성장인자를 분비해 육아 조직 형성을 촉진한다. 림프구는 후반에 나타나 세포 이동과 단백 합성을 자극한다. 대식세포의 기능 저하는 치유를 지연시키지만, 호중구나 림프구 감소는 무균 상처의 인장 강도에 큰 영향을 주지 않는다.

- 복구기(증식기, Repair/Proleferative Phase)는 3~5일 후 시작되어 수주간 지속된다. 섬유모세포가 축적되어 콜라겐, 엘라스틴, 프로테오글리칸을 합성하며 육아 조직을 형성한다. 모세 혈관이 침투해 산소 공급을 늘리고, 상처의 인장 강도가 증가한다. 콜라겐은 2~3주 내 최대량에 도달하며, 섬유모세포와 콜라겐 합성은 점차 감소한다. 근섬유모세포는 상처 수축을 유도하며, 상피화는 봉합된 상처에서는 24~48시간 내, 개방 상처에서는 4~5일 후 시작된다. 상피세포는 육아 조직 위로 이동하며 가피 아래에서 재생되며, 습윤 환경에서 더 효과적으로 진행된다.
- 성숙기(Maturation Phase)는 17~20일 후 시작하여 수년까지 지속될 수 있다. 콜라겐 섬유가 재배열되고 교차 결합이 증가해 상처 강도가 최고조에 달한다. 3형 콜라겐은 줄어들고 1형 콜라겐이 증가하며, 상처는 정상 조직 강도의 약 80%까지 회복된다. 모세 혈관이 감소해 가피는 창백해지고 얇아진다.

상피는 외부 감염을 차단하고 체액 손실을 막는 주요 방어막으로서, 상피세포의 이동·증식·분화에 의해 재형성된다. 이 과정은 산소 공급과 습윤 환경에서 더욱 효율적으로 이루어진다. 감염, 저산소 환경, 특정 약물은 치유를 지연시키고, 적절한 세척과 습윤 관리가 치유를 촉진한다.

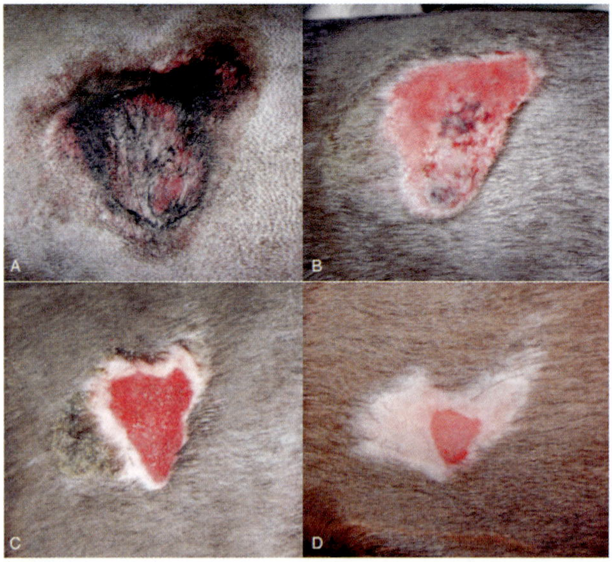

출처: McCurnin's Clinical Textbook for Veterinary Technicians 9th Edition.

[그림 8-2] 상처 치유 단계

▶ (A) 염증기: 오염 물질과 생명력을 잃은 조직을 제거해야 한다. (B) 증식기의 시작: 육아 조직이 형성되기 시작하면서 상처를 덮기 시작한다. (C) 상처 수축: 상피세포가 상처 가장자리로부터 중심부로 이주하기 시작한다. (D) 상피화 활발히 진행: 상피세포가 상처를 덮으며 상처 폐쇄가 거의 완료되고, 이 단계가 끝나면 성숙기가 시작된다. 이때 콜라겐 재배열과 조직 강도 증가가 일어나며 상처 치유가 완성된다.

4) 창상 관리

(1) 창상 관리의 적절한 단계

① 추가적인 오염을 방지한다.

② 외부 이물질과 오염을 제거한다.

③ 죽은 괴사 조직을 제거한다.

④ 상처 배농을 관리한다.

⑤ 염증기와 증식기 과정을 통해 상처를 보호한다.

⑥ 창상부를 폐쇄한다.

(2) 창상 관리의 기초

[표 8-1] 창상 관리의 기본 원칙(Fundamentals of Wound Management)

1	추가적인 외상과 오염을 방지하기 위해 창상부를 임시로 덮는다.
2	외상을 입은 동물을 평가하고 상태를 안정시킨다.
3	창상부 주변 부위를 클리핑하고 무균적으로 준비한다.
4	창상에서 배양 검체를 채취한다.
5	괴사 조직과 이물질을 제거한다.
6	창상부를 철저히 세척한다.
7	적절한 배액을 제공한다.
8	세척된 상처를 안정시키고 보호하여 치유를 촉진한다.
9	적절한 방법으로 창상을 봉합한다.

출처: SMALL ANIMAL SURGERY, Fifth Edition.

창상은 교통사고나 동물 간의 물림 등 다양한 상황에서 발생할 수 있다. 환자가 병원에 내원하면 본격적인 창상 처치에 앞서 반드시 먼저 시행되어야 하는 것은 환자의 전신 상태 안정화이다. 쇼크, 출혈, 호흡 곤란 등 응급 상황이 동반될 수 있기 때문에, 생명을 위협하는 문제를 먼저 해결한 후 상처에 대한 처치가 이루어져야 한다. 안정화되기 전까지는 일시적으로 상처를 깨끗한 드레싱으로 덮어 2차 오염을 방지하는 것이 중요하다.

① 창상에 대한 초기 처치

창상의 초기 처치는 오염을 최소화하고 병원체의 확산을 막는 것에서 시작된다. 상처를 다룰 때는 반드시 장갑을 착용하며, 필요시 무균 드레싱으로 상처를 보호한다. 상처에는 멸균 생리식염수에 적신 거즈를 올리거나 수용성 윤활제를 발라 이후 클리핑 과정에서 털이나 오염물이 상처 안으로 들어가는 것을 방지한다.

상처 주변의 오염된 털은 깨끗한 기구로 넓게 클리핑하며, 상처 가장자리에서 바깥쪽으로 조심스럽게 진행한다. 피부는 클로르헥시딘 또는 포비돈 요오드 등의 항균제를 이용해 부드럽게 소독하여 주변 오염을 줄인다.

상처 세척은 따뜻한 등장성 수액(예: LRS 또는 0.9% NS)을 사용하여 시행하며, 이는 윤활제를 씻어낼 뿐 아니라 이물질, 괴사 조직, 세균을 제거하는 데 목적이 있다. LRS(Lactated Ringer's solution, Hartmann's, 락트산 링거 용액)가 수액 내 버퍼를 포함하고 있어 일반 0.9% 생리식염수보다 세척하는데 조직 자극이 적어 세척에 적합하다. 세척은 살아 있는 조직을 손상시키지 않으면서 효과적으로 이물질을 제거할 수 있는 6~8psi의 압력으로 시행하며, 이를 위해 주로 2~30mL 주사기와 18G 바늘 또는 카테터를 사용한다. 필요하면 연장 라인과 3-way 밸브를 이용해 일정한 압력을 유지하는 밀폐형 세척 시스템을 구성할 수 있다.

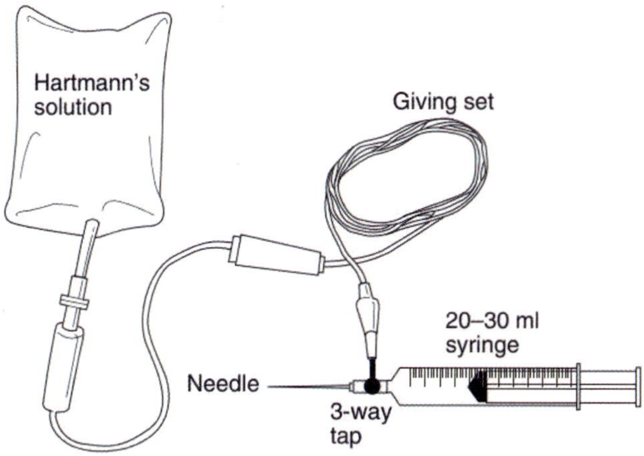

출처: BSAVA Manual(2판).

[그림 8–3] 밀폐형 세척 시스템

▶ 창상 세척은 멸균 등장성 수액을 이용하여 잘 수행될 수 있다. 정맥 주사용 수액 백은 주입 라인을 통해 3-way 밸브에 연결된다. 수액은 20mL 주사기에 채워지고, 상처는 18G 바늘로 세척할 수 있다. 수액은 다른 환자에게 재사용해서는 안 되며, 창상 관리에 사용된 모든 물품은 한 환자에게만 전용으로 사용해야 한다.

심하게 오염된 상처에서는 초기 세척에 멸균 수액 대신 수돗물을 사용할 수 있으나 가능하면 멸균 수액을 활용하며, 이때 중요한 것은 액체의 종류보다 세척에 사용되는 양이다. 희석된 항균제를 수액에 첨가할 수도 있으나, 세포 독성(cytotoxicity)을 유발할 수 있으므로 농도에 주의해야 한다. 일반적으로 0.05%의 클로르헥시딘 또는 0.1%의 포비돈 요오드 희석액이 사용된다.

[표 8-2] 창상 세척제 비교

제품	장점	단점
균형 전해질 용액 (LRS, Normosol)	• 등장성 • 세포독성 가장 적음	• 항균 효과 없음
클로르헥시딘 0.05%	• 광범위한 항균 효과 • 잔류 효과 우수 • 유기물에 의해 비활성화되지 않음	• 0.05% 초과 농도는 세포 독성 • 각막 독성 • 전해질 용액에서 침전 발생
클로르헥시딘 0.05% + Tris-DETA	• 단순 클로르헥시딘보다 항균 효과 1000배 증가	• 0.05% 초과 농도는 세포 독성 • 각막 독성 • 전해질 용액에서 침전 발생
생리식염수 0.9%	• 등장성	• LRS보다 산성 • 항균 효과 없음
포비돈-요오드 0.1%	• 광범위한 항균 효과	• 유기물에 의해 비활성화 • 잔류 효과 제한적 • 1% 이상에서 세포 독성 • 접촉 과민증 • 흡수 시 갑상샘 영향
수돗물	• 구하기 쉬움 • 저렴	• 미량 원소의 세포 독성 • 저삼투압성 • 항균 효과 없음

출처: SMALL ANIMAL SURGERY, Fifth Edition.

② 창상 변연 절제(Wound Debridement)

변연 절제는 오염된 조직, 괴사 조직, 이물질을 제거하여 상처를 청결하게 만드는 과정이다. 가장 일반적인 방법은 전신 마취 아래 이뤄지는 외과적 절제이며, 이는 빠르고 효과적인 처치 방법으로, 무균적 수술 환경에서 시행된다. 절개를 통해 관절, 뼈, 흉강 또는 복강 침범 여부를 평가하고, 명백히 괴사된 조직은 절제하며, 생존 가능성이 불확실한 조직은 단계적 절제를 통해 관찰하면서 보존을 시도할 수 있다.

작은 상처는 일괄적으로 덩어리째(en bloc) 절제하여 1차 봉합할 수 있으며, 이때 출혈과 오염이 적은 것이 원칙이다. 기계적 절제(mechanical debridement)는 젖은 거즈를 말릴 때 함께 괴사 조직을 제거하는 wet-to-dry bandage를 통해 이루어지며, 초기 치료에 효과적일 수 있지만 비선택적 절제이므로 건강한 조직까지 손상시킬 수 있다는 단점이 있다.

③ 창상 봉합(Wound Closure)

창상은 외과적으로 만들어진 것인지, 외상성인지, 오염 정도가 어느 정도인지에 따라 봉합 여부와 시점이 달라진다.

- 1차 봉합(primary closure)은 상처 가장자리를 직접 맞대어 봉합하는 것으로, 무균적인 수술 상처나 깨끗한 절개 상처에서 시행된다. 외상성 상처라도 충분한 세척과 절제를 통해 오염이 제거되면 1차 봉합이 가능하다. 단, 봉합은 육아 조직이 형성되기 전에 이루어져야 한다.
- 지연 1차 봉합(delayed primary closure)은 오염되었지만 괴사는 없는 상처에서 2~3일간 열린 상태로 관리한 후, 감염이나 삼출이 줄어들었을 때 시행하는 봉합이다. 이 방식은 감염 위험을 줄이고 조직 상태가 개선된 이후 봉합할 수 있다는 장점이 있다.
- 2차 봉합(secondary closure)은 심하게 오염되었거나 감염된 상처를 3~5일 이상 열린 상태로 관리하면서 건강한 육아 조직이 충분히 형성된 후에 시행하는 방식이다. 이 경우 봉합은 육아 조직 위에 피부를 덮는 형태로 이루어진다.

- 2기 유합(2nd intention healing)은 상처를 자연적으로 수축과 상피화 과정을 통해 치유시키는 방식이다. 수술적 봉합은 하지 않으며, 피부가 부족한 부위나, 봉합이 불가능한 넓은 상처에서 사용된다. 그러나 관절, 힘줄 위에서는 기능 장애를 유발할 수 있어 주의가 필요하다.

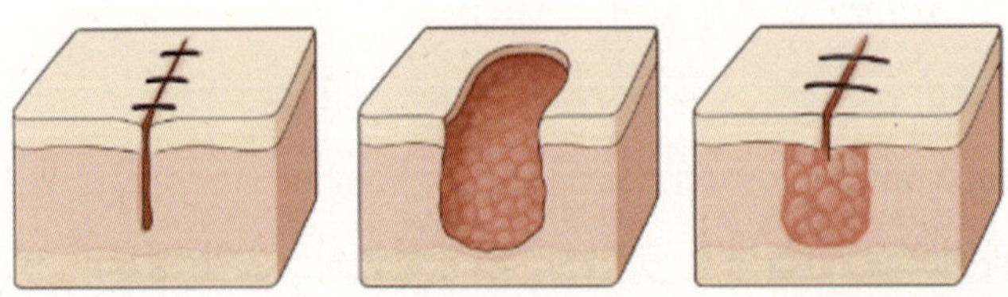

출처: ChatGPT.

[그림 8-4] 창상 봉합

④ 창상 배액(Wound Drainage)

창상부 삼출물의 양이 많거나, 연부 조직 손상으로 인해 사강(dead space)이 생기는 경우에는 배액관(drain)을 삽입해야 할 수 있다. 수동 배액관(passive drain)인 펜로즈(Penrose) 드레인은 모세관 작용으로 삼출액이 배출되며, 중력 방향으로 삽입되어야 한다. 외부로 직접 연결되므로 감염 경로가 될 수 있으므로 반드시 무균 드레싱으로 덮어야 한다. 능동 배액관(active/closed-suction drain)은 밀폐된 상태에서 음압을 이용해 배출하는 방식으로, 삼출물이 많은 광범위한 상처에 적합하다. 감염률이 낮고 회복이 빠르지만 비용이 더 들며, 보통 3~5일 후 삼출이 감소하면 제거한다.

⑤ 창상 감염(Wound Infection)

상처 조직 1g당 세균 수가 100,000CFU 이상이면 감염된 상처로 간주된다. 감염의 징후는 붓기, 열감, 발적, 고름, 악취 등을 포함하며, 전신 감염 시에는 무기력, 식욕 저하, 통증, 발열 등도 나타날 수 있다. 항생제의 사용 여부는 감염의 중증도, 상처 상태, 환자의 전신 상태에 따라 결정된다. 건강한 육아 조직이 형성된 상처는 감염에 강하며 대부분 항생제를 필요로 하지 않는다. 경증 감염은 국소 면역으로 해결될 수 있으나, 심부 조직까지 침범된 감염은 경구 항생제가 필요하며, 환자가 불안정하거나 전신 감염이 의심될 경우 정맥 내 항생제 투여가 필요하다. 항생제 선택은 일반적으로 피부 병원체에 대한 경험적 선택으로 시작하지만, 치료 반응이 없을 경우 반드시 배양 및 항생제 감수성 검사를 통해 재조정해야 한다. 국소 항균제는 표재 감염에 효과적이지만 깊은 조직 감염에는 효과가 떨어지며, 알로에 베라, 꿀, 설탕 등의 대체 요법도 사용될 수 있다. 꿀과 설탕은 고삼투압 상태를 만들어 세균 성장을 억제하고 삼출물과 이물질을 끌어내는 효과가 있다. 다만 설탕은 상처 삼출액에 의해 희석되면 효과가 떨어지므로 자주 드레싱을 교환해야 한다.

(3) 교상(Bite Wounds)

교상, 물림 상처(Bite Wounds)는 진단과 처치에 있어 상당히 까다로울 수 있다. 피부 겉보기에는 작고 단순한 천공처럼 보일 수 있으나, 실제로는 깊은 조직까지 광범위한 손상이 존재할 수 있기 때문이다. 개나 고양이의 피부는 탄력성이 뛰어나 물릴 때 이빨이 피부에 남기는 흔적은 작지만, 그 아래에서는 근육, 혈관, 신경, 피하 조직 등이 으깨지거나 찢어지고, 심한 경우 근막을 따라 광범위하게 조직이 분리되며 사강(dead space)이 형성된다. 또한, 물림은 단순히 조직을 뚫는 것에 그치지 않고, 동물이 피해자를 흔들거나 비트는 행동을 하기 때문에 조직 간 분리가 심화되고 손상이 확대된다. 이런 이유로 모든 교상 병변은 오염창으로 간주된다. 이는 다양한 세균이 구강 내에 존재하기 때문이며, 특히 고양이의 물림 상처는 혐기성 세균 감염의 위험이 높다.

물림 상처의 처치는 다음과 같은 단계로 이루어진다.

① 상처 탐색(exploration): 눈에 보이지 않는 내부 손상을 확인하기 위해 상처를 확장하여 조직의 깊이, 범위, 손상된 구조물 등을 철저히 검사해야 한다. 경우에 따라 근육, 관절, 신경, 혈관 등의 침범 여부도 평가해야 한다.

② 세척(lavage): 풍부한 양의 등장성 수액(예: 생리식염수)을 사용하여 상처 내부의 세균, 이물질, 괴사 조직 등을 제거한다. 고양이 물림의 경우 세균이 깊은 부위로 침투해 있을 수 있으므로, 특히 철저한 세척이 중요하다.

③ 변연 절제(debridement): 명확하게 괴사되었거나 오염된 조직은 모두 제거해야 하며, 조직 생존이 불확실한 경우에는 단계적으로 제거하는 단계적 변연 절제술(staged debridement)을 고려할 수 있다.

상처의 봉합 여부는 오염 상태와 제거 가능한 조직의 범위에 따라 결정된다. 상처가 깨끗하게 세척되고, 괴사 조직이 충분히 제거된 경우에만 봉합이 고려되며, 그렇지 않을 경우에는 지연 봉합(delayed primary closure) 또는 2차 봉합(secondary closure)이 필요하다. 사강이 많이 형성된 경우에는 배액관(drain)의 사용이 필요할 수 있다. 배액관은 감염을 예방하고, 삼출액을 배출하며, 조직 간의 접착을 유도해 회복을 촉진한다.

5) 지혈

(1) 지혈의 3단계

상처 발생 직후, 신체는 출혈을 막고 상처 회복을 시작하기 위해 다음과 같은 지혈 반응을 일으킨다.

① 혈관 수축: 손상 직후 혈관이 반사적으로 수축하여 출혈을 줄인다. 약 5~10분간 지속되며 그동안 혈소판 플러그(platelet plug) 형성이 시작된다.

② 혈소판 플러그 형성(Platelet Plug Formation): 손상된 내피세포가 혈소판을 활성화하고 서로 응집하여 임시 플러그를 만든다. 이 플러그는 출혈을 일시적으로 막는다.

③ 응고 연쇄 반응: 손상 부위에서 조직 응고인자(Factor Ⅲ)가 노출되어 응고계가 활성화된다. 피브리노겐이 피브린으로 변환되어 혈전(피브린 플러그)을 형성한다. 응고인자(Factor XIII)의 작용으로 피부린이 교차 결합되며, 혈소판과 결합해 임시 세포 외 기질을 형성한다. 이는 상처 치유 초기의 구조적 틀 역할을 하며 즉각적인 방어막과 초기 상처 강도를 제공한다.

(2) 지혈의 기본 원리

① 기계적 차단: 압박, 결찰, 클립, 봉합, 팩킹 등으로 혈류 자체를 막는다.

② 에너지 기반 응고: 전기 소작, 혈관 봉합(sealing) 장비, 초음파 소작, 레이저 등으로 단백(콜라겐/엘라스틴) 변성을 유도해 혈관벽을 밀봉한다.

③ 국소 지혈제: 출혈면에 적용되어 물리적 매트릭스를 제공(흡수성 지지체)하거나, 피브린 등 활성 성분으로 응고 연쇄를 증폭한다. 뼈면에는 전용 지혈제가 따로 있다.

④ 전신적 지혈: 항섬유소제(TXA), 비타민 K1(항응고제 중독), 데스모프레신(vWD 일부 개체), 혈액제제(FFP, pRBC, whole blood) 등으로 전신 응고능을 보완한다.

(3) 수술 단계별 지혈 기법

① 즉시 적용하는 기본 술기

- 직접 압박(Direct Pressure): 멸균 거즈로 2~4분 지속 압박 → 대부분의 미세 혈관 출혈은 정지한다. 동맥성 분출은 압박과 근위부 혈류 제어를 병행한

다. 응급 상처 관리에도 1차 처치로 권고된다.

- 거상/견인(Elevation & Traction): 수술 시야 확보와 함께 정맥압을 낮춰 출혈을 감소시킨다.
- 클램프-결찰(Clamp-and-Tie), 봉합: 지혈 겸자 등을 이용하여 출혈을 잡고, 필요시 봉합하여 출혈을 제어한다.
- 혈관 클립(Vascular Clips): 작은 동정맥 가지에 신속 재현성 높은 지혈 방법이나, 지방 조직이 과다하거나 수직으로 힘이 작용하면 미끄러질수 있어 주의한다.

② 지혈 보조 도구

- 터니켓/압박 커프: 사지 수술에서 일시적으로 혈류를 차단하여 시야를 확보한다. 오랜 시간 압박 시 신경 허혈, 근육 괴사 위험이 있어 주의한다.
- 팩킹(Packing): 간 골반 비장 주변 확산성 출혈에 거즈 팩킹 후 단계적으로 제거한다. 거즈 카운팅을 통해서 출혈량을 가늠할 수 있다.

③ 에너지 기반 지혈

- 전기 소작법: 지혈 장비(예: Bovie 등)를 이용하여 절개나 응고 기능이 가능하다. 일반적으로 작은 혈관에 직접적으로 적용하고, 더 큰 혈관은 결찰법이 사용된다.
- 혈관 씰링 장비(예: LigaSure 계열): 혈관벽의 콜라겐/엘라스틴 변성으로 3~7mm급 혈관까지 밀봉이 가능하다(기기 세팅에 따름).
- 초음파 소작(예: Harmonic): 기계적 진동과 마찰열로 단백 변성을 일으켜 밀봉한다. 연기가 적고 조직 손상층이 얇다.
- 레이저: CO_2/다이오드 등 장비로, 절개와 동시에 지혈이 가능하다.

(4) 국소 지혈제

- 젤라틴 스폰지(돼지 유래 등_Gelfoam®): 잘라서 적용하며 생리식염수 적신 뒤 압박한다. 팽창과 감염의 위험이 있어 감염 상처나 요로 담도 내에는 사용하지 않는다.
- 산화재생셀룰로오스(Surgicel®): 산성 pH를 가지고 있으며 국소 지혈 작용, 약한 항균성, X-ray 비가시성을 가지고 있으나, 산성 환경으로 치유 지연이 가능하며 신경과 혈관 압박에 주의한다.
- 미세섬유상 콜라겐(MFC): 혈소판 접착이 우수하여 견고한 혈전을 형성하게 한다.
- 해면골 전용(본 왁스_Bone wax): 뼈 표면에 적용하여 기계적으로 지혈하나 골 치유 지연 가능성을 가지고 있어 최소량을 사용한다.

(5) 전신 지혈(내과적 보조)

- 트라넥사믹산(TXA): 과섬유소용해를 억제하여, 개와 고양이에서 출혈을 감소시키고 시야를 개선하는 데 도움을 준다.
- 비타민 K1: 쿠마린 계열 살서제(항응고 비타민 K 길항제) 중독 교정에 표준 적용된다.
- 데스모프레신(DDAVP): 일부 vWD 개체에서 일시적 혈소판 기능 강화 작용을 한다.
- 혈액제제: FFP(응고인자), 크라이오프리시피테이트(피브리노겐 vWF), 농축혈소판/전혈 등
- 에피네프린 희석 주입(국소): 코 구강 점막 등에서 일시적 혈관 수축 작용을 하며, 심혈관 부작용을 예방하기 위해 희석하고 소량만 국소 적용한다.

2. 화상(Burns)

화상은 고온·저온, 화학 물질, 전기, 방사선 등 다양한 원인으로 피부가 손상되는 창상의 한 형태이다. 임상에서 흔한 질환은 아니지만, 고도 화상은 예후가 좋지 않고 치료가 어렵다. 뜨거운 물, 전기장판 등 일상 환경에서도 발생할 수 있으며, 손상의 심각도는 피부의 깊이와 손상 범위에 따라 결정된다.

1) 화상의 종류

(1) 열성 화상(Thermal burns)

극심한 고온 또는 저온(동상 포함)에 의한 손상이다. 일반적으로 열성 화상은 열에 의해 발생하며, 이는 화염, 끓는 물과 같은 뜨거운 액체, 뜨거운 물체, 화재 시 발생하는 고온의 공기, 방사선(radiation) 등에 의해 발생할 수 있다. 손상의 정도는 온도 및 조직 접촉 시간에 따라 다를 수 있으며, 일부 개체에서는 열 손상에 대한 감수성이 증가 할 수 있다(예: 열원으로부터 피할 수 있는 움직임, 감각 등이 감소한 경우, 탈수가 있거나 말초 혈액 관류가 잘 일어나지 않는 경우, 쿠싱(Cushing's disease)과 같은 기저 질환이 있는 경우, 오랜 기간 스테로이드와 약물의 투약으로 인하여 피부가 얇아진 경우 등).

열성 화상은 영향을 받은 손상 조직의 깊이에 따라 화상의 등급이 나뉘며, 이에 따라 1도~3도 화상으로 분류된다. 최근에는 진피 손상 정도에 따라 부분층 화상(partial–thickness)과 전층 화상(full–thickness)으로 구분하는 용어로 대체되고 있다. 부분층 화상은 다시 표재성(superficial)과 심부(deep)로 세분화 될 수 있으나, 실제 대부분의 화상은 부분층과 전층 손상이 혼합된 형태로 나타난다.

화상 평가에서는 깊이뿐 아니라 손상된 신체 면적을 함께 판단하는 것이 중요하며, 넓은 범위의 화상일수록 전신적 영향이 커져 예후는 나빠진다.

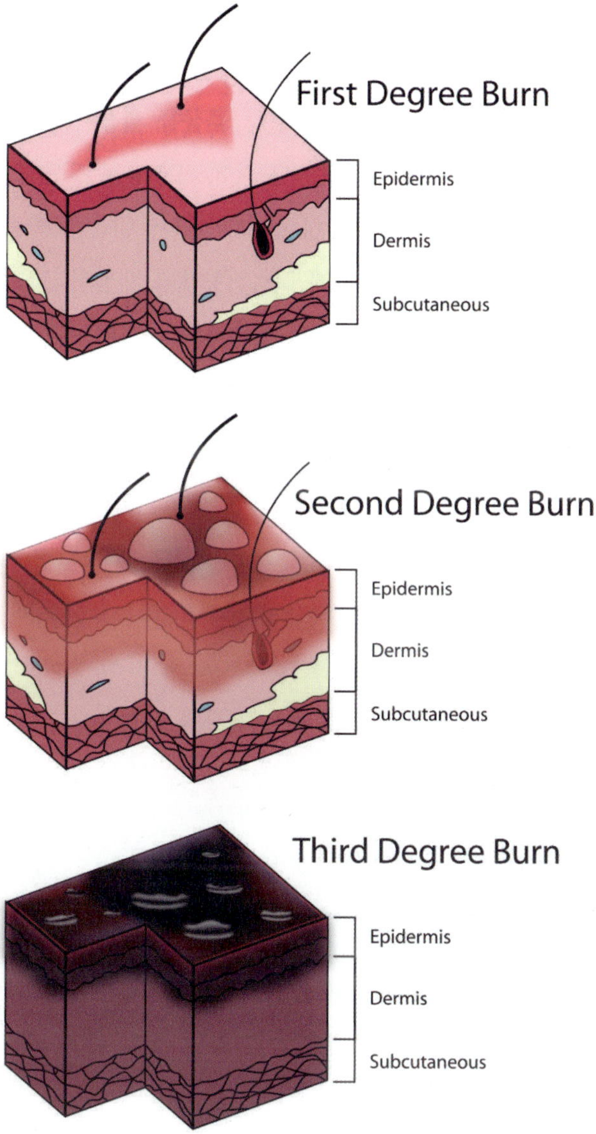

출처: wikimedia commons.

[그림 8-5] 조직 손상 깊이에 따른 화상의 등급

열성 화상 환자는 오염 및 감염을 최소화하기 위해 철저히 무균적으로 치료한다. 초기에는 상처에 응급 처치를 시행하고, 이어서 적극적인 수액 요법을 시작하며, 연기 흡입 손상과 통증을 치료하고 영양 공급을 제공한다. 화상의 초기 처치는 약 1.6~15.5℃의 차가운 흐르는 물을 상처에 적용하는 것이다. 이는 진통 효과를 제공하며 화상의 진행을 멈추어 치유를 촉진한다. 얼음을 이용한 치료는 권장되지 않는다. 초기 냉각 후에는 환자에게는 진통제를 제공하고, 상처에 국소 항생제를 도포한 후 습윤 층을 얹고 붕대를 감아 감염을 포함한 추가 손상으로부터 보호한다. 다른 개방성 상처(open wound)와 마찬가지로 관리를 진행한다. 상처가 깊은 경우 외과적 개입이 필요할 수 있다.

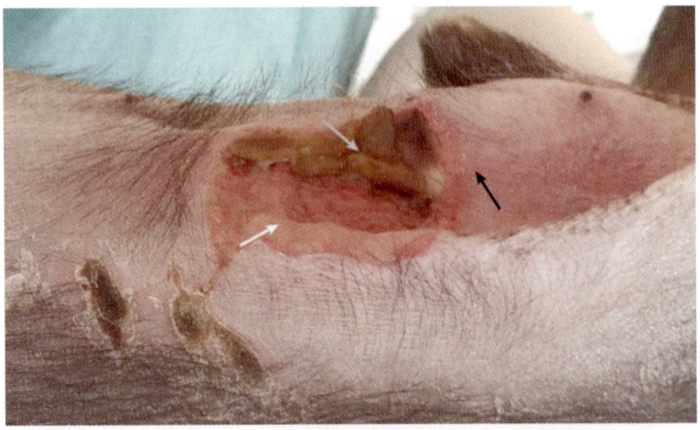

출처: cliniciansbrief.

[그림 8-6] 치와와(Chihuahua)에서 발생한 온열패드 화상 병변

▶ 손상 부위는 3개 구역으로 구분된다(응고_회색 화살표, 울혈_흰색 화살표, 충혈_검은색 화살표).

(2) 화학적 화상(Chemical burns)

화학적 화상은 산성·염기성 화학 물질 또는 조직 독성을 가진 약물이 피부와 접촉해 발생하는 손상으로, 기전은 다르지만 결과적으로 열성 화상과 유사한 조직 파괴를 일으킨다. 산성 물질은 단백질을 변성시키고, 염기성 물질은 보다 깊은 침투와 조직 손상을 유발한다. 일부 항암제(독소루비신_doxorubicin)도 국소 독성으로 수포나 괴사를 일으킬 수 있다.

치료에서 가장 중요한 원칙은 원인 물질의 즉각적 중화 또는 제거이며, 중화 전에는 조직 손상이 계속 진행되기 때문에 풍부한 물로 빠르게 세척·희석하는 것이 우선이다. 이후 화상의 깊이와 범위를 평가해 열성 화상과 동일한 원칙으로 관리한다.

(3) 전기 화상(Electric burns)

전기 화상은 전기 코드나 기구에 접촉하면서 발생하며, 특히 어린 개체가 전선을 씹을 때 입안에 화상을 입는 경우가 발생할 수 있다. 전기 손상은 피부보다 깊은 조직에서 더 심하게 진행될 수 있어 근육·뼈·인접 조직까지 손상 범위를 신중하게 평가해야 한다. 이러한 경우 비심인성 폐수종이 동반될 수 있어 호흡기 증상 관찰과 혈액 검사·방사선 검사 등을 진행하여 이상이 없는지 확인해야 한다. 수술 중 전기 소작기 접지 오류도 전기 화상의 원인이 될 수 있으며, 심한 손상은 외과적 괴사 조직 제거가 필요하다.

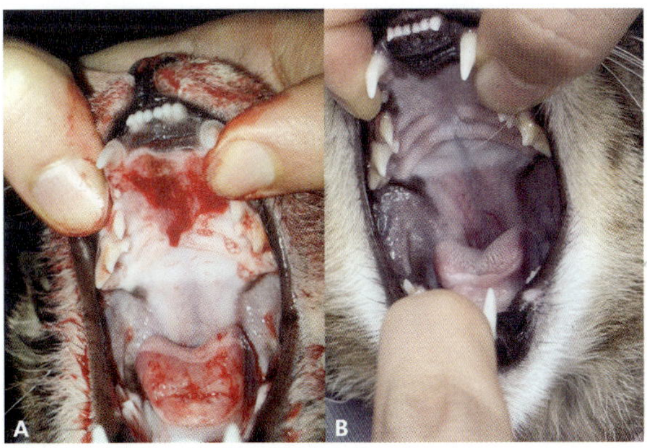

[그림 8-7] 고양이가 전선을 씹어 발생한 구강 내 화상 병변

▶ (A) 이벤트 직후 구강 내 출혈을 동반하여 병원에 내원. (B) 치료 이후 회복된 사진.

(4) 동상(Frostbite)

장시간 추위에 노출되면 저체온성 화상(hypothermic burns) 또는 동상(frostbite)이 발생할 수 있다. 주로 영향을 받는 부위는 사지 말단 부위와 귓바퀴이며, 옆구리 피부 주름과 같이 피부가 얇은 부위도 손상될 수 있다. 드물게 의인성으로 냉동 치료(cryotherapy) 시 부적절하게 사용할 경우 손상이 발생할 수도 있다. 동상의 초기 응급 처치는 손상된 부위를 빠르게, 부드럽게 재가온 하는 것이다. 가장 효과적인 방법은 미지근한 물(약 40~42℃)에 담그는 것이다. 재가온과 동시에 수액 요법을 시작하여 순환을 개선시켜 주고 항염증 약물을 투여하여 염증 반응을 억제한다.

3. 붕대법(Bandaging Techniques)

붕대는 상처를 보호하고 고정하며, 필요한 경우 압박이나 견인을 제공하여 치유를 돕는 의료 보조재이다. 적절한 붕대 적용은 상처 환경을 청결하게 유지하고, 삼출물과 오염을 관리하며, 부종·출혈·사강 형성을 줄이고 반흔 발생도 완화한다. 또한 분비물의 양과 성상을 평가하는 데 도움이 되며 외관상 보호 효과도 제공한다.

이상적인 붕대는 삼출물 제거, 습윤 환경 유지, 가스 교환 가능성, 단열 및 보호 효과, 2차 감염 예방, 독성 물질 차단, 상처 손상 없이 제거 가능함 등의 특성을 갖추어야 한다.

1) 붕대법의 원리(Principles of Bandaging)

붕대는 다음과 같은 두 가지 주요 목적을 위해 적용된다.

(1) 연부 조직 상처의 관리(Soft Tissue Wounds)

- 상처를 외부 환경과 환자로부터 보호
- 상처 표면의 변연 절제를 도움
- 삼출물을 조절
- 상처 치유에 적합한 환경을 조성
- 지혈을 도움
- 혈종/장액종(seroma) 형성을 줄임
- 지지력과 편안함을 제공
- 국소 약물을 전달

(2) 정형외과적 손상(Orthopedic Injuries)

- 골절이나 관절을 고정
- 부목이나 깁스를 제자리에 유지
- 움직임을 제한
- 체중 부하를 방지
- 연부 조직의 추가 손상을 방지
- 부종을 감소

추가적으로, 수술 후 붕대는 출혈과 부종을 감소시키고, 사강(dead space)을 제거하며, 환자의 편안함을 증가시키고, 상처를 환자 자신과 외부 환경으로부터 보호하는 데 도움을 준다.

대부분의 붕대는 세 가지 뚜렷한 층으로 구성되어 있다. 상처와 직접 접촉하는 1차 층, 2차 층, 그리고 3차 층이다. 1차 층은 상처 환경에 직접적으로 영향을 주기 때문에 상처 보호와 치유에 있어 가장 중요하다. 이 층은 점착성(adherent)일 수도 있고 비점착성(nonadherent)일 수도 있으며, 비밀폐성(non-occlusive), 반밀폐성(semi-occlusive) 또는 밀폐성(occlusive)일 수도 있다. 1차 층의 종류는 상처 치유의 단계와 존재하는 삼출물의 양에 따라 달라진다. 2차 층은 삼출물을 흡수하고 유지하며, 일정 부분 고정력과 지지력을 제공한다. 삼출물이 많이 생성되는 경우, 2차 층은 삼출물이 붕대 외부 3차 층까지 스며들지 않도록 더 두꺼워야 한다. 3차 층은 가장 바깥에 위치한 보호 층으로 다른 층들을 제자리에 고정시키고, 적용할 적절한 압력과 지지력을 결정한다. 이 마지막 층은 밀폐성이어서는 안 되며, 그렇지 않으면 습기가 붕대 내부에 축적된다.

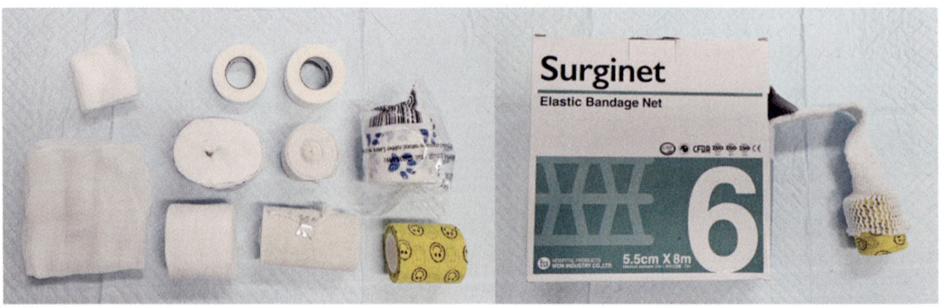

[그림 8-8] 붕대 시 일반적으로 사용되는 재료

▶ 거즈, 마이크로포어, 솜 붕대, 압박 붕대, 코반, 그리고 서지넷.

2) 위치 및 목적에 따른 붕대법(Bandaging)

(1) 흉·복부 붕대법(Thorax and Abdomen Bandage)

흉·복부의 창상, 술부, 배액장치를 덮을 때 등 사용되며 출혈이 의심될 경우에도 가끔 적용된다. 적용 시 과도한 압박이 가해져 호흡을 하는 데 불편함을 유발할 수 있으므로 주의해야 한다.

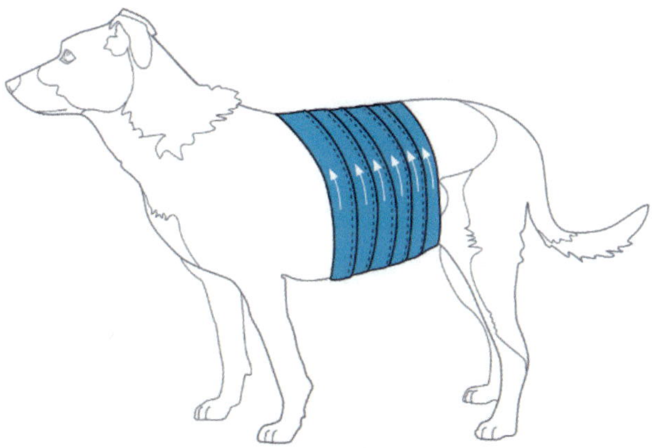

출처: Millpledge Bandage Book.

[그림 8-9] 복부 붕대법

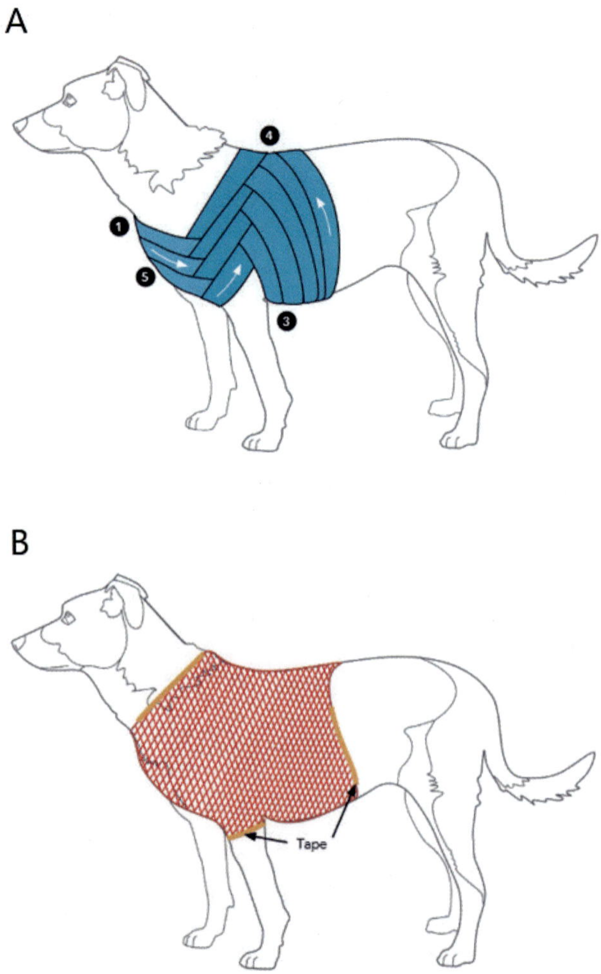

출처: Millpledge Bandage Book.

[그림 8-10] 흉부 붕대법

▶ (A) 번호 순서대로 솜 붕대와 압박 붕대를 이용하여 감아준다. (B) 필요한 경우 서지넷과 같은 제품을 사용할 수 있다.

(2) 귀 및 머리 붕대법(Ear and Head Bandages)

이 붕대법은 귀 절제술 후 또는 귀혈종 수술 후 재발 방지를 위해 사용된다. 양쪽 귀를 머리 위로 고정해 양측 귓구멍이 열리도록 한다. 너무 압박하게 되면 호흡 곤란을 유발할 수 있으므로 주의하고 가볍고 통기성 좋은 소재를 사용하는 것이 권장된다.

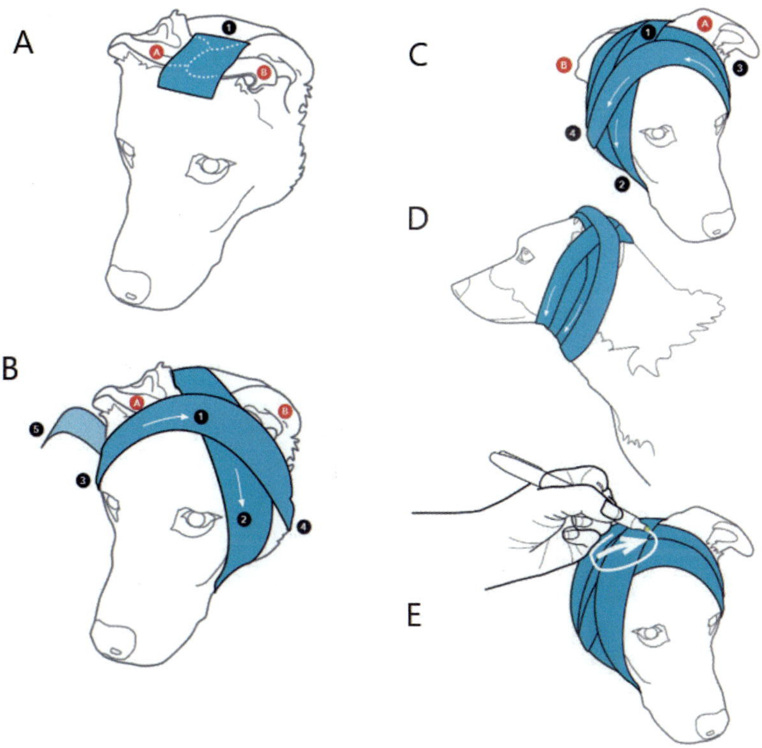

출처: Millpledge Bandage Book.

[그림 8-11] 귀 및 머리 붕대법

▶ (A) 머리뼈 중앙에 패딩을 대고 귀를 접어 올린다. 그 위 추가 패딩과 반대쪽 귀를 올려 접는다. 접은 귀를 함께 테이프로 고정한다. (B) 눈을 가리지 않도록 '8자 모양'으로 감는다. 양쪽 귀 또는 한쪽 귀만 포함해도 고정 가능하다. (C), (D) 번호 순서대로 붕대를 감아준다. (E) 붕대 위에 귀의 위치와 방향을 그려두어 제거 시에 다치치 않도록 주의한다.

(3) 발가락 및 발의 붕대법(Foot & Lower Limb Bandages)

발가락 및 발의 붕대법은 사지, 발의 창상 시 출혈 및 감염 관리나 환자의 접촉으로부터 보호하는 데 적용될 수 있다. 지나친 압박은 부종이나 연부 조직 손상을 일으킬 수 있으므로 주의한다.

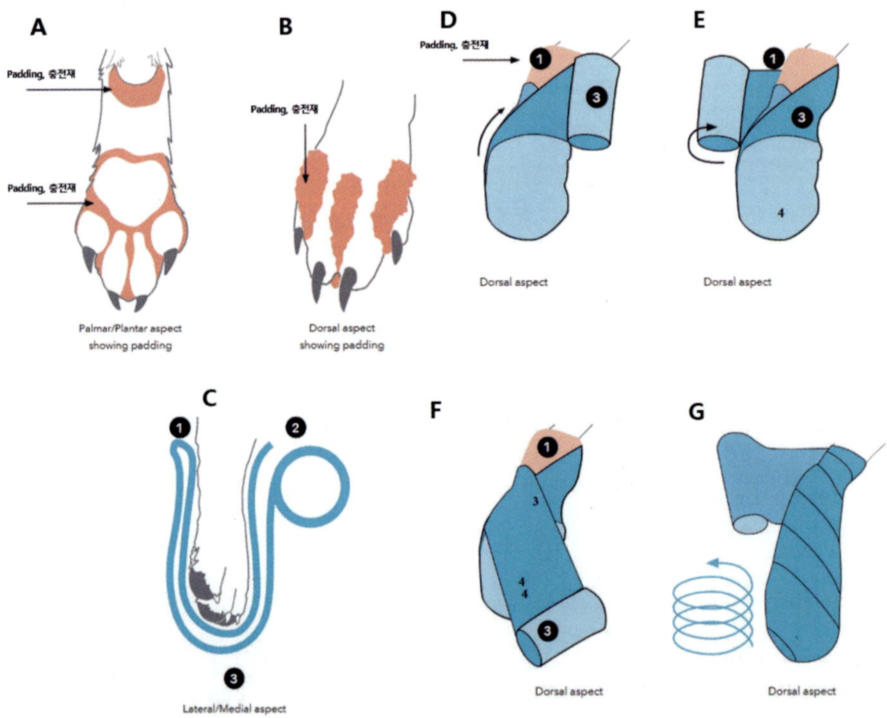

출처: Millpledge Bandage Book.

[그림 8-12] 발 말단의 붕대법

▶ (A), (B) 필요시 발톱을 자르고 발가락에 패딩을 한다. 적절한 패딩은 발가락이 서로 마찰되지 않도록 하여 불필요한 붓기나 마찰로 인한 피부 손상을 예방한다. (C) 추가 패딩을 적용한다. 1번 지점 위쪽에서 시작하여, 다리 등쪽을 따라 발까지 역방향으로 패딩을 감아준다. 이후 발바닥 쪽을 따라 2번 지점까지 가고 역방향으로 1번 지점까지 다시 돌아온다. (D), (E), (F) C의 적용한 곳에 붕대를 고정하기 위하여 각 방향대로 붕대를 감아준다. (G) 이후 발끝에서부터 몸 쪽으로 50% 정도씩 겹쳐가며 나선형으로 붕대를 감아 마무리한다.

(4) 벨포 슬링(Velpeau Sling)

앞 발목과 팔꿈치 관절, 그리고 어깨 관절을 굽힌 상태로 유지시켜 주면 앞다리의 체중 부하를 방지한다. 어깨 관절의 탈구 시 환납한 이후, 어깨뼈 및 몸 쪽 상완 뼈의 골절 시에 적용될 수 있다. 과도한 압박으로 인한 손상이 발생하지 않도록 주의해야 한다.

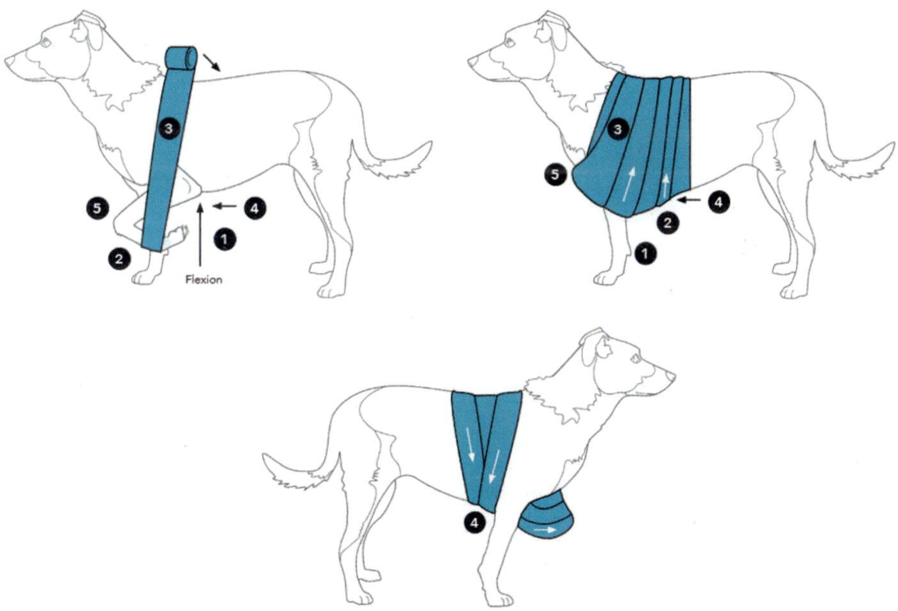

출처: Millpledge Bandage Book.

[그림 8-13] 벨포 슬링 순서 모식도

(5) 에머 슬링(Ehmer Sling)

뒷다리의 체중 부하를 방지하며 엉덩이 쪽은 안쪽으로, 다리는 가쪽으로 외전시켜 준다. 엉덩관절의 탈구시 환납한 후, 절구뼈나 넙다리뼈의 골절시에 적용할 수 있다. 무릎 부분에서 붕대가 잘 흘러내리므로 주의하여야 하며 과도한 압박으로 인한 피부 손상 역시 주의한다.

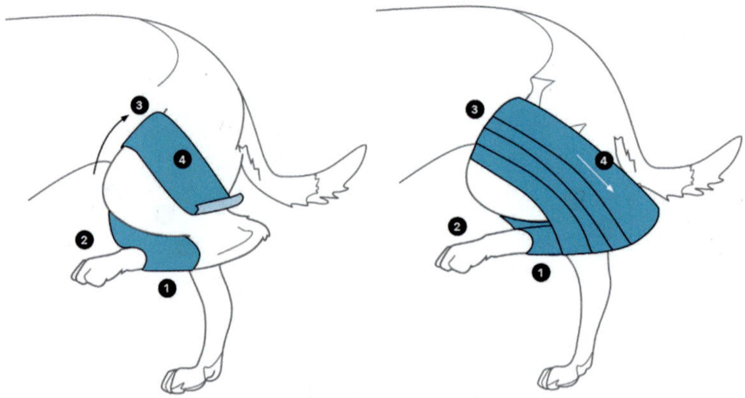

출처: Millpledge Bandage Book.

[그림 8-14] 에머 슬링 순서 모식도

(6) 로버트 존스 붕대법(Robert Jones Banadae, RJB)

RJB 붕대법은 일반적으로 수술 전후에 임의로 다리를 고정하는 데 자주 사용되는 방법이다. 연부 조직에 경도의 고정 및 압박을 할 수 있으며, 혈관 압박의 문제없이 골절을 고정할 수도 있다. 앞다리에서 팔꿈치 관절과 무릎 관절의 아래쪽 부분의 골절 시 주로 적용될 수 있으며 적용 시 느슨해짐으로 인한 움직임과 또는 과도한 압박에 의한 손상을 주의하여야 한다.

여러 겹의 붕대로 동일한 깔끔한 원통형 형태의 붕대를 만드는 것이다. 겉보기에는 매우 부피가 큰 붕대처럼 보일 수 있지만, 실제로 상대적으로 가볍고, 단단하게 적용되어도 환자가 매우 잘 견딜수 있는 특성을 지닌다.

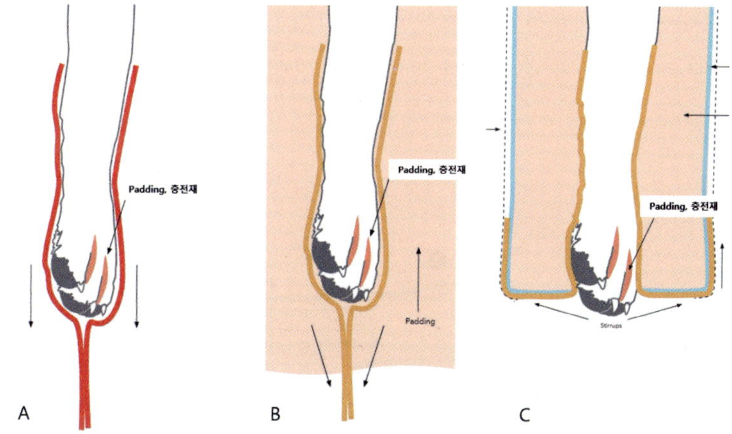

출처: Millpledge Bandage Book.

[그림 8-15] 로버트 존스 붕대법

▶ (A) 상처가 있다면 적절하게 소독 및 처치하고, 발가락에 패드를 대준다. 그 다음 다리의 안쪽과 가쪽 표면에 마이크로 포어를 이용하여 길게 늘어뜨려 피부에 부착한다. (B) 솜 붕대를 다리 먼 쪽에서부터 몸 쪽으로 감는다. 붕대끼리 50% 정도는 겹쳐지도록 하며 나선형 모양으로 감아 올라간다. 가능한 균일하고 단단하게 감고 솜 붕대로 마무리되면 압박 붕대를 동일하게 감아준다. (C) 늘어뜨린 마이크로 포어를 위쪽으로 붙여주고, 붕대 끝부분은 접어서 3, 4번째 발가락은 노출시켜 주고 단단하게 마무리한다, 이후 필요시 코반 등으로 감아준다.

(7) 꼬리 붕대법(Tail Bandage)

개에서 꼬리 붕대를 하는 것은 상처를 보호하고 2차 감염을 예방하는 처치이다. 꼬리는 예민하고 혈액 순환에 영향을 줄수 있으며, 환자가 쉽게 꼬리 부분을 자극할 수 있기 때문에 적절하게 붕대를 하는 것이 필요하다.

꼬리 붕대는 베이거나 긁힌 상처, 혹은 짓눌린 상처가 있을 때 상처를 깨끗하게 유지하고 이물질로부터 보호하기 위해 붕대를 적용할 수 있다. 또, 출혈이 있는 경우, 깨끗한 거즈 등으로 압박 지혈한 후 붕대를 감아 추가 출혈을 막는다. 그리고 개가 꼬리를 계속 핥거나 물어서 상처가 덧나는 것을 막기 위해 붕대를 사용할 수 있다. 붕대를 적용하는 것 자체가 환자에게 불편함을 유발하여 핥거나 깨무는 등의 자극을 줄 수 있으므로 넥칼라 등의 도움을 받는 것이 필요하다.

꼬리 붕대 시 너무 조이지 않게 적용하여 혈액 순환을 방해하지 않고, 개가 불편해하지는 않는지 주의 깊게 관찰해야 한다. 그리고 젖은 붕대는 피부 감염을 유발할 수 있으므로 깨끗하게 유지하여 붕대가 젖지 않도록 주의하고, 만약 젖으면 즉시 교체해야 한다. 보통 1~2일에 한 번씩 붕대를 갈아주는 것이 필요할 수 있다.

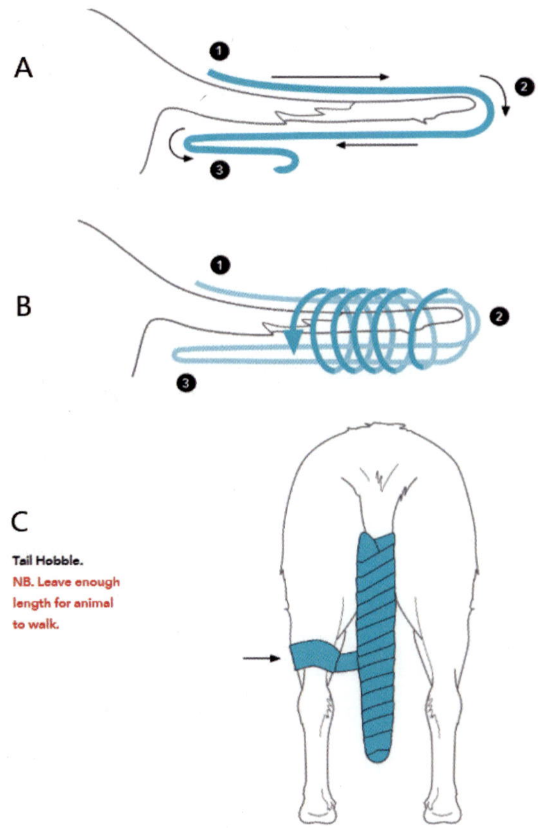

출처: Millpledge Bandage Book.

[그림 8-16] 꼬리 붕대법

▶ 꼬리에 상처가 있는 경우, 적절하게 드레싱하고 패딩을 사용한다. (A) 붕대를 사용하여 꼬리의 등쪽 기저부(1번)에서 시작하여 꼬리 끝(2번)까지 감고, 꼬리의 아랫면을 따라 3번 지점까지 돌아온 뒤, 다시 2번 지점으로 되돌아간다. (B) 2번 지점에서 시작해 몸 쪽 방향으로 나선형으로 감아 올라가며, 붕대가 이전 붕대의 1/2~2/3 정도 겹치도록 하고, 꼬리의 1번과 3번 지점까지 고르게 압력을 가한다. 꼬리의 기저부에 가까워질수록, 털을 감싸어 고정하면 붕대가 잘 유지될 수 있다. (C) 일반적으로 적용되지 않을 수 있으나, 꼬리가 긴 개의 경우 'tail hobble(꼬리 고정띠)'를 사용하는 것이 도움이 될 수 있다. 이는 무릎 위쪽에 테이프를 감아 만든 것으로 배변이 가능할 정도의 길이는 확보하되, 꼬리를 흔들 수 없을 정도로 짧게 한다.

제9장

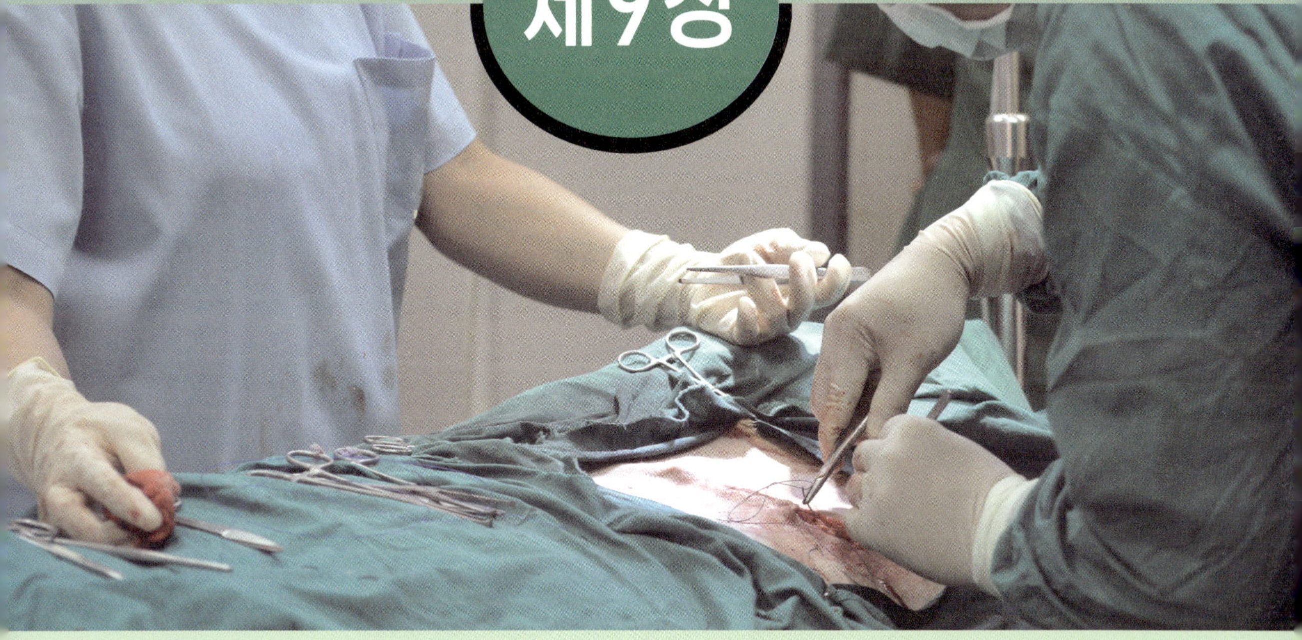

재활 및 물리 치료

1. 재활 및 물리 치료의 목적
2. 물리 치료
3. 재활 운동

1. 재활 및 물리 치료의 목적

본 장에서는 반려동물 재활 치료의 기본적인 개념부터 그 목적, 주요 적용 대상에 대해 알아보고, 다양한 치료 방법을 심도 있게 다룬다. 특히, 재활 치료의 중요한 고려 사항 중 하나인 '염증'에 대한 이해를 바탕으로 치료의 방향성을 제시한다.

재활 치료는 단순히 질병이나 부상을 치료하는 것을 넘어 반려동물이 최적의 신체 기능을 회복하고 유지하며, 삶의 질을 높여 행복하게 살아갈 수 있도록 돕는 포괄적인 과정이다. 이 과정에는 물리 치료, 운동 치료, 통증 관리, 그리고 보호자 교육 등 다양한 요소가 유기적으로 결합되어 있다.

재활 치료는 크게 물리 치료와 재활 운동으로 구분할 수 있으며, 각각의 목적과 효과는 다음과 같다.

① 물리 치료: 주로 통증 관리, 염증 완화, 부기 감소, 조직 재생 촉진에 중점을 둔다. 레이저 치료, 냉찜질, 온찜질, 전기 치료, 체외충격파 치료 등이 여기에 해당하며, 이는 신체 기능을 회복하고 부상 예방 및 근육과 관절을 강화하여 건강한 삶을 유지하는 데 중요한 역할을 한다. 특히, 통증이 심하여 적극적인 운동이 어려운 환자에게는 물리 치료를 통해 통증을 먼저 조절하여 재활 운동을 위한 기반을 마련한다.

② 재활 운동: 물리 치료를 통해 통증이 조절된 후, 운동 능력 증진, 근력 및 지구력 강화, 균형 감각 회복, 정상적인 보행 패턴 재교육 등 신체 기능의 적극적인 회복을 목표로 한다. 수중 트레드밀, 균형 운동, 고유수용감각 훈련, 스트레칭 등이 재활 운동에 포함된다. 이는 동물의 삶의 질을 높이고 장기적인 건강을 유지하는 데 필수적인 부분이다.

1) 반려동물 재활 치료의 목적과 적용 대상

반려동물에게 재활 치료를 시행하는 궁극적인 목적은 단순히 질병을 치료하는 것을 넘어, 환자가 고통을 덜 느끼고, 더 자유롭고 활발하게 움직이며, 가족과 오래도록 건강한 삶을 누리도록 돕는 것이다. 재활 치료는 통증 완화, 기능 회복, 질환 예방, 삶의 질 향상을 모두 아우르는 포괄적 과정이다.

특히, 재활 치료는 노령 동물의 삶의 질을 높이는 데 핵심적인 역할을 한다. 나이가 들면서 근육량 감소, 관절의 퇴행성 변화, 신경계 기능 저하 등으로 걷거나 계단을 오르내리는 것이 힘들어지는 노령 동물에게 재활 치료는 운동 및 인지 능력을 유지, 개선하여 건강한 삶을 오래도록 누리게 한다.

[그림 9-1] 재활 훈련 받는 요크셔테리어

재활 치료의 주요 적용 대상 및 시기는 다음과 같다.

① 수술 후 회복 촉진: 관절 수술(예: 슬개골 탈구, 전십자인대 파열)이나 신경계 수술(예: 디스크) 이후 근육 약화와 관절 경직을 개선하고, 빠른 회복을 도와 정상 활동으로 돌아가도록 한다.

② 근골격계 질환 관리: 관절염, 근감소증, 힘줄 부상 등 근육·뼈·인대·힘줄에 영향을 미치는 질환에서 운동 능력 회복과 통증 완화에 기여한다.

③ 신경계 질환: 디스크 질환이나 척수 손상 등으로 보행 이상이나 마비가 있는 경우, 고유수용감각 회복과 보행 패턴 재교육이 필요하다.

④ 노령 동물 관리: 나이로 인해 발생하는 근육 위축, 관절 퇴행, 신경 기능 저하, 활동성 감소 등을 관리하여 더 건강하고 활기찬 삶을 유지하도록 한다.

⑤ 체중 조절: 과체중·비만은 관절에 부담을 가중시키므로, 재활 치료는 칼로리 소모를 높여 체중 관리에 도움을 준다.

⑥ 만성 통증 관리: 관절염이나 신경계 질환 등으로 인한 만성 통증을 완화하여 반려동물이 통증 없이 일상생활을 영위할 수 있도록 한다.

⑦ 부상 예방 및 수술 전 관리: 활동적인 반려동물의 부상을 예방하고, 수술 전 근육 긴장이나 관절 유연성을 개선하여 수술 후 회복을 빠르게 한다.

⑧ 특정 활동견: 어질리티(Agility)와 같은 활동을 하는 개의 경우, 경기력 향상과 부상 예방을 위해 재활 치료가 활용된다.

[그림 9-2] 어질리티(Agility)를 하고 있는 보더콜리 모습

⑨ 구조 동물 재활: 야생동물이나 유기동물의 구조 및 치료 후 환경에 적응하고 야생성을 유지하여 자연으로 돌아가 성공적으로 생존할 수 있도록 돕는 과정에도 재활이 필요하다.

2) 재활 치료를 위한 염증 반응의 이해

염증은 반려동물의 질환 및 부상 회복 과정에서 중요한 부분을 차지하며, 재활 치료의 방향을 결정하는 데 필수적인 요소이다.

(1) 염증의 5대 징후

염증은 신체의 방어 반응으로, 손상되거나 감염된 조직에서 나타나는 일련의 반응이다. 대표적으로 염증의 5대 징후가 알려져 있으며, 이들은 통증 관리 및 재활 치료에 있어 관찰되어야 할 중요한 지표가 된다.

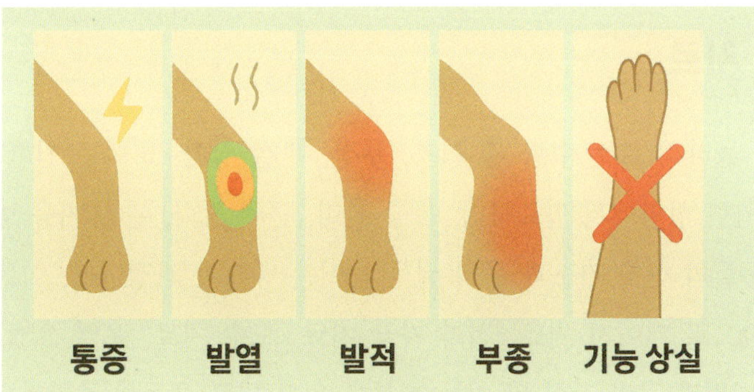

[그림 9-3] 염증의 5대 징후

① 통증(Pain): 염증 부위에서 나타나는 가장 흔한 증상으로, 동물이 보행을 꺼리거나 특정 자세를 피하게 만드는 원인이 된다. 통증은 삶의 질을 크게 저하시킬 수 있다.

② 발열(열감, Heat): 국소 염증 반응으로 혈류가 증가하면서 피부 온도가 상승하는 현상이다. 수술 부위나 관절 부위의 열감은 급성 염증이나 감염의 신호일 수 있으므로 정상적인 회복 반응인지 병적 징후인지 구분해야 한다.

③ 발적(Redness): 혈관 확장과 혈류 증가로 인해 피부가 붉게 변하는 현상이다.

④ 부종(Swelling): 조직 내 체액 축적으로 인해 부어오르는 것으로, 관절 운동 범위를 제한하고 통증을 악화시킨다. 물리 치료 중 수중 트레드밀, 한랭 요법(냉찜질), 압박 붕대 요법 등이 부종 감소에 효과적이라고 보고되어 있다.

⑤ 기능 상실(기능 저하, Loss of Function): 통증·발열·발적·부종이 복합적으로 나타나면서 정상적인 움직임이 제한되는 상태를 의미한다. 이는 단순히 '움직이지 못한다'는 의미가 아니라, 걷기, 앉기, 뛰기 등 일상 기능에 제약이 생긴다는 점에서 중요하다. 재활 치료의 최종 목표는 이 기능 저하를 회복시키는 것이다.

2. 물리 치료

반려동물 물리 치료는 수술 후 회복, 부상, 관절 질환, 노화로 인한 신체 기능 저하 등 다양한 상황에서 필요하며, 통증 관리, 근력 강화, 관절 가동 범위 회복을 통해 반려동물의 신체 기능과 삶의 질을 높이는 중요한 과정이다. 이는 수의학적 진단을 바탕으로 레이저 치료, 전기 자극 치료, 도수 치료, 온열 요법 등 다양한 물리 치료 기법과 근력 강화 및 기능 회복을 위한 치료 운동이 종합적으로 이루어지는 전문 치료이다. 물리 치료는 반려동물의 나이, 건강 상태, 질병 유형에 따라 맞춤형으로 진행되며, 다양한 치료법을 병행할 수 있다.

1) 레이저 치료

(1) 개념

저강도 레이저를 사용하여 손상된 조직을 자극하는 비침습적 치료법이다. 레이저 빛은 세포 내 미토콘드리아에 흡수되어 ATP(에너지) 생성을 증가시키고 세포 대사를 촉진한다.

(2) 효과

혈액 순환 촉진, 염증 및 통증 완화, 조직 회복 및 재생 촉진 등 임상적 효과를 기대할 수 있다.

(3) 주의 사항

- 반드시 수의사의 정확한 진단과 지시에 따라 치료를 받아야 한다. 반려동물의 상태, 질환의 종류와 심각도에 따라 적절한 레이저 종류, 파장, 강도, 치료 시간, 횟수 등이 결정된다. 자가 치료는 위험할 수 있으므로 절대 시도해서는 안 된다.
- 레이저 빛은 눈의 조직에 심각한 손상을 유발할 수 있으므로, 치료 중에는 반려동물과 의료진 모두 반드시 보호 안경을 착용해야 한다.

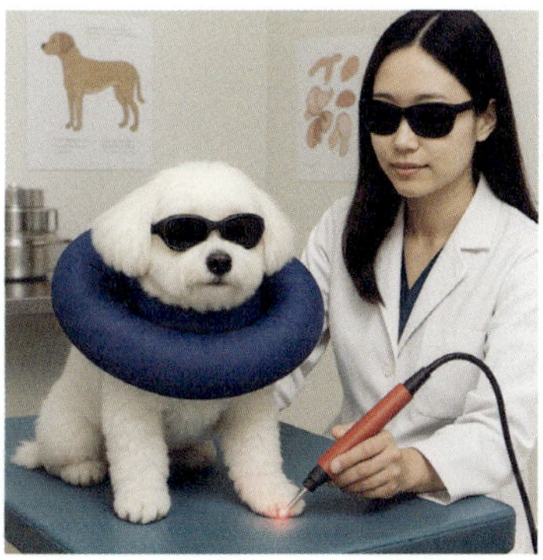

[그림 9-4] 레이저 사용 시 의료진과 동물 환자 고글 착용 모습

- 레이저 치료 장비는 의료용으로 승인된 전문 장비여야 한다.
- 레이저 빛이 피부에 효과적으로 도달하도록 치료 부위의 털을 깎거나 짧게 정리하는 것이 필요할 수 있다. 또한 반려동물의 피부색이나 털색에 따라 레이저 빛의 흡수 정도가 달라질 수 있어, 치료 전 부위를 적절히 준비하고 수

의사의 지시에 따라 강도와 시간을 조절해야 한다.

- 치료 전후로 피부 상태를 확인하여 발적, 부종, 과도한 열감 등 이상 반응이 없는지 살펴야 한다. 개방 상처, 감염 부위, 종양 부위 등에는 레이저 치료가 금기될 수 있으므로 주치의와 충분히 논의해야 한다.
- 치료 중 반려동물이 불편함이나 통증을 느끼는지 세심하게 관찰해야 한다.
- 레이저 치료는 단 한 번으로 모든 문제가 해결되는 마법 같은 치료가 아니다. 질환의 종류와 심각도에 따라 여러 차례 반복 치료가 필요하며, 다른 재활 치료(운동 치료 등)와 병행할 때 더 좋은 효과를 기대할 수 있다.

2) 초음파 치료

(1) 개념

치료용 초음파를 이용하여 조직에 열을 발생시키거나 미세한 진동과 같은 기계적 자극을 주어 치료하는 방법이다.

(2) 효과

통증 감소, 혈액 순환 촉진, 조직 회복 촉진에 효과적이며, 염증이 있거나 만성 통증이 있는 환자에게 특히 효과적이다. 근육 재활에도 사용될 수 있다.

(3) 주의 사항

- 수의사의 진단과 지시에 따라야 한다. 반려동물의 질환, 상태, 치료 목적에 따라 적절한 초음파 종류, 주파수, 강도, 치료 시간, 횟수 등이 결정된다.
- 초음파 에너지가 조직으로 잘 전달되도록 초음파 젤을 충분히 발라야 한다.
- 어린 동물의 성장판, 종양 부위, 임신한 동물의 복부, 급성 출혈 부위, 감염 부위, 심장, 눈, 생식선, 뇌와 같이 민감한 부위, 수술 후 삽입된 금속 플레이트 주변에는 진단이 아닌 치료 목적의 초음파는 피한다.

- 치료 중 반려동물이 불편함, 통증, 과도한 열감 등을 느끼는지 세심하게 관찰해야 한다.

3) 체외충격파 치료(Extracorporeal Shock Wave Therapy, ESWT)

(1) 개념

충격파를 이용해 손상된 조직을 자극하여 회복을 촉진하는 치료법이다.

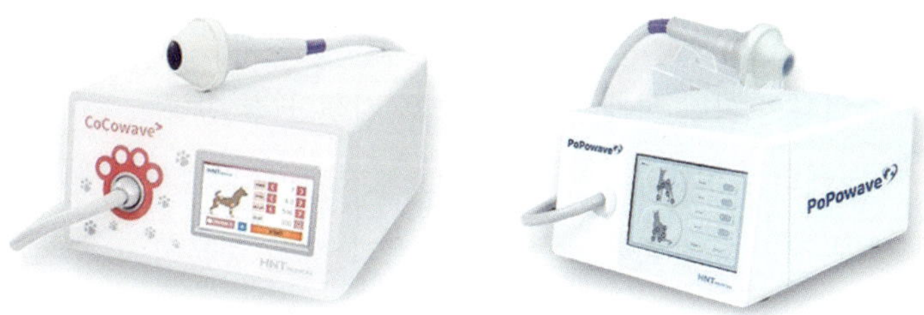

출처: 에이치엔티메디칼 유튜브.

[그림 9-5] 동물병원에서 사용하는 체외충격파 장비

(2) 효과

조직 재생을 촉진하고 염증을 줄이는 데 도움을 준다. 만성 통증 완화, 관절염, 힘줄 부상 등의 회복, 수술 후 조직 회복 속도 증가에 효과적이다.

(3) 주의 사항

체외충격파 치료는 통증이 발생할 수 있다. 통증이 아주 심한 경우, 레이저 치료나 한랭 요법 등과 같은 물리 치료와 병행하여 염증과 통증을 먼저 조절한 후 진행하는 것이 좋다.

- 치료 전 반드시 수의사의 정확한 진단과 지시가 필요하다. 질환의 종류, 심각도, 반려동물의 상태에 따라 적절한 체외충격파 종류, 에너지 강도, 치료 횟수 및 간격이 결정된다. 자가 치료는 위험하며, 부작용을 유발할 수 있다.
- 어린 동물의 성장판, 종양 부위, 임신한 동물의 복부, 급성 염증, 감염 부위, 주요 신경 및 큰 혈관이 지나가는 부위, 뼈가 직접적으로 돌출된 부위, 폐에는 직접적인 충격파 치료를 사용하지 않는다. 또한 혈액 응고 장애가 있는 환자에는 사용을 주의하여야 한다.
- 체외충격파는 다소 따끔거리거나 불편할 수 있으며, 반려동물이 과도하게 불안해하거나 통증 반응을 보이면 즉시 중단하고 강도를 조절해야 한다. 필요한 경우 수의사의 판단 아래 진정 처치 후 진행할 수 있다.
- 체외충격파 에너지가 피부를 통해 조직으로 잘 전달되도록 치료 부위의 털을 깎거나 짧게 정리가 필요할 수 있다. 초음파 젤을 충분히 발라 프로브와 피부 사이의 공기층을 제거하고 에너지 전달 효율을 높여야 한다.
- 체외충격파 장비의 프로브는 반복적인 충격 전달로 인해 마모되므로, 제조사에서 권장하는 사용 횟수(shot 수)에 따라 주기적으로 교체해야 한다.
- 동물보건사는 수의사의 지시와 감독 아래 체외충격파 치료를 보조해야 하며, 장비의 올바른 사용법과 주의 사항을 숙지해야 한다.

4) 침 치료(Acupuncture)

(1) 개념

한방학적으로 침 치료는 인체와 동물의 몸에 존재하는 특정 지점인 경혈(經穴)을 자극하여 효과를 발휘한다. 경혈은 기(氣)와 혈(血)의 흐름이 드나드는 중요한 통로로, 이를 자극하면 막힌 흐름이 풀리고 신체 기능이 조절된다.

(2) 치료 방법

- 특정 질환이나 증상에 따라 관련된 혈자리를 선택하여 침을 놓는다.
- 침 시술 전 반려동물이 최대한 이완할 수 있도록 반려동물의 이마를 부드럽게 쓰다듬거나 조용히 말을 건네며 돕는다. 부드러운 조명, 잔잔한 음악, 꽃향기 등 평온한 환경을 조성하는 것도 도움이 된다.
- 침은 선택된 혈자리에 수직 또는 사선으로 특정 깊이로 삽입된다.

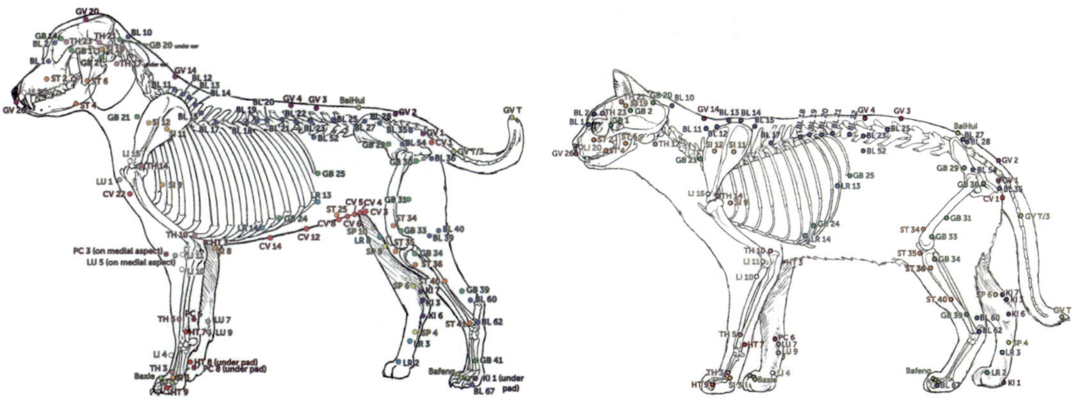

출처: curacore.

[그림 9-6] 대표적으로 침을 놓는 자리로 알려진 부위들(개-좌, 고양이-우)

(3) 종류

① 건침(Dry Needling): 경혈이나 통증 유발점에 의료용 침을 삽입하여 근육의 긴장을 완화하고 혈류를 개선하는 치료법이다. 약물 없이 침 자체의 물리적 자극만을 이용하는 것이 특징이다.

② 약침(Pharmacopuncture): 한약재 추출물이나 기타 약물을 주사기를 이용해 경혈에 직접 주입하는 치료법이다. 약물의 효과와 침의 자극을 동시에 활용하여 치료 효과를 높인다.

③ 전침(Electroacupuncture): 침을 경혈에 삽입한 후 약한 전류를 흘려보내는 치료법이다. 전기 자극을 통해 통증 조절, 근육 이완 및 신경 기능 개선을 유도한다.

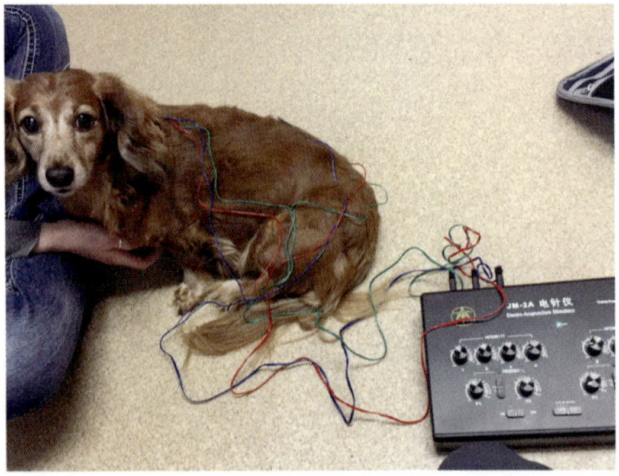

출처: Caring Animal Hospital.

[그림 9-7] 전침 치료를 받고 있는 개

(4) 효과

- 많은 연구에서 침술이 뇌, 척수, 혈장에서 엔도르핀 수치를 증가시킬 수 있음을 보여준다. 특히, 높은 주파수의 전침 자극은 세로토닌 방출과 관련되어 통증 감소 효과를 유발할 수 있다.
- 한방적 관점에서는 전침이 마비를 풀어주는 효과가 있다고 본다. 이는 신경 손상 후 회복에 도움을 주고 근육의 재활성화를 촉진한다.
- 전기 자극을 통해 근육 위축을 방지하고 혈액 순환을 촉진하는 효과를 기대할 수 있다.
- 수술 받은 동물의 통증을 조절하기 위한 효과적인 보조 도구가 될 수 있다.
- 전반적인 통증 관리와 기능 회복을 도우며, 통증 관리 약물 치료 병용 시 반려동물의 삶의 질을 좋게 유지하는 데 더욱 효과적일 수 있다.

(5) 주의 사항

- 침 치료는 반드시 수의학적 진단을 바탕으로 해야 하며, 환자 개별 특성(순응도, 품종, 훈련 수준, 행동 및 생활 양식)을 고려한 맞춤형 치료 계획을 수립하는 것이 중요하다. 동물보건사는 수의사의 지시와 감독 아래 치료를 보조하고 수행해야 한다.
- 환자가 과도하게 움직이는 경우 놓은 침의 위치가 변동되거나 침이 휘거나 부러지는 등의 문제가 생길 수 있으므로, 침 치료를 위한 보정틀을 활용하거나 진정을 고려할 수 있다.

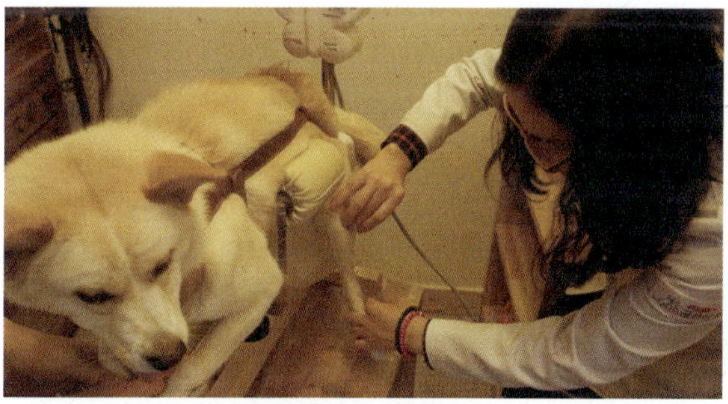

[그림 9-8] 보정틀에서 침 치료를 받고 있는 개

- 치료 중 반려동물이 불편해하거나 통증을 느끼면 즉시 치료를 중단하고 주치의에게 알려야 한다.
- 일부 약침의 경우 반려동물이 특정 성분에 알레르기 반응을 보일 수 있다. 만약 시술 후 붓거나 가려워하는 등의 이상 증상을 보이면 즉시 수의사에게 알려야 한다.
- 침 치료 후 반려동물이 충분히 휴식을 취할 수 있도록 해야 한다. 시술 부위에 가벼운 통증이나 부종, 멍울이 생길 수 있지만 대부분 일시적인 현상이며 시간이 지나면 자연스럽게 사라진다. 주사 부위를 부드럽게 마사지해 주는 것이 도움이 될 수 있다.

5) 전기 자극 치료

(1) 개념

전기 자극 치료는 저강도의 전기 자극을 이용하여 신경이나 근육 기능을 활성화시키는 치료법으로, 주로 경피신경 전기 자극(TENS), 신경근 전기 자극(NMES), 맥동 단파 투열 요법(PSWD) 등이 있다.

(2) 효과

근육 위축 방지, 근육 재활성화, 신경 손상 후 회복 도움, 통증 감소, 혈액 순환 촉진에 기여한다. 전기 자극은 뇌와 척수에서 엔도르핀을 늘리고, 세로토닌의 작용을 도와 통증을 줄이는 데 효과가 있다.

(3) 종류

① 경피신경 전기 자극(Transcutaneous Electrical Nerve Stimulation, TENS)

- TENS는 통증 완화를 목적으로 사용되는 경피신경 전기 자극을 의미한다. 이는 비침습적인 치료법으로 약물 사용량을 줄일 수 있고 반려동물의 삶의 질을 높이는 데 기여할 수 있다.

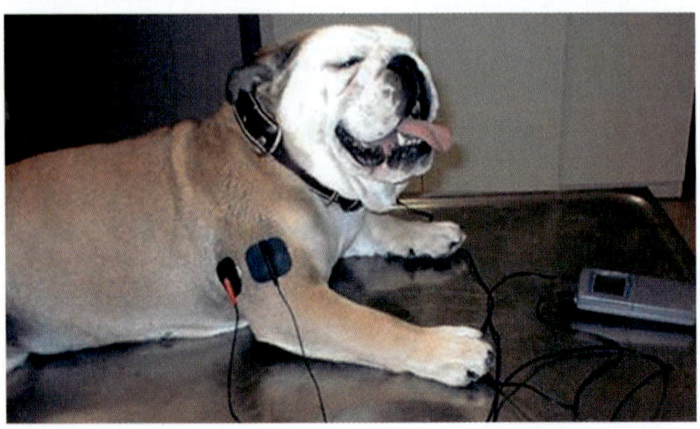

출처: ortocanis.

[그림 9-9] 경피신경 전기 자극(TENS) 치료를 받는 개

- 효과
  - 염증과 만성 통증이 있는 환자에게 효과적이며, 혈액 순환을 돕고 조직 회복을 촉진한다.
  - 수술을 받는 동물의 통증을 조절하기 위한 유효한 보조 도구가 될 수 있다.
  - 통증 완화 효과는 전류가 흐를 때 가장 뚜렷하게 나타나지만, 엔도르핀 분비와 세로토닌 작용이 활성화되면 치료가 끝난 뒤에도 일정 시간 동안 지속될 수 있다.

② 신경근 전기 자극(Neuromuscular Electrical Stimulation, NMES)

- NMES는 피부를 통해 전기 전류를 사용하여 근육 활동을 자극하는 것으로, 일반적으로 해당 근육에 공급되는 운동 신경을 먼저 자극하여 간접적으로 작용한다.
- 효과
  - 근육 강화, 부종 감소, 상처 치유, 통증 조절, 근육 위축 방지 및 근육 재활성화에 효과가 있다.
  - 신경 손상 후 회복에 도움을 주며, 혈액 순환을 촉진한다.
  - 주파수가 높아질수록 근육 피로도가 증가할 가능성이 있으며, 고양이처럼 예민하거나 전기 자극에 익숙하지 않은 동물의 경우에는 더 낮은 주파수와 낮은 전류 강도를 적용하는 것이 좋다.

[표 9-1] 경피신경 전기 자극과 신경근 전기 자극 비교 표

	TENS(경피신경 전기 자극)	NMES(신경근 전기 자극)
주요 목적	통증 완화	근력 강화, 근육 위축 방지, 기능 회복
작용 대상	감각 신경(통증 신호 조절)	근육(직접 자극)
효과	통증 감소, 엔도르핀 분비 촉진	근육 수축 유도, 근력 증진, 관절 가동 범위 증가
적용 시 반응	근육 수축은 없거나 미미, 따끔거리는 감각 정도	눈에 띄는 근육 수축
적용 질환 예시	관절염 통증, 디스크 통증, 근육통, 수술 후 통증	수술 후 재활(근위축 예방), 신경 손상 마비, 골절 회복

(4) 주의 사항

- 모든 전기 자극 치료는 훈련된 전문가에 의해 안전하게 진행되어야 한다. 각 반려동물의 상태에 맞는 치료 계획이 중요하므로, 동물보건사는 수의사의 지시와 감독 아래 치료를 보조하고 수행해야 한다.
- 치료 중 반려동물이 불편해하거나 통증을 느끼면 즉시 치료를 중단하고 주치의에게 알려야 한다.
- 임신한 동물에게 전기 자극 치료는 태아에게 미칠 수 있는 영향이 불확실하며, 태아 손상의 위험이 있어 사용하지 않는다.
- 동물의 목 앞쪽이나, 머리 부근에서는 일반적으로 사용하지 않는다. 혈압, 심박수에 영향을 줄 수 있고, 호흡 근육 경련을 유발하여 호흡 곤란을 유발할 수 있기 때문이다.
- 감염 부위 또는 피부가 손상된 부위에는 사용하지 않는다.
- 혈액 응고 장애가 있거나 항응고제를 복용 중인 경우 출혈 위험이 있으므로 사용에 주의해야 한다.

6) 도수 치료

(1) 개념

도수 치료는 치료사가 손을 이용해 환자의 근골격계 기능을 회복시키는 모든 수기 치료를 통칭하는 개념이다. 연부조직 가동술(Soft Tissue Mobilization, STM)은 도수 치료의 핵심 기술 중 하나로, 피부, 건, 인대, 근막, 근육 등 연부조직에 특화된 압력과 자극을 적용하는 방법이다.

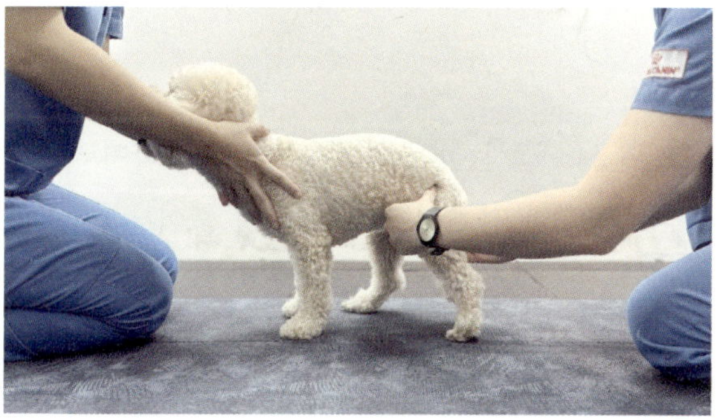

출처: Beecroft.

[그림 9-10] STM 적용중인 개

(2) 효과

근육 긴장 완화, 혈액 순환 개선, 스트레스 완화, 심리적 안정감 제공, 통증 감소, 부상 부위 회복 촉진, 조직 치유, 부교감 신경 활동 증가, 소화 기능 촉진, 불안 감소, 관절 가동 범위(ROM) 증가에도 효과가 있다.

(3) 주의 사항

- 도수 치료는 주치의의 치료 계획에 따라, 반려동물이 거부하지 않는 범위 내에서 강도를 조절해야 한다.
- 너무 오래 치료 시 반려동물에게 좋지 않은 기억이 생겨 다음 치료에 부정적인 영향을 줄 수 있으므로 주의가 필요하다.

- 관절 가동 범위를 무리하게 구부리거나 펴면 비가역적인 손상이 발생할 수 있으므로 적절한 범위 내에서 치료해야 한다.

7) 한랭 요법(냉찜질)

(1) 개념

물리 치료 과정에서 차가운 온도를 이용하는 것으로, 주로 아이스팩을 사용하여 치료한다.

(2) 효과

급성 염증기(손상 후 24~72시간)에 일차적으로 사용하여 조직의 온도를 낮추고 혈관을 수축시켜 부종 생성을 감소시킨다. 통증을 줄이는 데 효과적이며, 운동 후 실시하면 효과가 더욱 좋다.

(3) 주의 사항

- 적용 기간: 일반적으로 수술 후 3~5일까지는 하루 2~3회, 한 번에 10분씩 적용할 수 있으며, 환자의 상태에 따라 주치의의 판단에 따라 증감한다.
- 냉찜질을 장시간 적용하면 피부 혈류가 과도하게 감소하여 저온 손상이 발생할 수 있으므로, 10~15분 이내로 제한하고 아이스팩을 수건으로 감싸서 사용해야 한다.
- 봉합사 부위 주의: 수술 부위의 봉합사에 물이 닿으면 오염되거나 감염될 수 있으므로, 찜질 시 이 부위를 피해서 적용해야 한다.

8) 온열 요법

(1) 개념

물리 치료 과정에서 따뜻한 온도를 이용하는 것으로, 의료용 핫팩이나 적외선 램프를 사용한다.

(2) 효과

혈관을 확장하고 혈류량을 증가시키며 세포 내 대사 작용을 빠르게 하여 환부의 회복을 돕는다. 근육 긴장 완화와 진통 효과가 있으며, 수중 트레드밀 치료 전 근육 이완을 위해 활용되기도 한다.

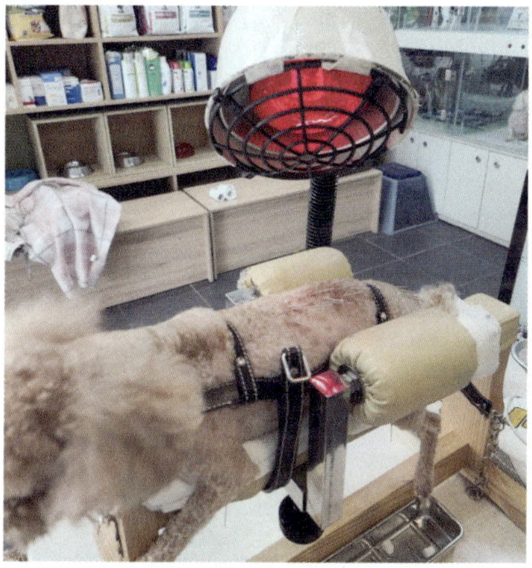

출처: 이코노믹스매거진.

[그림 9-11] 허리 디스크 치료를 위해 적외선 치료를 받고 있는 개

(3) 주의 사항

- 화상 위험: 온도를 너무 높게 하거나, 장시간 적용하거나, 반려동물이 움직이지 못하게 강제할 경우 화상을 입을 수 있다. 또한 마비나 신경 손상으로 인해 감각이 저하된 부위는 반려동물이 뜨거움을 느끼지 못해 화상을 입을 위험이 크므로, 온열 요법을 적용하는 경우 항상 피부 온도를 자주 확인해야 한다. 특히 40~50℃ 정도의 비교적 낮은 온도에서도 장시간 노출되면 '저온 화상'이 발생할 수 있으므로, 핫팩이나 열 패드를 사용할 때는 반드시 천으로 감싸고 적용 시간을 제한해야 한다.
- 상처, 발진, 감염된 부위, 피부암 부위에는 열을 직접 적용하지 않는다.

- 급성 염증/부종: 24~48시간 이내의 급성 염증이나 부종이 심한 부위에는 열을 가하지 않는다. 열은 혈관을 확장시켜 부종과 염증을 악화시킬 수 있기 때문에 이 시기에는 한랭 요법(냉찜질)이 더 적절하다.
- 혈액 응고 장애가 있거나 최근 출혈이 있었던 부위에는 혈관 확장으로 출혈이 악화될 수 있어 온열 요법을 적용하지 않는다.
- 심장 질환이 심한 반려동물에게 광범위한 온열 요법을 적용할 경우 심장에 부담을 줄 수 있으므로 주의가 필요하다.

3. 재활 운동

반려동물 재활 운동은 단순히 신체 기능을 회복하는 것을 넘어 반려동물의 삶의 질을 높이는 중요한 과정이다. 나아가 반려동물이 가족들과 오랫동안 건강하게 활동하며 행복하게 살아갈 수 있도록 돕는 학문이기도 하다.

본 장에서는 반려동물 재활 운동의 개념과 필요성, 주요 운동 방법, 그리고 안전하고 효과적인 재활을 위한 원칙과 주의 사항을 상세히 다루고자 한다.

1) 반려동물 재활 운동의 이해

반려동물 재활 운동은 신체적인 기능 회복과 운동 능력 향상을 목표로 하는 치료법이다. 주로 관절염, 골절, 디스크 질환, 수술 후 회복 등 반려동물의 신체적 문제를 해결하고 운동 범위를 넓히는 데 초점을 맞춘다. 이는 통증 관리, 근력 강화, 기능 회복을 위한 운동이 종합적으로 이루어지는 전문적인 치료이며, 수의학적 진단을 기반으로 한다.

2) 주요 재활 운동법

동물의 상태와 질환에 따라 다양한 재활 운동 방법을 조합하여 적용할 수 있다.

(1) 수중 트레드밀(수중 러닝머신, Underwater Treadmill)

① 개념

수중 트레드밀 치료는 반려동물이 물속에서 걷거나 달리는 운동으로, 물의 부력을 이용하여 관절에 가해지는 부담을 줄이면서도 물의 저항을 통해 근육과 관절을 효과적으로 강화한다. 물의 높이를 조절하여 운동 강도를 변화시킬 수 있다. 관절이 좋지 않거나 수술 경력이 있는 반려동물에게는 수영보다 수중 트레드밀이 부상 위험과 신체 불안정성을 유발할 요인이 적어 더 권장된다.

② 주요 효과

- 물의 부력 덕분에 관절에 무리가 가지 않아 관절염이나 관절 수술 후 회복에 매우 효과적이다.
- 수술 후 약해진 근육을 다시 강화하는 데 큰 도움을 준다.
- 물의 저항을 이용해 근육을 사용함으로써 근력 향상, 지구력 향상, 균형 감각 회복에 좋으며, 물의 정수압 효과로 관절 주변의 부종이나 통증을 줄여준다.
- 통증으로 인해 걷는 모양이 변형된 경우, 고유 감각을 향상시키고 정상적인 보행 패턴을 재교육하는 데 도움을 준다. 특히 신경계 문제나 큰 수술 후 발바닥이 닿는 느낌을 다시 알려주어 걷는 교육의 기초 단계로 활용될 수 있다.
- 칼로리 소모를 높여 체중 조절에도 도움이 된다.

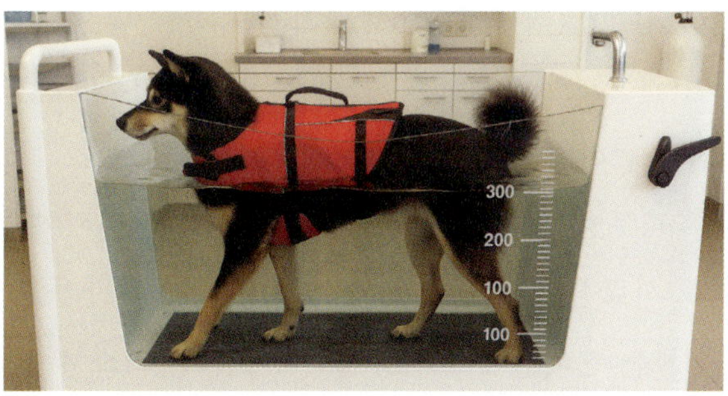

[그림 9-12] 수중 트레드밀을 통해 재활 운동을 받고 있는 개

③ 진행 방법

일반적으로 미지근한 물에서 진행하며, 구체적인 시간과 강도는 반려동물의 상태, 체력, 질환 특성에 따라 주치의가 판단하여 증감한다. 당뇨 등 특정 질병이 없는 경우 반려동물이 병원에 오기 전 한 끼 정도 금식하는 것이 순응도를 높이는 데 좋다. 안전을 위해 하네스 구명조끼를 착용시키고, 물을 무서워하는 동물들은 안전장치로 기계에 고정시킬 수도 있다. 운동 전 온찜질을 통해 근육을 이완하는 것도 고려할 수 있으며, 치료 빈도는 일반적으로 주 2~3회 권장되지만, 역시 주치의의 재활 계획에 따라 달라질 수 있다.

④ 주의 사항

- 물을 무서워하는 동물에게는 불안과 스트레스가 심해져 치료 효과가 떨어질 수 있으므로 주의가 필요하다. 나이든 반려동물의 경우 운동 능력이나 반사신경이 저하되어 물을 마시거나 넘어지는 사고가 발생할 수 있으므로 더욱 주의가 요구된다.
- 심장병, 기관 협착증, 만성 폐 질환(폐 종양 포함)과 같은 기저 질환이 있는 경우, 수중 치료가 쇼크나 호흡 곤란 등 응급 상황을 유발할 수 있다. 반려동물은 통증이나 불편함을 명확히 표현하지 못하므로 이러한 질환이 악화될 위험이 있다. 따라서 재활 치료를 시작하기 전 반드시 수의사의 철저한 건강 검진과 질병 평가를 받아야 한다.
- 전십자인대 완전 파열의 수술 전 급성기에는 통증 및 관절 불안정성을 악화시킬 수 있어 권장되지 않는다. 수술로 안정화된 이후에는 주치의 판단 아래 강도·시간을 조절하여 적용할 수 있다.
- 수중 치료 후 피부병 예방을 위해 털을 완전히 건조시켜야 한다. 운동 후 배고파하더라도 사료 양을 과도하게 늘리지 않고 체중 관리를 병행해야 한다.
- 수중 재활 치료는 단기간에 효과를 보기 어렵다. 최소 4주에서 8주 정도 꾸

준히 진행해야 긍정적인 효과를 기대할 수 있는 것으로 보고되어 있다. 치료 후 반려동물이 다리를 더 심하게 절거나 통증을 느끼는 경우 즉시 수의사와 상담해야 한다.

(2) 균형 및 코어 강화 운동

① 개념

반려동물의 체력과 균형 감각을 향상시키기 위한 재활 운동으로, 다양한 기구를 사용하여 반려동물이 자신의 몸을 균형 잡고 코어 근육을 강화할 수 있도록 돕는다.

② 주요 효과

- 근력과 균형을 동시에 향상시킨다.
- 관절과 척추 건강 유지에 필수적인 코어 근육을 강화한다.
- 부상 위험을 줄이고 신체적 안정성을 높인다.
- 고유수용감각을 자극하여 자세 교정 및 신경계 회복에 도움을 준다.

③ 진행 방법

- 짐볼(Gym Ball) 또는 피넛볼 활용: 앞발만 볼 위에 올려놓고 의료진이 허리나 몸통을 잘 잡아주면, 뒷다리에 체중이 많이 실려 운동 강도가 높아진다. 처음에는 볼을 잡아주어 흔들림을 줄이고, 잘 버티면 손을 떼어 스스로 균형을 잡도록 유도한다. 이 운동은 어깨 높이의 볼을 사용하는 것이 좋다.
- 밸런스 디스크 또는 원반: 불안정한 표면 위에서 버티는 훈련을 통해 균형 감각을 향상시킨다. 동물보건사는 한 손으로 기구를 안정적으로 잡아주어야 하며, 반려동물이 심하게 흔들리지 않는 선에서 강도를 조절한다.

[그림 9-13] 균형 감각을 향상시키기 위한 재활 운동

- 앉았다 일어서기(스쿼트) 운동: 간식 등을 이용해 반려동물을 앉혔다가 일어서게 하는 동작을 반복한다. 이때 반려동물의 허리가 펴지고 다리가 평행하게 앉거나 설 수 있도록 자세를 교정해 주는 것이 중요하다. 이는 부족한 근육을 키우고 근막을 재정렬하는 데 도움을 줄 수 있다.
- 이외에도 짐볼이나 밸런스 디스크는 다양한 자세와 방법으로 활용할 수 있으며, 환자의 상태와 재활 목표에 따라 적절한 도구와 운동법을 선택하는 것이 중요하다.

④ 주의 사항

- 짐볼이나 원반 등을 이용한 운동 시에는 반려동물이 불안해할 수 있으므로, 동물보건사가 기구를 안정적으로 잡고 반려동물의 몸통이나 다리를 잘 잡아주어 넘어지지 않도록 안전 확보에 신경써야 한다.
- 처음에는 적응 기간을 두어 불안감을 줄이고, 점차 적응을 하게 되면 손을 떼거나 도넛볼 등의 재활 기구에 바람을 추가로 넣는 등 점진적으로 난이도를 조절한다.

- 매일 1~2분이라도 짧게 꾸준히 실시하는 것이 중요하며, 한 번에 무리하게 시간을 늘리거나 강도를 높이지 않도록 주의해야 한다.
- 허리 디스크가 있는 경우, 구부정한 자세를 교정하고 양쪽 다리가 평행하게 체중을 지지하도록 훈련해야 한다.

(3) 고유수용감각 및 보행 훈련

① 개념

고유수용감각은 자신의 신체 위치와 움직임을 인지하는 능력으로, 특히 허리 디스크나 신경계 질환으로 인해 감각이 떨어진 반려동물에게 이 감각을 재활성화하고 올바른 보행 패턴을 재교육하는 훈련이다. 이 감각은 관절, 근육, 인대에 있는 수용기에서 정보를 받아 뇌와 척수로 전달되며, 균형 유지와 정확한 움직임 조절에 필수적이다. 고유수용감각이 손상되면 발을 헛디디거나 비정상적인 보행 패턴이 나타날 수 있어, 이를 회복하는 훈련은 재활 과정에서 매우 중요하다.

출처: THE BALANCED DOG.

[그림 9-14] 카발레티 훈련 중인 개

② 주요 효과

- 떨어진 고유수용감각을 자극하여 보행 이상을 개선한다.
- 올바른 걷는 방법을 다시 학습하도록 돕는다.
- 자연스러운 움직임을 유도하여 근력과 지구력을 향상시킨다.

③ 진행 방법

- 장애물 넘기: 바닥에 얕은 장애물을 여러 줄 놓은 후, 반려동물이 그 위를 천천히 걸어 넘어가도록 유도한다. 이는 발목이 자연스럽게 조절되는 고유수용감각을 자극하고 신경을 활성화하는 데 효과가 보고되어 있다.
- 뾰족한 표면 걷기: 뾰족하거나 요철이 있는 재활 운동 기구 위를 걷게 하여 발바닥과 신경에 자극을 준다.
- 수중 트레드밀: 신경계 문제로 보행이 힘든 경우, 물의 부력을 이용해 관절 부담 없이 걷는 연습을 시켜 발바닥이 닿는 느낌을 다시 학습하게 한다.
- 단계별 보행 훈련: 수술 직후에는 서 있는 운동을 먼저 꾸준히 시킨 후, 점차적으로 걷기 운동으로 넘어간다. 처음에는 짧은 시간(5분 이내) 동안 미끄럽지 않은 실내에서 목줄을 채우고 사람의 보조를 맞춰 천천히 걷게 하고, 점차 시간을 늘려 나갈 수 있다.

(4) 스트레칭 및 관절 운동

① 개념

반려동물의 근육과 관절을 부드럽게 늘려주는 동작으로, 관절의 유연성을 높이고 근육 경직을 완화하는 데 도움을 준다.

② 주요 효과

- 관절의 운동 범위를 넓혀주고, 근육 경직을 줄여 부상 예방에 효과적이다.
- 근육 위축 및 관절 구축(굳음)을 예방한다.

- 부상 부위의 회복을 촉진하고 통증을 줄여준다.
- 혈액 순환을 개선하고 신체의 자연 치유 과정을 돕는다.

③ 쿠키 스트레칭

간식을 이용해 반려동물의 고개를 유도하여 목, 어깨, 갈비뼈, 엉덩이, 뒤 발목 등을 스트레칭해 준다. 각 부위별로 5~10초간 자세를 유지하며, 이는 척추의 유연성을 확보하고 몸의 균형과 협응성을 증진하는 데 좋다.

출처: FitPaws.

[그림 9-15] 쿠키 스트레칭 예시

④ 관절 수동 운동(Passive Range of Motion, PROM)

- 관절 수동 운동(PROM)은 의료진이 환자의 관절을 직접 움직여 운동 범위를 조절하는 기법이다. 이 방법은 통증 완화와 관절 유연성 유지라는 물리 치료적 성격과, 관절 운동 범위 회복과 향후 능동 운동으로 이어지는 재활 운동적 성격을 동시에 지닌다. PROM은 반드시 천천히, 지속적으로 수행해야 하

며, 동물이 편안하게 움직일 수 있는 범위를 넘어서 강제로 관절을 조작해서는 안 된다.

- 반려동물이 편안하게 휴식할 수 있도록 조용하고 방해가 적은 공간에서 진행한다. 반려동물을 옆으로 눕히고 아픈 다리가 위쪽으로 오도록 한다.

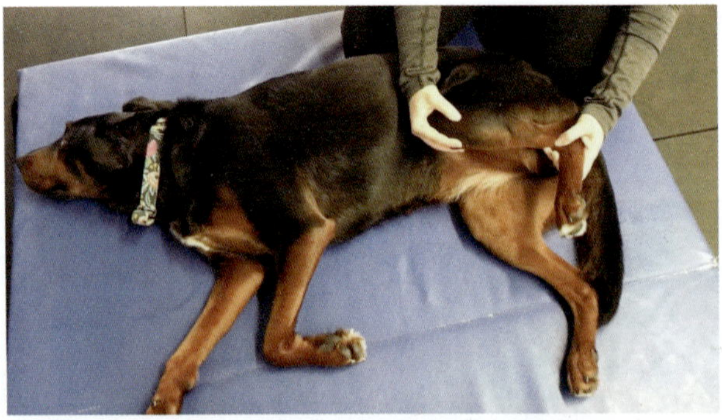

출처: SOAR Veterinary Services 유튜브.

[그림 9-16] 관절 수동 운동(PROM) 적용 중인 개

- 일반적으로, 한 손은 관절의 위쪽 뼈를 단단히 지지하고, 다른 한 손은 관절의 아래쪽 뼈를 잡아 천천히 굽히거나 펴도록 유도해야 한다. 예를 들어, 무릎 관절 PROM의 경우, 한 손은 대퇴골(넙다리뼈)을 받치고 다른 손은 경골(정강뼈)을 잡아 관절이 자연스럽게 움직이도록 한다. 이 운동은 하루 2~3회, 각 관절당 5~10회 반복하는 것을 권장한다. 수술 직후에는 통증 때문에 각도가 많이 나오지 않을 수 있으므로 무리하지 않아야 하며, 구체적인 반복 횟수와 운동 범위는 반려동물의 상태에 따라 주치의가 결정한다.
- 서서 하는 PROM(Standing PROM): 일부 환자는 눕는 자세에서 PROM 운동을 잘 받아들이지 않을 수 있다. 이 경우 서서하는 PROM을 적용할 수 있는데, 반려동물이 세 발로 체중을 지탱하도록 한 뒤 남은 한쪽 다리를 들어 올려 어깨-팔꿈치-손앞 발목(또는 고관절-무릎-뒤 발목)과 같은 관절을

순서대로 천천히 굽히고 펴준다. 보조자는 들어 올린 다리를 부드럽게 잡아 관절이 무리 없이 움직이도록 도와야 하며, 일부 동물은 이 자세 자체를 불편해할 수 있다. 환자가 강하게 저항하거나 불안해하면 즉시 중단해야 한다.

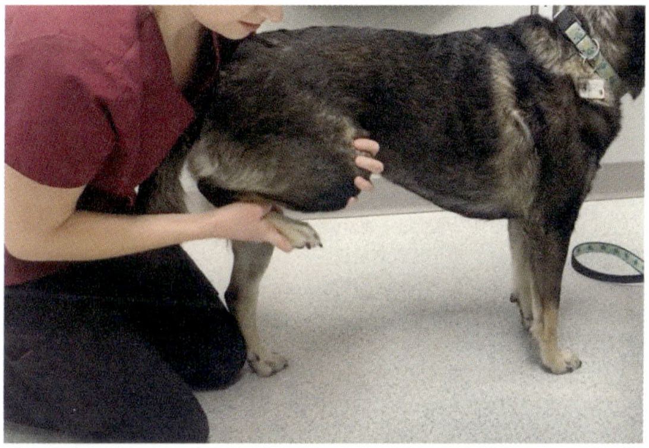

출처: Dan & Louise Yates 유튜브.

[그림 9-17] 서서 하는 PROM 자세의 예시

- PROM은 관절이나 근육이 아픈 동물에게는 어렵거나 불편할 수 있다. 이러한 움직임에 불편함이나 저항의 징후를 보이면 즉시 중단해야 한다. 어떠한 경우에도 환자의 운동 범위를 넘어서 강제로 관절을 조작해서는 안 되며, 저항에 도달하면 움직임을 멈춰야 한다. 아주 작은 정도의 굴곡/신전도 치료 운동으로서 유익할 수 있다.
- 신경계 질환으로 인한 척수 손상 환자(예: 하반신 마비)의 경우 뒷다리 모든 주요 관절에 PROM을 시행해야 한다.

⑤ 주의 사항

- 갑작스러운 고강도 운동은 피해야 한다. 반려동물의 상태에 맞춰 운동 시간과 난이도를 점진적으로 조절해야 하며, 만약 반려동물이 불편해하거나 통증을 느낀다면 즉시 운동을 중단하고 주치의와 상담해야 한다.

- 나이가 들수록 근손실이 빠르게 진행되고 회복 속도가 더디므로, 무리한 운동은 피하고 꾸준히 할 수 있으며 몸에 부담이 가지 않는 운동이 권장된다.

3) 재활 운동의 일반적인 원칙

재활은 수의사, 동물보건사, 보호자가 함께 참여하는 다학제적 과정이다. 동물보건사는 치료 과정 중 안전을 확보하고, 환자가 편안하게 치료를 받을 수 있도록 지원한다. 재활 치료를 위한 주요 고려 사항은 다음과 같다.

(1) 개별 맞춤형 계획의 중요성

모든 반려동물에게 동일한 재활 치료 방법을 적용할 수는 없다. 반려동물의 나이, 건강 상태, 질병 유형, 품종 특성, 인내도, 훈련 수준 및 생활 방식 등을 고려하여 수의사의 진단을 바탕으로 한 맞춤형 치료 계획이 필수적이다.

(2) 점진적인 운동 강도 조절

처음에는 운동 강도를 낮게, 짧은 시간 동안 시행하고 점차 시간과 횟수를 늘려나가야 한다. 증상이 개선되면 빈도를 줄이는 대신 치료 시간을 늘려주는 방식으로 진행하며, 반려동물이 꾸준히 참여할 수 있도록 보호자와 의료진이 환경을 조성하고 보상을 제공하는 것이 중요하다. 갑작스럽게 운동 강도를 높이지 않도록 주의해야 한다.

(3) 보호자의 역할과 동기 부여

재활 치료는 동물병원에서의 치료만으로는 완성되지 않으며, 보호자의 지속적인 관찰과 참여가 회복의 핵심 요소이다. 집에서도 재활 치료를 놀이처럼 즐겁게 인식하도록 유도하고, 간식이나 장난감을 활용하여 집중력을 높이는 것이 좋다. 보호자와 반려동물 간의 신뢰 관계가 운동의 효과를 높이는 데 도움이 된다.

(4) 꾸준함과 인내의 시간

재활 치료는 단기간에 효과가 나타나기 어렵다. 최소 4주에서 길게는 8주 정도는 꾸준히 진행해야 긍정적인 효과를 기대할 수 있다. 일반적으로 4~6주 간격으로 재평가하여 프로그램을 조정한다.

4) 재활 운동 시 주의 사항

(1) 통증 관리 선행

재활 운동을 시작하기 전에는 반드시 통증 관리가 충분히 이루어져야 한다. 특히 통증이 심해 보행이 어려운 경우에는 레이저 치료, 냉찜질 요법, 체외충격파 치료와 같은 물리 치료를 통해 염증과 통증을 먼저 완화시킨 후 근력 강화 운동과 같은 재활 운동으로 넘어가는 것이 중요하다.

(2) 운동 중 면밀한 관찰

재활 운동 중 반려동물의 반응을 주의 깊게 관찰해야 한다. 과도하거나 무리한 운동은 오히려 상태를 악화시킬 수 있으므로, 반려동물이 불편해하거나 통증을 느끼면 즉시 주치의에게 알려야 한다. 반려동물은 통증이나 불편함을 명확히 표현하지 못하는 경우가 많으므로 의료진과 보호자의 세심한 관찰이 중요하다.

(3) 안전한 환경 조성

운동 공간의 바닥이 미끄럽지 않도록 미끄럼 방지 매트를 활용하는 것이 좋다. 미끄러운 바닥은 자세를 더 나쁘게 만들 수 있으므로, 마찰력이 높은 재질로 바닥을 덮어주는 것을 고려할 수 있다.

(4) 체중 관리의 중요성

과체중·비만은 관절에 부담을 가중시키므로 적절한 체중 조절이 필수적이다.

운동과 함께 균형 잡힌 식단 관리도 중요하다.

(5) 충분한 휴식 보장

운동 후에는 충분한 휴식 시간을 제공해야 한다. 특히 노령 동물은 회복에 더 많은 시간이 필요할 수 있으므로 운동과 휴식의 균형을 잘 맞추는 것이 중요하다.

(6) 수술 후 초기 재활 시 주의 사항

- 슬개골 등의 수술 직후 약 한 달 동안은 갑작스러운 점프나 뛰어오르기 같은 격한 활동을 제한해야 한다. 이는 회복 중인 조직과 관절에 과부하가 걸려 재손상이나 슬개골 재탈구와 같은 합병증이 발생할 수 있기 때문이다.
- 수술 부위를 핥거나 물어뜯으면 상처 회복이 지연되므로, 넥칼라(E-collar)를 착용시켜야 하며, 이상이 발견되면 즉시 주치의에게 알려야 한다.

제10장

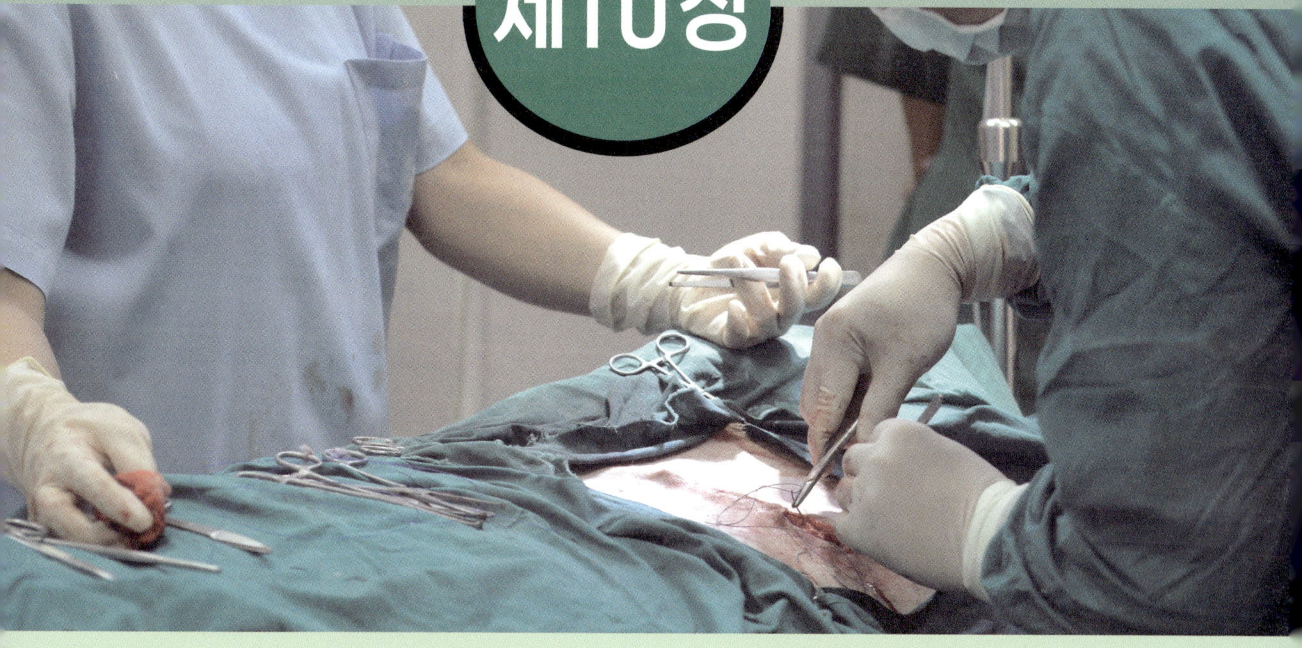

후처치 및 통원 관리

1. 수술 환자 퇴원 시 보호자 교육
2. 전신 마취 후 합병증
3. 술부 관리
4. 수술별 유의 사항
5. 수술 후 영양학적 관리

1. 수술 환자 퇴원 시 보호자 교육

퇴원 준비는 환자를 병동에서 문밖으로 내보내는 절차로 끝나지 않는다. 집에서 안전하게 돌볼 수 있도록 보호자의 실행 능력을 확보하는 일까지가 동물보건사의 업무 범위이다. 수술 후 병동 간호를 담당했던 동물보건사는 환자의 통증 반응, 약물에 대한 민감도, 급여·배뇨 패턴과 같은 개별 환자의 데이터를 가장 가까이에서 파악하고 있으므로, 맞춤형 가정 간호 교육의 최적 책임자다. 모든 환자는 연령, 기질, 동거 동물, 주거 환경이 서로 다르므로, 표준 지침을 토대로 하되 해당 환자·가정 상황에 맞게 세부를 조정해야 한다.

보호자 교육의 1차 목표는 다음과 같다.

(1) 보호자가 무엇을, 왜, 언제, 어떻게 해야 하는지 정확히 안다.
(2) 보호자가 비정상 신호를 구별하고, 즉시 연락/내원 기준을 안다.
(3) 약물·상처·영양·활동 제한 등 핵심 과제를 스스로 수행할 수 있다.

2. 전신 마취 후 합병증

거의 모든 수술은 마취를 동반한다. 특히 사람의 수술과는 달리 동물은 처치 시 인간의 지시대로 수행할 수가 없으므로 간단한 시술이라 할 지라도 마취가 동반되는 경우가 많다. 진정이나 전신 마취를 수행한 환자는 다시 각성 상태로 회복되었다 하더라도 부작용들이 나타날 수 있으므로 최소 24시간 이상 모니터링이 필요하다.

진정이나 마취 후에는 위장관 운동성이 저하되며, 이는 식욕 부진, 구토, 변비, 복부 팽만 등의 증상을 야기할 수 있고, 무력성장폐색증으로 이어질 수 있다. 또한 무기력증이나 운동 실조, 활력의 저하가 마취 회복이 느릴 경우 발생할 수 있으므로 이를 보호자에게 인지시키고 증상 발생 시 신속히 연락을 취하거나, 24시간 동물병원에 내원할 수 있도록 주지시켜야 한다.

마취가 회복됨에 따라 식이를 재개해야 하는데, 명확하고 구체적인 지시가 필요하다. 조금씩 자주 급여하는 것이 추천되며, 습식 처방식이 도움이 된다. 일반적으로 처방식은 7~10일 정도 급여하는 것이 추천된다. 기호성이 떨어질 경우 기존 사료와 혼합하여 급이한다. 기존 사료가 건식일 경우 마취에서 막 회복된 환자의 위장관에 부담을 줄 수 있으므로 물을 혼합하여 불리거나 미지근하게 데워서 급여할 수 있다.

3. 술부 관리

7장의 수술 부위의 관리와 8장의 창상 관리에서 학습한 내용과 매우 유사하다. 해당 과정을 귀가한 뒤에도 지속적으로 보호자에 의해 수행되어야 한다. 술부는 대개 완전히 회복되기 전 퇴원하는데, 술부가 계속 양호한지를 하루에 2회 이상 확인하도록 교육하는 것이 권장된다. 특히 종창이나 발적, 분비물 등이 증가하는 양상을 보이는지를 알 수 있도록 교육한다. 가능하면 정상적인 치유 사진과 장액종(seroma), 혈종(hematoma), 염증 사진 등을 보여주며 교육한다.

퇴원 시에는 엘리자베스 칼라(Elizabathan collar)을 착용하는데, 적절한 두께와 크기의 E-칼라를 안내한다. 착용 방법 또한 교육하여야 하는데 구경이 너무 작게 착용할 경우 호흡과 식이에 장애를 줄 수 있으며 심한 불편감을 호소할 수 있다. 반면 구경이 너무 크게 착용할 경우 헐거워져 빠질 수 있으며, E-칼라가 벗겨질 경우 술부를 핥거나 물어뜯을 수 있고, 이는 술부의 결손으로 이어질 위험이 있다. E-칼라의 크기가 적절하다고 할지라도 바닥에 닿아 식이를 제한하기 쉽다. 식기의 높이를 높여주어 E-칼라가 바닥에 닿아 입이 식기에 접근하지 못하게 하는 것을 해소하여 주어야 한다.

배액관을 설치한 환자의 경우 더욱 위생적으로 관리해야 한다. 보호자는 배액관을 깨끗하게 관리해야 하며 환자가 물어뜯지 않도록 E-칼라 등으로 관리하여야 한다. 배액관을 부적절하게 관리하여 막힐 경우 추가적인 배액을 막아 술부 내에 체액이 저류하게 되는데, 이는 회복을 느리게 할 뿐만 아니라 합병증을 유발할 수 있고, 상처의 회복이 불가능하여 재봉합이 필요할 수도 있으므로 배액관의 기능을 유지할 수 있도록 철저히 교육시켜야 하며, 문제 발생 시 신속히 내원하여 조치받을 수 있도록 교육한다. 10~14일째 봉합사를 제거함을 알리며, 그때까지 목욕과 수영은 금하도록 교육한다.

환자가 임의로 배액관을 제거할 경우 신속히 내원하도록 교육한다. 일부의 배액관이 여전히 체내에 남아있을 수 있고, 떨어진 배액관을 삼킬 수 있으므로 떨어진 배액관의 조각을 버리지 말고 병원에 갖고 올 수 있도록 한다. 만약 배액관의 일부가 체내에 잔존하게 된다면 회복이 매우 지연될 수 있으므로 수술적으로 제거하여야 한다.

■ 엘리자베스 칼라의 중요성

개는 통증이나 자극의 완화를 위해 핥는 습성이 있다. 따라서 수술 후 수술 부위를 자주 핥는 모습을 관찰할 수 있다. 하지만 수술 부위를 핥을 경우 세균이 술부 내로 유입되어 회복이 지연되고 감염이 발생할 수 있으며, 봉합사가 뜯겨 유합이 되지 않을 수 있다. 따라서 E-칼라의 착용은 필수적이다.

플라스틱 칼라는 신축성이 없고 단단하여 술부로부터 분리하기는 쉬우나 성격이 예민한 강아지의 경우 답답함과 공포감을 심화시킬 수 있다. 반면 신축성이 있는 칼라는 재질이 부드러워 상대적으로 강아지가 느끼는 불편감이 적을 수 있으나 강아지가 스스로 벗을 가능성이 있으므로 예의 주시하여야 한다.

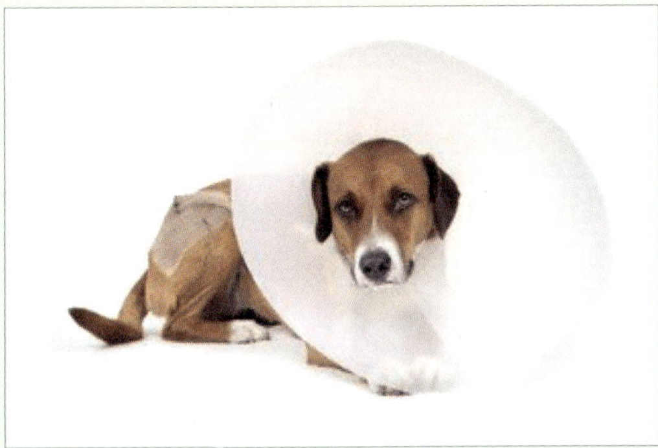

출처: 셔터스톡.

출처: 라쿠텐.

[그림 10-1] 엘리자베스 칼라

4. 수술별 유의 사항

1) 위장 절개술 · 장 문합술(Enterotomy/Anastomosis)

위장관 수술 후의 가정 간호는 절개·문합 부위의 안정된 치유를 보장하고, 복막염과 같은 치명적 합병증을 가장 먼저 감지하는 데 목적이 있다. 퇴원 전에는 환자가 의식이 명료하고, 연하와 자발 호흡이 안정적이며, 진통이 목표 범위로 유지되는지 확인한다.

구토 없이 물을 소량 받아들일 수 있는지가 재급여의 출발점이다. 귀가 후에는 미지근한 물을 먼저 제시하고, 문제가 없다면 소화가 쉬운 식이를 소량·빈번하게 시작한다. 이후 하루 단위로 1/4 → 1/2 → 3/4 → 100%에 이르도록 점진 전환하되, 개체가 불편감을 드러내면 해당 단계에서 하루 더 머문다. 활동은 초기 1~2주 동안 집 안에서 제한하고, 점프·격한 놀이·넓은 보폭의 계단 오르내리기는 금한다. 상처는 하루 두 차례 같은 시간에 관찰한다. 절개선 가장자리의 발적, 열감, 종창, 누출되는 분비물의 양과 냄새, 촉진 시 통증 반응을 일관된 방식으로 기록하는 것이 좋다. 엘리자베스 칼라는 상처를 집착적으로 핥거나 물어뜯어 2차 손상을 만드는 일을 막는 핵심 장비이므로 상시 착용을 원칙으로 한다.

모니터링의 중심은 체온과 행동, 식욕의 변화다. 회복 초기에 일시적인 식욕 저하는 있을 수 있으나, 고열과 격렬한 복통이 동반되고 진통제에 대한 반응이 둔한 양상은 복막염을 강하게 시사하므로 즉시 내원이 필요하다. 복부가 단단하게 팽창하거나, 구토가 반복되고, 무기력이 진행되는 경우 역시 지체하지 말고 즉시 내원하여야 한다. 수술 직후 수일 이내의 급성 합병증뿐 아니라, 수주에서 수개월이 지난 뒤 문합부 협착으로 인한 부분 폐색, 혹은 미세 누출이 누적되어 형성되는 복강 농양도 염두에 두어야 한다. 이전보다 적은 섭취량으로도 곧 포만감·팽만감을 호소한다거나 변의 통과가 더디고 잔변감이 지속되는 등 미묘한 신호를 보호자가 포착할 수 있도록, 퇴원 시 예시 문장과 체크 포인트를 서면으로 제공하면 순응도가 높아진다. 표준 추적은 퇴원 24~48시간 이내의 전화 확인으로 시작하고, 10~14일째 봉합 제거 시점에 상처 강도와 복부 촉진 소견을 재평가한다.

2) 암컷 중성화 수술(Ovariohysterectomy)

선택적 중성화와 응급 중성화를 구분하여 설명하는 것이 유익하다. 선택적 중성화는 건강한 조직을 다루고, 수술·마취 위험이 낮으며, 회복이 빠르고 비용 부담도 상대적으로 적다. 반면 자궁축농증에 대한 응급 중성화는 전신 염증반응 또는 패혈증, 탈수와 전해질 이상, 저혈당·산염기 이상, 응고장애 등 내과적 불안정이 병발한 상태에서 시행되므로, 수술 전 활력 안정화(수액·전해질 교정·광범위 항생제·진통), 수술 중 심혈관 모니터링 강화, 수술 후 중환자 간호가 필수적이다. 감염된 자궁은 부피가 크고 취약하며 쉽게 파열될 수 있어 조작이 어렵고, 복강 내 오염 가능성을 상수로 고려해야 한다. 따라서 같은 '중성화'라도 예후와 자원 소모, 환자 고통의 차이가 매우 크다는 점을 보호자 교육에서 분명히 해야 한다. 이 대비는 선택적 중성화를 미루는 보호자에게 강력한 설득 근거가 된다.

수술 전과 수술 후 간호 포인트 또한 질병 유무에 따라 다르게 접근해야 하는데, 선택적 중성화에서는 표준적인 통증 관리와 10~14일 상처 보호, 활동 제한, 칼라 착용 지침이면 충분하다. 반면 자궁축농증에 의한 응급 수술 후에는 항생제의 충분한 기간 준수, 탈수 교정 후 소변량·체중·점막 관류의 체계적 모니터링, 체온·백혈구 수치 추적, 구토·복부 통증·식욕 회복 등 패혈증 후 회복 지표를 일관되게 관찰해야 한다. 폐쇄형 자궁축농증에서 파열 위험으로 복막염이 동반되었던 경우에는, 배액관 유치나 반복 초음파 평가가 병행될 수 있고, 회복 중 저혈당·전해질 이상 재발을 주의 깊게 본다. 이처럼 질병 동반 중성화는 회복 시간이 길고 합병증 감시의 폭이 넓어지므로, 퇴원 지시서와 전화 추적 프로토콜을 더 촘촘히 구성해야 한다.

3) 방광 절개술(Cystotomy)

방광 절개술 환자에서 치유를 지연시키는 가장 흔한 요인은 방광 과팽창이다. 따라서 보호자가 배뇨 간격을 충분히 짧게 유지하도록 교육하는 것이 핵심이다. 귀가 직후에는 짧고 잦은 산책을 통해 자주 배뇨할 기회를 제공하고, 실내 배뇨 훈련이 되어 있지 않은 개체라면 밝은 색 배뇨 패드를 사용하여 소변의 색을 쉽게 관찰하도록 한다. 12~36시간 동안 혈뇨가 관찰될 수 있으나, 시간 경과에 따라 옅어지는 것이 일반적이다. 반대로 선홍색 혈뇨가 줄지 않거나 응고물이 눈에 띄게 배출되면 즉시 연락해야 한다. 수분 섭취는 충분히 권장하며, 결석성 질환이 원인이었을 경우에는 처방된 식이를 기존 식이와 점진적으로 혼합하여 전환한다. 활동은 2~3주간 제한하되, 방광이 한 번에 크게 차지 않도록 배뇨 횟수를 늘리는 방식으로 일상 리듬을 설계한다.

배뇨 곤란 또는 배뇨 불능은 응급이다. 배뇨 자세를 반복하는데 소량의 점적만 보이거나 아예 배뇨하지 못하면 요도 폐색 가능성을 염두에 두고 즉시 내원하도록 안내한다. 통증성 배뇨가 악화되거나 환자가 배뇨를 회피하는 행동을 보일 때도 같은 기준이 적용된다. 표준 추적은 10~14일째 피부 봉합 제거 시점에 이루어지며, 결석 분석 결과가 확보되면 재발 예방을 위한 식이·수분·활동 계획을 보호자와 함께 구체화한다.

4) 항문 주위 수술(Perianal/Rectal Procedures)

항문 주위 수술 이후에는 위생 유지와 원활한 배변이 회복을 좌우한다. 술부는 분변·삼출물에 쉽게 오염되므로 하루 1~2회 따뜻한 물에 적신 거즈로 주변을 부드럽게 닦아내고, 마찰을 최소화하면서 건조시킨다. 피부가 습윤에 장시간 노출되지 않도록 주변에 바셀린을 얇게 도포하면 자극과 2차 감염의 위험을 낮출 수 있다. 배변 시 과도한 힘주기를 피하게 하려면 섬유질이 풍부한 식이로 대변의 일관성을 조절하고, 필요시 연화제를 단기간 사용한다는 점을 사전에 설명한다. 환자가 술부를 핥거나 씹지 못하도록 엘리자베스 칼라는 엄격하게 착용해야 하며, 다른 동거 동물이 접근해 상처를 자극하지 않도록 초기에는 공간을 분리하는 것이 안전하다.

모니터링에서는 절개 주변의 발적·종창·삼출 외에도 배변 행동의 변화를 유심히 본다. 배변 시 통증성 울부짖음, 장시간의 배변 시도, 소량씩 잦은 변 배출, 변실금 등의 소견은 조기 재평가 사유다. 분비물이 악취를 띠거나 피부가 쉽게 짓무르면 감염 가능성이 있으므로 즉시 내원하도록 안내한다. 통상적으로 재진은 10~14일 간격으로 계획하며, 배액이 동반된 경우에는 그 경과에 맞춰 간격을 조정한다.

5) 정형외과 수술(Orthopedic Procedures)

정형외과 환자의 퇴원 후 관리의 중심은 엄격한 활동 제한이다. 초기 6~8주 동안 cage rest 또는 작은 방으로 활동 반경을 제한함으로써 운동을 제한하여야 한다. 배뇨·배변 외에는 실내 안정이 원칙이다. 반드시 목줄을 한 채 보행하며 체중지지가 불안정한 경우 슬링으로 후지를 지지하면 넘어짐과 2차 손상을 줄일 수 있다. 외고정 장치가 있으면 핀이 피부 밖으로 연결된 부위는 치유되지 않으므로 분비물이 마르기 전에 부드럽게 닦아내고 인접 피부를 청결·건조하게 유지한다. 가구 모서리나 반대쪽 다리에 걸리지 않도록 보호 붕대로 감싼다. 붕대·부목·석고가 적용된 경우 위치 변화, 젖음, 변색, 악취, 인접 피부 발적·습윤을 매일 점검하며, 말단부 온도·색·종창·통증도 확인한다. 젖은 붕대는 즉시 교체하고 부패취는 내부 조직 손상을 시사하므로 즉시 평가한다. 야외 방수 커버는 귀가 즉시 제거하여 내부 응결을 방지한다. 수술 후 처방 받은 항생제를 통하여 통증 관리를 실시하는데 실수로 투여량을 몇 배로 늘리지 않도록 주의한다. 수술 직후에는 약 3일간 냉찜질을 실시하는데, 1일 3~4회씩, 10~15분 동안 수건 등으로 감싼 얼음팩을 이용한다. 3일 이후에는 온찜질을 실시하는데, 수건을 감싼 핫팩을 이용하여 1일 2~3회씩, 1회 10~15분씩 실시한다. 재활은 영상 평가 후 단계적으로 시작하고 보행 시간은 매우 짧게 시작해 서서히 늘린다. 온찜질은 아래와 같은 기준으로 종료를 판단할 수 있다.

- 종료 기준(모두 충족하거나 다수 충족 시 중단)
  - 부종·국소 온기가 거의 없고, 눌렀을 때 통증이 현저히 감소했다.
  - 아침 경직과 뻣뻣함이 최소화되어 가벼운 줄 산책만으로도 풀린다.
  - 관절 가동 범위(ROM)가 반대 측의 90~95% 이상으로 회복되었다.
  - 온찜질 후 움직임 개선 효과가 2~3일 연속으로 체감되지 않는다.
  - 상처가 건조·안정되고, 주위 피부에 홍반·과열 반응이 없다.

표준 추적은 주 단위 또는 격주 내원으로 상처, 고정 상태, 통증 점수, 기능을 재평가하고 필요시 붕대 교체와 피부 관리를 병행한다.

출처: Flickr.

[그림 10-2] 후지용 지지 하네스(Support Harness)

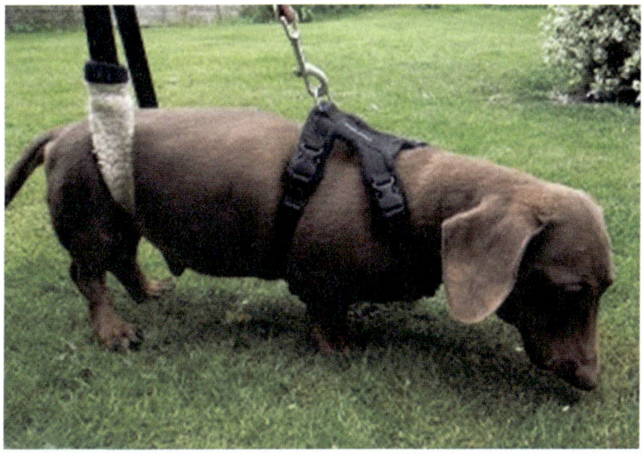

출처: The Rehab Vet.

[그림 10-3] 추간판탈출증(IVDD) 환자의 가슴 하네스(Chest Harness)

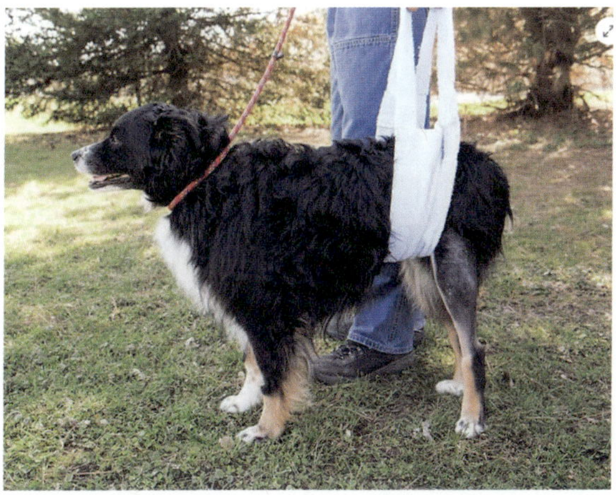

출처: Golden Retriever Rescue of Atlanta.

[그림 10-4] 타월 슬링의 예

5. 수술 후 영양학적 관리

수술 직후 영양은 조기·안전·점진이 핵심이다. 마취 회복과 연하·의식 상태가 안정적이고 흡인 위험이 낮다고 판단되면, 가능한 빨리 소량·빈번 급여로 시작한다. 초기 하루 에너지는 보통 RER(70×체중$^{0.75}$ 혹은 30×체중+70) 수준에서 시작하여 내성에 따라 증량한다. 통증·메스꺼움·변비·탈수는 섭취를 직접 저해하므로, 진통·항구토·수액·완하 등의 지지 요법을 먼저 정리하면 급여 성공률이 높아진다. 급성기(수술 후 24~72시간)에는 고소화성·습식 또는 액상이 유리하며, 이후 상처 치유가 진행되면 기존 식이로 서서히 전환한다. 구토·복부 팽만·설사·심한 무기력이 동반되면 즉시 급여를 줄이거나 중단하고, 필요시 튜브 급여(비위·식도·위관)나 수액을 통한 영양 공급으로 전환한다.

1) 위장관 수술(위 · 소장 절개/문합, 부분 절제)

위장관 수술 직후에는 장운동 회복과 문합부 부담을 최소화할 수 있도록 고소화성 식이를 소량씩 시작한다. 보통 12~24시간 내 물을 먼저 소량 허용하고, 문제가 없으면 재활용 처방식을 4~6회로 나누어 급여한다. 초기에는 지방 함량을 낮추고(특히 개) 단백질은 소화율이 높은 원료로 확보한다. 고양이는 단백질 요구가 높으므로 무리한 단백질 제한은 피하되, 소화가 쉬운 제형을 택한다. 팽만감·복통·구토가 없고 변 상태가 안정되면, 2~3일 간격으로 1/4 → 1/2 → 3/4 → 100%로 분량과 농도를 높인다. 회복기 동안 비타민 B군, 특히 코발아민(B_{12}) 결핍이 흔하므로 장 절제 범위가 크거나 체중 감소가 지속되면 보충을 고려한다. 대장 수술에서는 변이 지나치게 단단하면 수용성 섬유, 프리바이오틱 등을 소량 추가하여 배변 부담을 줄인다. 반대로 잦은 연변이 지속되면 섬유는 뒤로 미루고 용량을 더 세분화한다.

2) 췌장염 · 췌장 수술(췌장 부분 절제, 췌장염 동반 수술)

췌장 관련 수술이나 췌장염 동반 환자는 지방에 민감하므로, 개에서는 초기에 저지방·고소화성 식이를 엄격히 적용한다. 메스꺼움·통증을 먼저 조절한 뒤 소량 급여로 시작하며, 필요시 식도관/위관을 통해 계획적으로 투여한다. 고양이는 지방과의 연관성이 개보다 약하지만, 다기관 질환(간·장 동반)이 흔하므로 고단백·고소화성 원칙 안에서 지방은 과도하지 않게 조절한다. 반복 구토·복통·고지혈이 악화되면 경구 급여를 멈추고 재평가한다.

3) 간 · 담도 수술(간엽 절제, 담낭 절제 등)

간 수술 후에는 소량·빈번한 급여로 저혈당과 근육 소모를 방지한다. 단백질은 과도 제한보다 소화율 및 아미노산 균형을 중시해 공급한다. 담낭·담도 수술에서는 초기 저지방이 담즙 흐름 변화에 따른 불편감을 줄이는 데 도움이 된다. 황달·담즙 정체 병력에서는 지용성 비타민(K 포함) 보충을 검토하고, 구리 축적성 간 질환이 확인된 경우에는 구리 제한 식이로 전환한다. 복수나 저알부민이 동반되면 나트륨을 낮추고, 이뇨제 사용 시 전해질 변동을 주의 깊게 본다.

4) 비뇨기 수술(방광 절개, 요도 스텐트/유문합, 고양이 회음부 요도 조성술)

비뇨기 수술의 영양 목표는 요희석과 결석 재발 예방이다. 귀가 즉시 물 섭취량을 최우선으로 올리고, 가능하면 습식 중심으로 구성한다. 결석 유형이 확정되면 그에 맞춘 처방식을 적용한다. 스트루바이트(인산암모늄마그네슘)가 원인이었던 경우 마그네슘·인 제한, 요산성화를 이용해 재발을 줄이고, 감염이 동반되었다면 항생제와 병행한다. 칼슘옥살레이트가 원인이면 과도한 산성화는 피하고, 요희석(낮은 비중)이 핵심이다. 회음부 요도 조성술 후의 고양이는 요도 직경이 넓어져 막힘 위험은 줄지만, 요로 감염이 상대적으로 늘 수 있으므로 수분·배뇨 빈도를 높여 세척 효과를 극대화한다. 통증·배뇨 통증이 조절되면 24시간 내 재급여가 가능하며, 초기에는 염분으로 갈증을 유도하는 변칙 방법보다 습식·물그릇 다양화·분수대처럼 지속 가능한 전략이 안전하다.

5) 항문 주위 · 직장 수술

핵심은 위생 유지와 무리 없는 배변이다. 초기에는 변량과 자극을 줄이기 위해 저잔사·고소화성으로 시작하되, 변비 경향이 보이면 수용성 섬유를 소량 추가해 변을 부드럽게 한다. 과도한 불용성 섬유는 상처 자극과 통증을 유발할 수 있으므로, 치유가 진행되기 전에는 피한다. 수분 섭취는 변 일관성을 좌우하는 가장 간단한 수단이므로, 급수 용기·습식 식이·물 보강 간식 등을 적극 활용한다. 배변 시 통증으로 식욕이 떨어지면 진통 조정이 먼저다.

6) 정형외과 수술(TPLO/TTA, 골절 고정 등)

정형외과 회복의 영양 목표는 근육 보존·염증 조절·체중 관리다. 충분한 단백질로 근감소를 억제하고, 에너지는 체중 증가가 일어나지 않도록 RER ± 10~20% 범위에서 시작해 활동 회복에 맞춰 조정한다. 초기 2~4주에는 오메가-3(EPA/DHA) 강화 식단이 통증·염증 조절에 도움이 되며, 지나친 칼로리 섭취와 간식은 관절 하중을 악화시키므로 제한한다. NSAID를 복용 중이면 식후 투여가 위장관 부작용을 줄인다. 변비가 흔한 환자(진통제 영향)는 수분·습식·온한 물로 완화하고, 필요시 섬유를 소량 보강한다.

7) 구강 · 악안면 수술(발치, 악골 절제, 구강 연조직)

구강 수술 후에는 연식·반연식 위주의 식이로 7~14일 관리하며, 뜨겁거나 차가운 음식·딱딱한 간식·뼈·장난감은 금한다. 초기에는 미지근하고 부드러운 질감이 통증·출혈을 줄인다. 씹기 어렵거나 섭취량이 부족하면 식도관/위관을 적극 고려한다. 과도한 구강 세척은 혈병을 떨어뜨려 치유를 지연시킬 수 있으므로, 지시된 범위 내에서만 시행한다. 고양이는 통증 시 식이 거부가 길어질 수 있어, 항구토·진통·불안 완화를 맞춰 놓고 급여를 시작하면 실패를 줄일 수 있다.

8) 산과 · 생식기 수술(제왕절개, 난소자궁적출)

제왕절개 후 모체는 수유 에너지 요구가 크게 증가하므로, 회복을 확인한 즉시 고에너지·고소화성 식이를 소량씩 시작해 빠르게 목표 섭취량으로 올린다. 청결한 수분 공급은 젖 분비와 대사에 필수이며, 탈수는 유즙 감소·변비를 악화시킨다. 자궁축농증에 대한 응급 중성화 환자는 패혈증 회복과 병행하므로, 항생제·수액·전해질 교정이 먼저고, 경구 급여는 메스꺼움·복통이 가라앉은 뒤 시작한다. 선택적 중성화 환자는 표준 연부 조직 수술과 동일한 원칙(조기 소량 급여, 10~14일 전환)을 따른다.

참고 문헌

1장

다산메디칼 https://drmro.com/goods/goods_view.php?goodsNo=29327#lyZoom

HB한방샵 https://hbshop.co.kr/shop/shopdetail.html?code=kikehr&search_type=one_product&branduid=397792

우리들동물메디컬센터 http://ulideul2021.cube7.kr/bbs/board.php?bo_table=equipment&wr_id=28

메디스터 http://www.medister.co.kr/

Shinwon Dental 유튜브 https://www.youtube.com/watch?v=gL7uF0X5Mic

진월우리치과 블로그 https://blog.naver.com/perioyk/221661068966?viewType=pc

2장

BSAVA Manual. BSAVA Manual of Canine and Feline Surgical Principles A Foundation Manual

outpatient-surgery 홈페이지. https://www.aorn.org/outpatient-surgery/article/2021-May-speedy-room-turnovers

대성의료종합가스. https://sl.bing.net/eDZ7urzaLJc

KOPS(KOrea Patient Safety reporting & learning system), 환자안전보고학습시스템.

RW(라만웨일). https://ramanweil.com/products/isoflurane

AM Bickford Website. https://www.ambickford.com/literature-downloads/

ChatGPT. https://chatgpt.com/

Surgical Care Specialists Website. https://surgical-care-specialists.com/six-essential-anesthetic-monitoring-devices-for-pets/

Medeco(메데코). https://korean.otledlight.com/quality-13834811-temperature-0-to-60-degrees-animal-operating-table-ce

kr.made-in-china.com.(홈페이지) https://kr.made-in-china.com/co_weemed/product_Stainless-Steel-Vet-Surgery-Table-V-Shape-Electric-Pet-Operating-Table_ysyynghiry.html)

삼미메디컬 블로그. https://blog.naver.com/sammi0249/220904795032

한미메드라인. https://www.dailygaewon.com/news/articleView.html?idxno=3053

휴먼아이앤디. https://prod.danawa.com/info/?pcode=9480762

Kent Scientific Corporation. https://www.kentscientific.com/products/righttemp-jr/?srsltid=AfmBOootmXalLiksPh_9TXHqsoudwEeaGso5kuGPbyi1gQOR5HczMGPf

VetMedWear. https://vetmedwear.com/products/hoverheat-air-warming-pad?variant=39608030265459

Jorgensen Laboratories(조겐슨 연구소). Jorvet Website. https://jorvet.com/product/bovie-electro-surgery/

TRUWAY HEALTH. https://truwayhealth.com/electrosurgical-ligasure-vessel-sealing-device-electric-scalpel-for-veterinary-and-surgical-use/?srsltid=AfmBOooIplJHm6f-hTgg8ho9yYbJQNgyckbc5u0Z52-zIz_gR9nVzwvWj

ivetsupply. https://www.ivetsupply.com/Keling-Hight-Vacuum-Electric-Suction-Apparatus-Phlegm-Suction-Machine-325.html

Imex Medical Technology. https://imexmedical.com/product/small-animal-endoscope/

Atlantis Wordwide. https://info.atlantisworldwide.com/blog/fluoroscopy-for-pets

Safari Veterinary Care Centers. https://www.safarivet.com/advanced-diagnostics/c-arm-fluoroscope-at-safari/

AUTODESK instructables. https://www.instructables.com/How-to-Wrap-a-Veterinary-Surgical-Pack/

3장

포셉드림(www.forcepdream.com) 블로그. https://m.blog.naver.com/bdgoing/222993682371

Veterinary Instrumentation(8건).

https://veterinary-instrumentation.co.uk/catalogsearch/result/index/?p=3&q=scissor

https://veterinary-instrumentation.co.uk/littauer-stitch-cutters

https://veterinary-instrumentation.co.uk/lister-bandage-scissors

https://veterinary-instrumentation.co.uk/catalogsearch/result/?q=suction+tip

https://veterinary-instrumentation.co.uk/catalogsearch/result/?q=periosteal+elevator

https://veterinary-instrumentation.co.uk/catalog/product/view/id/6872/s/harrison-butler-lachrymal-cannula/category/2/

https://veterinary-instrumentation.co.uk/iris-scissor

https://veterinary-instrumentation.co.uk/catalog/product/view/id/6861/

gervetusa. https://www.gervetusa.com/probe-explorer-double-ended.html

Dr. Bretts Pets. https://drbrettspets.com/products/im3-advanced-dental-unit-compressor-cart

eickemeyercanada. https://eickemeyercanada.ca/product/barraquer-eye-speculum

made-in-china. https://kr.made-in-china.com/co_foosin/product_with-Needle-Types-of-Surgical-Sutures-Needle-Suture-Surgical-Sutures_uoyrsnussg.html

4장

Fossum. Fifth edition. FIG. 5.1./ 포숨. 제5판. 그림 5.1

Brantford Veterinary Clinic. https://brantfordvetclinic.com/2013/02/12/hot-dog-warming-blanket/

Express Lab Werks. https://expresslabwerks.com/products/gaymar-tp-500-k-mod-107-heat-therapy-pump-w-15-x-22-pad-pain-relief

5장

DepositPhotos. https://depositphotos.com/ko/serie/281228158.html?qview=279467028
손원균 교수 YouTube. 소동물 수의 마취(2건).
https://youtu.be/FTuEAxgkQvU?si=imKzaOhUbH7fqHQg
https://youtu.be/FTuEAxgkQvU?si=imKzaOhUbH7fqHQg
AliExpress 이미지. 기관 내 튜브 압력계. https://ko.aliexpress.com/item/1005007948334514.html
구글 이미지(2건).
https://mblogthumb-phinf.pstatic.net/MjAyNDAyMjJfMjQ3/MDAxNzA4NTU2MzY2MjI0.Lv9bUn8y-xmmxllk4T7B79r8dQr2HqH4GiH3Pxn23eQg.7cvIDkxCNdsn4Qrnb1XnXNiD_kcJJqfqtDdj2VBEgisg.JPEG/endotracheal-tube_structure.jpg?type=w800
https://mblogthumb-phinf.pstatic.net/20100808_62/nopain365_1281276016240XBq4V_jpg/laryngoscope_1_nopain365.jpg?type=w420
Dog Tracheal intubation. YouTube. https://youtube.com/shorts/YWNEzi8F_pI?si=QTzDlUx3jMT06ZNc
데일리 개원. https://www.dailygaewon.com/news/articleView.html?idxno=840
데일리벳. https://www.dailyvet.co.kr/news/college/247673

6장

제일메디컬. https://jeilmed.co.kr/en/product.php?idx=70
Dr. Stephen Birchard blog. https://drstephenbirchard.blogspot.com/2017/12/how-to-safely-place-chest-tube-in-dogs.html

7장

AAHA(2020). Anesthesia and Monitoring Guidelines. 미국동물병원협회(2020). 마취 및 모니터링 지침.
Dunlop(2014) https://www.veterinary-practice.com/article/peri-anaesthetic-hypothermia

8장

linkedin. https://www.linkedin.com/pulse/understanding-wounds-types-vete rinary-surgery-dr-muneeb-zahid-zgh1f
BSAVA Manual(2판). BSAVA Manual of Canine and Feline Wound Management and Reconstruction,

2nd Edition)// BSAVA 개 및 고양이 상처 관리 및 재건 매뉴얼, 2판.
Kenilworth Media. https://www.veterinarypracticenews.com/take-the-penrose-quiz/2/
해찬이의 간호일지 블로그. https://m.blog.naver.com/lhc930102/221248206450
wikimedia commons. https://commons.wikimedia.org/w/index.php?curid=2584650
cliniciansbrief. https://www.cliniciansbrief.com/article/burns
Millpledge Bandage Book(밀플레지 붕대 책).https://issuu.com/millpledge/docs/millpledge_bandage_book

9장

동물한방재활 by Dr. 신사경 블로그. https://m.blog.naver.com/drshinrehab/222976917405
amazon. https://www.amazon.ca/Globus-Ultrasound-4000-Dogs-Horses/dp/B07HJDYRV5
[에이치엔티메디칼] 동물전용 체외충격파치료기 CoCowave & PoPowave 소개영상. https://www.youtube.com/watch?v=KqMsWYG8kpU
curacore. https://curacore.org/vet/2023/04/22/curacore-vet-acupuncture-points-of-the-dog-lateral-view/
curacore. https://curacore.org/vet/2023/11/23/free-download-cat-acupuncture-point-chart/
Caring Animal Hospital(케어링 동물병원). https://www.caringanimalhospital.net/acupuncture
Beecroft. https://beecroft.com.sg/manual-therapy-soft-tissue-mobilisation-stm/
이코노믹스매거진. 일산올리브동물병원, 강아지 허리디스크와 하지마비증 치료. https://blog.naver.com/econoj007/222406228101
THE BALANCED DOG. https://the-balanced-dog.com/2020/08/05/cavaletti-for-dogs/
FitPaws. https://fitpaws.com/blogs/fitpaws-community/cookie-stretches?srsltid=AfmBOoowQ_e9U2LocOIB2XmZQNX9ZPJLKuhDuWIIRtlADsGGPOFP2YsJ
SOAR Veterinary Services(SOAR 수의과 서비스 유튜브). Hind Limb Passive Range of Motion (PROM, 뒷다리 수동 관절 가동 범위). https://www.youtube.com/watch?v=ilck8NnHYl0
Greenside. Passive Range of Motion Techniques for Owners. https://www.stemcellsscotland.co.uk/images/content/pdfs/prom-handout-for-owners-2023b.pdf
Dan & Louise Yates 유튜브. Standing PROM Exercises for Dogs. https://www.youtube.com/watch?v=Ky7_VbPV4dw
Ortocanis. https://www.ortocanis.com/en/content/how-to-use-TENS-analgesic-electrotherapy-for-dogs

10장

The Rehab Vet. therehabvet.com
Golden Retriever Rescue of Atlanta. https://www.grra.com/

저자 소개

홍성균 신구대학교 반려동물보건과 교수

곽호현 대구대학교 반려동물산업학과 교수

김우찬 시니어동물병원 부원장

김진현 경인여자대학교 반려동물보건학과 교수

양정윤 경인여자대학교 반려동물보건학과 교수

주병구 호서대학교 동물보건복지학과 교수

동물보건외과학

초 판 1쇄 인쇄 2026년 1월 30일
초 판 1쇄 발행 2026년 2월 6일

지 은 이 | 홍성균 · 곽호현 · 김우찬 · 김진현 · 양정윤 · 주병구
펴 낸 이 | 김기섭
편 집 인 | 이윤희
펴 낸 곳 | 창지사 www.changjisa.com
08589 서울시 금천구 가산디지털 1로 83 파트너스타워 1차 9층
전화 (02)719-2211~3
팩스 (02)701-9386
등 록 | 1977년 4월 28일 · 제1-421호

ISBN 978-89-426-1949-8 (93520)

값 29,000원